中国石油大学（华东）
70年校庆学术丛书

复杂孔隙结构碳酸盐岩弹性波特性及其应用

ELASTIC WAVE PROPERTY OF CARBONATE ROCKS WITH COMPLEX PORE STRUCTURE AND ITS APPLICATIONS

王子振　著

中国石油大学出版社
CHINA UNIVERSITY OF PETROLEUM PRESS
山东·青岛

图书在版编目(CIP)数据

复杂孔隙结构碳酸盐岩弹性波特性及其应用/王子振著. -- 青岛:中国石油大学出版社,2023.12

ISBN 978-7-5636-7793-1

Ⅰ.①复… Ⅱ.①王… Ⅲ.①碳酸盐岩油气藏-储集层特征-研究 Ⅳ.①P618.130.2

中国国家版本馆 CIP 数据核字(2023)第 241601 号

书　　名:复杂孔隙结构碳酸盐岩弹性波特性及其应用
FUZA KONGXI JIEGOU TANSUANYANYAN TANXINGBO TEXING JI QI YINGYONG

著　　者:王子振

责任编辑:穆丽娜(电话　0532-86981531)

责任校对:张　廉(电话　0532-86981531)

封面设计:悟本设计

出 版 者:中国石油大学出版社
(地址:山东省青岛市黄岛区长江西路 66 号　邮编:266580)

网　　址:http://cbs.upc.edu.cn

电子邮箱:shiyoujiaoyu@126.com

印 刷 者:泰安市成辉印刷有限公司

排 版 者:青岛友一广告传媒有限公司

发 行 者:中国石油大学出版社(电话　0532-86981531,86983440)

开　　本:787 mm×1 092 mm　1/16

印　　张:14

字　　数:349 千字

版 印 次:2023 年 12 月第 1 版　2023 年 12 月第 1 次印刷

书　　号:ISBN 978-7-5636-7793-1

定　　价:88.00 元

前　言

随着我国中浅层油气进入勘探开发后期，深层超深层油气开发利用成为保障国家油气安全战略的必然选择，也是推进我国深地科技创新的重大需求。从全球视野来看，碳酸盐岩油气储量、产量均占重要比重，勘探开发前景广阔。从国内油气资源分布来看，塔里木盆地、四川盆地在三叠—奥陶—寒武—震旦系广泛分布的巨厚碳酸盐岩层是我国最主要的深层超深层油气资源区。以塔里木盆地为例，仅埋深在 6 000～10 000 m 的石油和天然气资源就分别占其总量的 83.2%和 63.9%。近年来，以塔里木盆地顺北油田、富满油田，四川盆地安岳气田为标志，我国在海相碳酸盐岩层系油气勘探不断取得新突破。

与全球其他地区碳酸盐岩含油气盆地相比，我国深层超深层碳酸盐岩油气藏具有显著特点：① 地层年代老，经历了多期次构造运动调整改造，地质条件异常复杂；② 埋藏深，普遍面临高温高压；③ 储层孔隙结构复杂、缝洞发育，孔渗关系复杂、非均质性强。这给我国深层超深层碳酸盐岩储层预测描述和安全高效钻探带来极大挑战。目前我国正在钻进的两口万米深井“深地塔科一井”“深地川科一井”都要钻穿超深层海相碳酸盐岩层，面临“世界少有、我国独有”的地质和技术挑战。

本书围绕复杂孔隙结构碳酸盐岩的弹性波传播特性及其在油气钻探领域的应用介绍了笔者近几年的研究成果，全书共 7 章。第 1 章为绪论，阐述了碳酸盐岩弹性波特性的国内外研究现状与问题挑战。第 2 章在统计分析碳酸盐岩孔隙结构参数分布特征的基础上，以岩石物理学理论为指导，构建了多重孔隙结构碳酸盐岩的等效介质模型，从理论角度分析了孔隙结构对碳酸盐岩速度-孔隙度关系分散的影响。第 3 章构建了模拟碳酸盐岩多重孔隙结构的多尺度物理模型，重点介绍了复杂孔隙结构碳酸盐岩在岩芯尺度、井筒尺度声波特性的实验研究方法和结果分析，讨论了孔隙结构与孔隙流体联合作用对碳酸盐岩动态弹性特性的影响。第 4 章基于岩芯数字图像和相似原理建立了多孔介质几何模型构建方法，发展了弹性波在复杂孔隙结构介质中的跨频段数值模拟方法；在此基础上，模拟实验室脉冲透射法岩石声波测试、声波测井、应力-应变法岩石低频动态模量测试对应开展了碳酸盐岩的相关数值模拟分析。第 5 章考虑地下应力环境，综合实验和数值模拟，介绍了复杂孔隙结构碳酸盐岩声波特性的应力敏感性，重点讨论了应力作用下的裂缝闭合和速度应力敏感性。基于前述对复杂孔隙结构碳酸盐岩弹性波特性的研究认识，从第 6 章开始，介绍了碳酸盐岩中基于弹性波特性的两个应用探索，即裂缝预测和地层压力预测，其中第 6 章主要介绍了基于弹性波数据的碳酸盐岩孔隙结构预测方法，包括基于深度点信息和波形信息的裂缝综合识别方法、基于横波分裂各向异性的裂缝预测方法、基于机器学习的预测方法；第 7 章介绍了地层压力预测的原理和技术现状，针对碳酸盐岩开展了常规方法地层压力预测偏差分析、考虑孔隙结构影响的地层压力预测模型设计，并讨论了碳酸盐岩地层压力预测的难点和发展趋势。

本书的研究工作是笔者在母校中国石油大学（华东）学习、工作期间完成的，这离不开母校老师的教导与帮助。时值母校建校70周年，本书有幸纳入母校70周年校庆学术专著丛书，谨以此书向母校70周年校庆献礼，祝愿母校明天更加辉煌。

本书的研究工作得到了国家自然科学基金（51274230，51704309），国家留学基金委、中国博士后科学基金面上项目（2016M600569），山东省博士后创新项目（201702027）的资助，在此表示衷心感谢！

本书所涉及的研究是在我的导师王瑞和教授指导下完成的，书稿的整体策划、结构设计也得到了王老师的悉心指导，在此向我的导师王瑞和教授致以崇高的敬意和衷心的感谢！本书第六章的相关研究和撰写整理得到了团队成员李天阳博士的鼎力协助，本书封面插图绘制得到了许昕月的协助，书稿校对得到了硕士研究生陈冠霖、陈梓修、闫好的协助，在此表示衷心感谢！

由于笔者理论和学识水平的局限，书中难免存在不足之处，恳请广大读者批评指正。希望本书的出版能够起到抛砖引玉的作用，助推我国碳酸盐岩油气勘探开发领域的相关研究不断取得新突破。

作　者

2023年7月

目　录

第1章
绪　论

在世界范围内，尽管碳酸盐岩只占沉积岩的20%，但其中蕴藏的油气储量却占油气总储量的60%，目前世界油气产量的40%来自碳酸盐岩油气藏[1]。在我国，碳酸盐岩分布区总面积超过450×10^4 km^2，其中陆上海相盆地28个，面积约330×10^4 km^2。根据第三轮全国油气资源评价资料，我国碳酸盐岩层中的石油累计探明储量和可采储量分别占全国总储量的8.0%和5.5%，天然气累积探明储量和可采储量占全国的28%和33%。海相碳酸盐岩油气资源量约340×10^8 t油当量，湖相碳酸盐岩油气资源量约45×10^8 t油当量，这两类碳酸盐岩油气藏平均探明率约11%，是当前我国油气资源发展战略的主战场之一[2]。

无论是地震勘探还是声波测井，目前弹性波仍然是进行油气勘探和储层预测最有效的手段之一[3]。由于白云岩化、溶蚀等成岩后作用，碳酸盐岩次生孔隙发育，孔隙网络结构复杂[4]，其孔隙度、渗透率、声波特性等表现出很强的非均质性、各向异性和多尺度性。揭示复杂孔隙结构碳酸盐岩的弹性波特性，进而提高碳酸盐岩储层描述的可靠性一直是碳酸盐岩地球物理勘探领域极具挑战的世界性难题。

岩石的弹性波传播特性研究是岩石物理学中一个备受关注的领域[3]。岩石的弹性波速度是岩石弹性特征的客观反映。孔隙流体、孔隙空间、岩石骨架是决定岩石有效弹性参数的重要因素，孔隙度和孔隙结构的变化直接影响岩石的弹性特征。以弹性波资料为基础的储层预测研究主要集中于波速度、品质因子（衰减）、纵横波速比、波阻抗，其中波速度是至关重要的基础数据。影响岩石声波速度的因素众多，主要来源于岩石性质、流体性质、地质环境三大方面，其相互关系如图1-1所示。

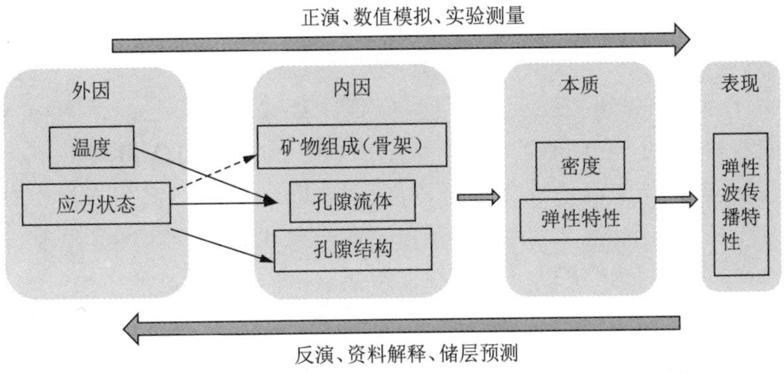

图1-1　饱和多孔介质弹性波传播特性的影响因素关系图

孔隙结构是指孔隙网络中不同类型的孔隙及其组合情况。从图 1-1 的分析中可以看出，孔隙结构对多孔介质弹性波传播特性的影响表现为两个方面：一方面是孔隙结构本身影响介质的表观弹性特征，另一方面是孔隙结构中的“软”孔隙易受外部应力状态的影响。孔隙结构的差异是碳酸盐岩储层与碎屑沉积岩储层的本质区别。一般来说，随着孔隙度的增大，弹性波速度降低。然而这样的关系只是在统计意义上有效，因为孔隙形状对弹性波性质的影响可能要大于孔隙度。例如，对于孔隙度比较低的岩石，如果其孔隙的纵横比较小，那么其弹性波速度可能会小于孔隙度比较高但孔隙纵横比较大的岩石。在碳酸盐岩中，孔隙形状对弹性波速度的影响已经得到了实验的证实[5-7]。碳酸盐岩的复杂孔隙结构使其纵横波速度分布范围比较大：纵波为 1 700～6 600 m/s，横波为 600～3 500 m/s。在孔隙度-速度散点图中，不同类型孔隙对应的速度点聚集在不同的区域，这说明在相同孔隙度条件下，碳酸盐岩孔隙结构对速度分散的影响不可忽略。

国内外学者从影响弹性波的因素入手，通过统计分析、室内实验等方法，研究了密度[8]、孔隙度[9,10]、泥质含量[11]、有效应力[12]、孔隙流体[13-15]、温度[16-18]等对弹性波速度或其衰减的影响。弹性波速度模型一开始是围绕速度-孔隙度关系展开研究的。学者们通过室内实验，寻找孔隙度与速度之间的定量关系，其中对后续研究影响最大的有 Wyllie 时间平均方程[9]、Raymer 模型[10]等。由于该类模型考虑的因素单一（在模型中只考虑了孔隙度的影响），其预测结果对于孔隙结构复杂的岩石往往精度较差。之后有学者开始把孔隙度之外的其他影响因素，如泥质含量[11]、有效应力[12]引入速度模型中，在砂泥岩中取得了很好的效果，模型计算结果与实验结果吻合良好，工程应用中预测的准确度也比较高，但是对于碳酸盐岩，预测效果还不理想。除孔隙度、泥质含量、有效应力之外，如孔隙形状、泥质在岩石中的位置等因素可能也会对弹性波速度产生很大的影响[19]，受实验条件的限制和这些因素定量描述的困难，一直未能恰当地引入速度模型中。碳酸盐岩孔隙结构对其弹性波速度影响的实验研究还需要进一步探索。

在理论研究方面，伴随着复合材料与细观力学的发展，岩石物理学中的多孔介质弹性理论取得了重要进展，发展了一系列的理论模型，主要分为三大类：一是等效介质模型，将岩石近似为包含规则形状孔洞（包裹体）的弹性固体，包裹体被赋予不同的弹性参数以代表不同的孔隙流体，经典的等效介质模型有 Kuster-Toksöz 模型（KT 模型）[20]、自洽模型（SC 模型）[21,22]、微分等效介质模型（DEM 模型）[23]等；二是颗粒接触模型，将岩石近似为分开的颗粒集合体，岩石的宏观弹性参数由颗粒与颗粒接触的变形特性与刚度来确定，基于此类思想发展的模型多基于 Hertz-Mindlin[24]对两种弹性球体接触刚性行为的研究，如 Digby 模型[25]、Walton 模型[26]等；三是数值计算模型，基于岩芯薄片和 CT 扫描、SEM 成像，用网格表示岩石孔隙的几何形态，用有限元、有限差分等计算弹性行为[27]。在饱和多孔介质波动理论方面，形成了经典的 Biot 理论[13]、挤喷流理论[28]以及 BISQ 模型[29,30]。巴晶等[31]在 Biot 理论的基础上讨论了双孔隙介质的弹性波动效应。Tang[15]提出了含孔隙、裂隙介质弹性波动的统一理论。相比较而言，颗粒接触模型能够考虑颗粒间的胶结情况，但是没有考虑孔隙结构的影响，更适于描述沉积压实机制形成的、孔隙结构简单的碎屑沉积岩的特性。等效介质模型能够考虑孔隙几何形态的影响，但是孔隙的引入顺序对最终结果有一定的影响。数值计算模型也可以考虑孔隙几何形态的影响，但需要首先建立岩石的孔隙网络模型，需要输入大量的数据。这三类模型各有优缺点，从进行孔隙结构影响分析的角度看，等效介质模型和数值计算模型有望成为探究复杂孔隙结构碳酸盐岩弹性特征的理论基础。

在碳酸盐岩弹性波特性的数值模拟方面，多数研究是将孔隙形状的影响考虑在岩石的弹性参数中，在数值计算时仍旧将多孔岩石等效为实心块体。主要步骤为[32]：① 假设矿物组成，通过 Reuss-Voigt-Hill 模型计算骨架的密度、弹性参数等；② 逐步引入微孔隙、不同形状的次生孔隙、流体等，通过 DEM 和 KT 等效介质模型计算骨架弹性参数，通过 Wood 方程计算流体的弹性参数，然后以这些弹性参数作为输入，根据 Gassmann-Biot 理论，计算饱和岩芯的弹性参数，并根据弹性波动力学计算波速度。Kazatchenko 等[33]的模拟结果表明，次生孔隙会明显改变碳酸盐岩的声波特性和电特性，而次生孔隙对热导率的影响不明显。声波速度对次生孔隙的纵横比非常敏感，而对骨架孔隙度的依赖性比较弱，裂缝对纵、横波速度的影响远高于溶孔、沟渠。Baechle 等[34]的数值模拟结果表明岩石中柔性的微孔隙对速度有很强的影响，因为微孔隙含量的增加降低了岩石的刚性。在给定孔隙度下，速度分散可能不是由次生孔隙纵横比变化导致的，相反地，微孔隙所占比例对速度有显著的影响。速度-微孔隙度的拟合关系与 Wyllie 平均方程的预测结果吻合很好，速度分散性比速度-全孔隙度弱很多。Xu 和 Payne[32]以只含粒间孔的岩石速度作为参照，其模拟结果表明，纵横比较大的铸模孔、溶洞等趋向于增大岩石速度，而纵横比小的微裂缝则趋向于降低岩石速度。

岩石作为一种天然的多孔材料，普遍具有非均质性和各向异性。基于弹性波理论的不同测量方法(如地震勘探、声波测井、岩石物理实验等)，由于测量频率的不同，可分辨的地层岩石特征也不同(图 1-2)。因此，弹性波计算的精度取决于测量方法、计算方法以及对地质背景的认知程度等。目前，基于脉冲透射法进行岩石超声波特性测试是构建岩石声波特性与储层物性之间定量关系的常用方法。然而，岩芯尺度下的高频超声实验与常规声波测井方式具有较大差别，特别是对碳酸盐岩，直接将室内岩石物理实验结果应用于声波测井解释将产生不确定性偏差。

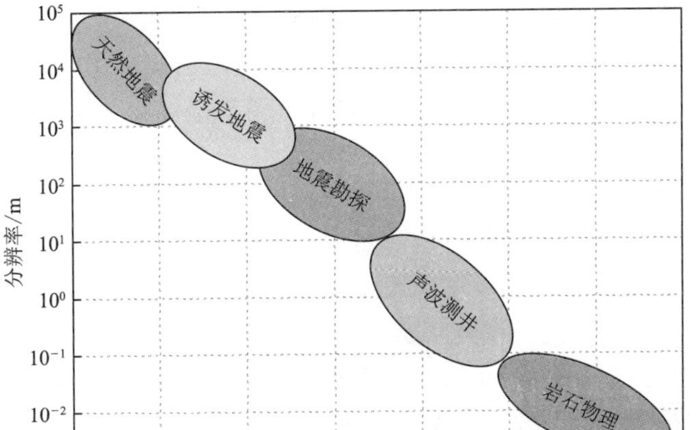

图 1-2 油气地球物理勘探中常用弹性波测量频率及分辨率

碳酸盐岩储层测井评价一直是国内外测井解释的难点和研究前沿，能否对裂缝分布规律和发育特征进行可靠预测,是关系到裂缝型碳酸盐岩油气藏高效钻探开发的关键。随着碳酸盐岩油气藏勘探技术的发展,各种识别和计算次生孔隙结构的测井解释方法应运而生。主要手段是利用岩芯分析与测井曲线资料进行归位对比,通过实验研究不同孔隙结构对岩石地球物理性质的影响及其在不同测井曲线上的响应特征,进而基于测井资料定性或定量地预测碳酸盐岩储层孔隙结构。目前,能够直观可靠地反映裂缝、溶孔等次生孔隙结构的测井方法是成像测井,然而成像测井的工程应用尚具有较大的局限性:① 成像测井只能在裸眼井段进行;② 成像测井成本较高,不适于大范围普及实施;③ 数据拾取、处理、解释主要依赖人工,效率较低,经验性和主观性较强。因此,一方面有必要研究基于常规测井资料的次生孔隙结构参数估算方法;另一方面要借助大数据和人工智能技术,通过提取大量与孔隙发育有关的特征参数,建立一个大型的模式识别数据库,将智能算法引入复杂孔隙结构碳酸盐岩储层描述和数据挖掘中。

对碳酸盐岩储层而言,与其弹性波特性密切关联的另一个科学难题是碳酸盐岩地层压力的可靠预测问题,目前仍属于世界性难题,没有取得突破。准确的地层压力预测是井身结构优化和钻井液密度设计的基础,能够有效地减少井漏、井涌(喷)、井壁失稳等钻井复杂情况,有助于保护油气层,提高钻探的成功率。碳酸盐岩的异常地层压力机制尚不清晰,其孔隙度与地质年代或埋深的关系不大,不能直接反映压实程度[19],基于沉积压实机制的传统地层压力预测方法从机理上并不适用于碳酸盐岩[35],目前在没有专门有效方法的情况下,常规地层压力预测方法在碳酸盐岩油气藏钻探实践中仍广泛应用。以弹性波资料为基础的地层压力预测经历了波速度、波属性以及地质、地震、测井、钻井资料的综合应用等发展阶段。对碳酸盐岩来说,速度-有效应力曲线平缓、梯度小、敏感性差,并且由于迟滞效应,卸载曲线与正常压实曲线非常接近,这就可能出现速度上没有异常反应的高次生压力,给碳酸盐岩地层压力预测带来很大的不确定性,直接影响到碳酸盐岩油气藏钻探的安全性、科学性和经济效益,是制约碳酸盐岩油气藏有效勘探开发的因素之一。

岩石物理模型和获取合适的岩石速度是地层压力预测的两个主要研究内容,也是预测误差的两个重要来源。岩石物理模型的发展是突破碳酸盐岩地层压力预测的关键。目前对碳酸盐岩物理性质的认识还远远不够,比如碳酸盐岩孔隙结构对其速度的影响、碳酸盐岩不同物理性质(速度、电阻率等)的关联性、室内岩石物理实验和工程数据(地震、测井、录井等)的尺度升级等都需要进一步开展深入研究探索。

围绕上述科学问题和研究现状,本书以复杂孔隙结构碳酸盐岩为研究对象,综合理论分析、实验测试和数值模拟研究,阐述复杂孔隙系统定量模拟方法和弹性波在复杂孔隙结构碳酸盐岩中传播的跨频段研究方法,从孔隙尺度、岩芯尺度、井筒尺度系统性揭示复杂孔隙结构碳酸盐岩的弹性波传播特性。在此基础上,探讨基于弹性波数据的碳酸盐岩层裂缝预测技术和地层压力预测方法,研究结果可为提高碳酸盐岩储层描述的可靠性、提升碳酸盐岩油气藏钻探开发效益提供重要的理论支撑和工程指导。

参考文献

[1] Chopra S. An introduction to this special section-carbonates[J]. The Leading Edge, 2005, 24(5): 488-

489.

[2] 谢锦龙，黄冲，王晓星. 中国碳酸盐岩油气藏探明储量分布特征[J]. 海相油气地质，2009，14(2)：24-30.

[3] 陈颙，黄庭芳，刘恩儒. 岩石物理学[M]. 合肥：中国科学技术大学出版社，2009.

[4] 马永生，梅冥相，陈小兵，等. 碳酸盐岩储层沉积学[M]. 北京：地质出版社，1999.

[5] Anselmetti F S, Eberli G P. The velocity-deviation log: a tool to predict pore type and permeability trends in carbonate drill holes from sonic and porosity or density logs[J]. AAPG Bulletin, 1999, 83(3): 450-466.

[6] Assefa S, McCann C, Sothcott J. Velocities of compressional and shear waves in limestones[J]. Geophysical Prospecting, 2003, 51: 1-13.

[7] Weger R J, Eberli G P, Baechle G T, et al. Quantification of pore structure and its effect on sonic velocity and permeability in carbonates[J]. AAPG Bulletin, 2009, 93: 1297-1317.

[8] Gardner G H F, Gardner L W, Gregory A R. Formation velocity and density: the diagnostic basics for stratigraphic traps[J]. Geophysics, 1974, 39(6): 770-780.

[9] Wyllie M R J, Gregory A R, Gardner L W. Elastic wave velocities in heterogeneous and porous media [J]. Geophysics, 1956, 21: 41-70.

[10] Raymer L L, Hunt E R, Gardner J S. An improved sonic transit time-to-porosity transform[C]. Transactions of the SPWLA 21st Annual Logging Symposium, 1980: 1-13.

[11] Han D H, Nur A, Morgan D. Effects of porosity and clay content on wave velocities in sand stone[J]. Geophysics, 1986, 51: 2093-2107.

[12] Phillips D E, Han D H, Zoback M D. Empirical relationships among seismic velocity, effective pressure, porosity and clay content in sandstone[J]. Geophysics, 1989, 54(1): 82-89.

[13] Biot M A. Theory of propagation of elastic waves in a fluid saturated porous solid. Ⅰ. Low frequency range and Ⅱ. Higher-frequency range[J]. Journal of the Acoustical Society of America, 1956, 28: 168-191.

[14] Cadoret T, Mavko G, Zinszner B. Fluid distribution effect on sonic attenuation in partially saturated limestones[J]. Geophysics, 1998, 63(1): 154-160.

[15] Tang X M. A unified theory for elastic wave propagation through porous media containing cracks: an extension of Biot's poroelastic wave theory[J]. Science China-Earth Sciences, 2011, 54: 1441-1452.

[16] Simmon G, Brace W F. Comparison of static and dynamic measurements of compressibility of rocks [J]. Journal of Geophysical Research, 1965, 70(22): 5649-5656.

[17] Kern H, Wenk H R. Fabric-related velocity anisotropy and shear wave splitting in rocks from the Santa Rosa Mylonite Zone, California[J]. Journal of Geophysical Research, 1990, B7(10): 11213-11223.

[18] 马中高，解吉高. 岩石的纵、横波速度与密度的规律研究[J]. 地球物理学进展，2005，20(4)：906-911.

[19] Eberli G P, Baechle G T, Anselmetti F S, et al. Factors controlling elastic properties in carbonate sediments and rocks[J]. The Leading Edge, 2003, 22(7): 654-660.

[20] Kuster G T, Toksöz M N. Velocity and attenuation of seismic waves in two-phase media[J]. Geophysics, 1974, 39(5): 587-618.

[21] Budiansky B, O'Connell R J. Elastic moduli of a cracked solid[J]. International Journal of Solids and Structures, 1976, 12(2): 81-97.

[22] Berryman J G. Mixture theories for rock properties[M]//Ahrens T J. Rock physics and phase relations: a handbook of physical constants. Washington: American Geophysical Union, 1995: 205-228.

[23] Berryman J G. Single-scattering approximations for coefficients in Biot's equations of poroelasticity

[J]. The Journal of the Acoustical Society of America,1992,91:551-571.

[24] Mindlin R D. Compliance of elastic bodies in contact[J]. Journal of Applied Mechanics,1949,16:259-268.

[25] Digby P J. The effective elastic moduli of porous granular rocks[J]. Journal of Applied Mechanics,1981,48:803-808.

[26] Walton K. The effective elastic moduli of a random packing of spheres[J]. Journal of the Mechanics and Physics of Solids,1987,35:213-226.

[27] Saenger E H,Enzmann F,Kehhm Y,et al. Digital rock physics:effect of fluid viscosity on effective elastic properties[J]. Journal of Applied Geophysics,2011,74:236-241.

[28] Dvorkin J,Nolen-Hoeksema R,Nur A. The squirt-flow mechanism:macroscopic description[J]. Geophysics,1994,59(3):428-438.

[29] Dvorkin J,Mavko G,Nur A. Squirt flow in fully saturated rocks[J]. Geophysics,1995,60(1):97-107.

[30] 杨顶辉,张中杰. Biot 和喷射流动耦合作用对各向异性弹性波的影响[J]. 科学通报,2000,45(12):1333-1340.

[31] 巴晶,Carcione J M,曹宏,等. 非饱和岩石中的纵波频散与衰减:双重孔隙介质波传播方程[J]. 地球物理学报,2012,55(1):219-231.

[32] Xu S,Payne M A. Modeling elastic properties in carbonate rocks[J]. The Leading Edge,2009,28:66-74.

[33] Kazatchenko E,Marvko M,Mousatov A. Simulation of acoustic velocities,electrical and thermal conductivities using unified pore-structure model of double-porosity carbonate rocks[J]. Journal of Applied Geophysics,2006,59(1):16-35.

[34] Baechle G T,Colpaert A,Eberli G P,et al. Modeling velocity in carbonates using a dual porosity DEM model[C]. 77th Annual International Meeting,2007,SEG,Expanded Abstracts:1589-1592.

[35] Dutta N C. Geopressure prediction using seismic data:current status and the road ahead[J]. Geophysics,2002,67(6):2012-2041.

第2章
复杂孔隙结构碳酸盐岩的等效介质模型

碳酸盐岩多数为化学沉积岩，由于复杂的成岩后作用和构造运动影响，其次生孔隙发育，孔隙结构复杂。本章通过分析碳酸盐岩及其孔隙的分类，梳理碳酸盐岩孔隙结构的定量描述参数，结合岩芯数据统计分析碳酸盐岩孔隙结构参数的分布特征，并在此基础上，以岩石物理学等效介质理论模型为指导，构建起复杂孔隙结构碳酸盐岩的岩石物理模型，从理论上刻画孔隙结构对碳酸盐岩弹性波速度变化的影响规律。

2.1　碳酸盐岩及其孔隙的分类

颗粒、基质、胶结物和孔隙是组成碳酸盐岩的4种结构组分。碳酸盐岩的常见颗粒虽然都是单矿物颗粒，但从结构上讲有很多不同的成因。碳酸盐岩的分类方案有很多，但结构-成因的分类以Folk的分类[1]（表2-1）和Dunham的分类[2]（表2-2）具有代表性，现在仍被广泛应用。

表2-1　Folk的碳酸盐岩分类方案

分　类	描　述
异化颗粒岩	主要由碎屑颗粒组成，其中Ⅰ类主要由亮晶胶结，Ⅱ类主要以泥晶作为基质
正化灰岩	Ⅲ类主要由泥晶组成，缺乏颗粒组分
生物礁岩	Ⅳ类由原地骸晶组成，如生物灰岩

表2-2　Dunham的碳酸盐岩分类方案

分　类	描　述
黏结岩(boundstone)	原始组成在生命活动时就黏结在一起
结晶碳酸盐岩(crystalline carbonate rock)	原生沉积物因重结晶而被破坏
颗粒岩(grainstone)	颗粒支撑，泥晶含量小于10%
泥晶颗粒岩(packstone)	颗粒支撑，泥晶含量大于10%
颗粒泥质岩(wackstone)	泥晶支撑，颗粒含量大于10%
泥岩(mudstone)	泥晶支撑，颗粒含量小于10%

Folk 曾采用双名法对异化颗粒岩进行命名，名称的前缀指示颗粒类型，后缀则表明是以亮晶或泥晶为主，这种命名分类和方式既合乎逻辑又有一定的伸缩性。Dunham 的分类方案则注重组构和基质含量，在一定程度上反映了沉积能量的高低[3]。Embry 和 Klovan[4] 在 Dunham 的基础上，根据支撑物的不同，将结晶碳酸盐岩分为石灰浮岩（泥晶支撑）和砾状石灰石（颗粒支撑）。

碳酸盐岩的孔隙系统主要由原生孔隙和大量发育的次生孔隙构成。碳酸盐岩的孔隙结构异常复杂，主要有两个原因[3]：一是原生孔隙类型复杂，碳酸盐岩沉积物多与生物成因有关，生物成因颗粒内部、颗粒之间、礁体生物骨架之间都存在大量原生孔隙，且不同地质时期的生物类型和生物发育程度差别较大；二是碳酸盐岩的化学活性较强，在其沉积和埋藏历史过程中易发生溶蚀、白云岩化（包括其他成岩作用）的影响，次生孔隙发育。

为了综合地质和油藏工程信息，必须按岩石组构和岩石物理性质定义孔隙空间并进行分类。从 Archie[5] 首次尝试对碳酸盐岩的孔隙空间进行分类开始，之后 20 余年的相关研究表明：① 孔隙空间与沉积、成岩组构之间的相互关系非常重要；② 碳酸盐岩孔隙分类的关键是要区分粒间孔隙（颗粒间孔隙和晶间孔隙）与其他类型孔隙。Choquette 和 Pray[6] 强调了孔隙空间成因的重要性，对孔隙的组构选择性进行了评价，提出了一个至今仍被广泛应用的碳酸盐岩孔隙分类方案（图 2-1）。绝大多数原生孔隙的孔隙边缘形态和孔隙与组分之间的相对位置完全取决于组构单元，即组构选择性孔隙。对次生孔隙而言，孔隙不一定具有组构选择性，主要取决于成岩历史。

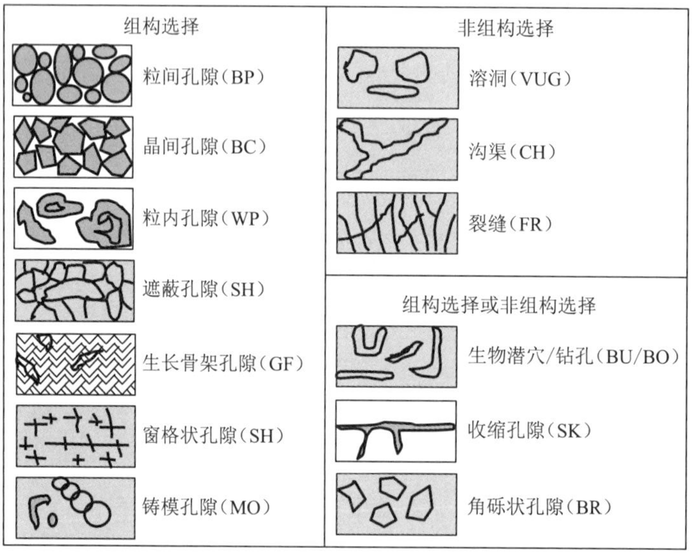

图 2-1　Choquette 和 Pray 的碳酸盐岩孔隙分类[6]

后来 Hans Fuchtbuer 对 Chquette 和 Pray 的分类进行了简化，分为两类：一类是受组构控制的粒间孔、粒内孔（房室孔或骨架内孔、生长骨架孔、铸模孔）、网格状及遮蔽孔、晶间孔；另一类是不受组构控制的溶孔、洞穴、沟槽（溶沟）和裂缝。碳酸盐岩储层孔隙组合类型不同，其储层渗透性的控制因素也不同。根据储层孔隙类型及其组合关系，碳酸盐岩储层划分为孔隙型储层、裂缝型储层、裂缝-孔隙型储层和裂缝-孔洞型储层[3]。

2.2　碳酸盐岩孔隙结构参数及其统计分布规律

碳酸盐岩的孔隙结构是指岩石内含有的各类不同成因、形状的孔隙及其对应的体积分数。因此，描述孔隙结构至少需要包含孔隙数量、尺寸、形状三个方面的属性。起初，获取多孔岩石孔隙结构信息主要依赖岩石的压汞曲线，以此计算孔喉尺寸的分布、分选、孔隙度等信息，但无法反映孔隙的形状。核磁共振技术（NMR）是获取岩石孔喉尺寸的新技术，但其表征孔隙形状的能力存在先天不足。随着计算机和图像处理技术的发展，近期比较流行的方法是通过岩芯数字图像（薄片图像、SEM、CT 等）分析提取岩石的孔隙结构参数，这也是发展数字岩芯技术的基础之一。

在图像处理方面，Russ[7] 以物体二维图像的基本参数（面积、周长、长轴长度等）为自变量，通过一些简单运算（如加、减、开平方等）和常参数（如自然数、π 等），提出了一系列表征物体形状的参数，但这些参数相互之间往往具有相关性，需要根据不同的研究目的，选择恰当的形状参数。Weger[8] 通过对 250 块天然碳酸盐岩岩芯薄片图像的处理、岩芯物理性质（孔隙度、渗透率、速度等）的测量和相关性分析，在 Russ 提出的众多形状参数中，筛选出适于碳酸盐岩岩石物理性质分析的基本孔隙结构参数（表 2-3）。

表 2-3　基于岩芯数字图像分析的孔隙结构参数

属　性	孔隙结构参数	符　号	定义或计算方法
数　量	孔隙数量	N	目标区域内可分辨的孔隙个数
	孔隙度	ϕ	孔隙总面积与目标区域总面积的比值
尺　寸	当量孔隙直径	d	与孔隙面积相等的圆的直径
	孔隙长轴长度	$Major$	孔隙边界上任意两点的最长直线距离
	主要孔隙尺寸	$DomSize$	目标区域内所有孔隙的当量直径从小到大排列，累积孔隙面积百分比为 50%时对应的当量孔隙直径（图 2-2）
形　状	孔隙纵横比	AR	孔隙短轴长度与孔隙长轴长度之比，取值范围为 0～1，其大小与孔隙尺寸无关
	孔隙周长面积比	PoA	目标区域内所有孔隙周长（P）与所有孔隙面积（A）之比，与孔隙尺寸有关，孔隙越大，PoA 越小
	无量纲二维比表面积	$Gamma$	与孔隙尺寸无关的二维比表面积，$Gamma=\dfrac{P}{2\sqrt{\pi A}}$

在表 2-3 所列的孔隙结构参数中，孔隙数量、孔隙度和主要孔隙尺寸只适于描述目标区域的整体性质，而其他参数还可用于描述单个孔隙。在孔隙数量、尺寸、形状三个属性中，孔隙形状的描述最为复杂。表 2-3 中所列三个表征孔隙形状的参数中，孔隙纵横比反映孔隙的基本形状，但与孔隙尺寸无关。孔隙纵横比越小，表示孔隙越扁平，越接近于裂缝或狭窄喉道；孔隙纵横比越大，表示孔隙接近于圆形的溶孔或溶洞。因此，孔隙纵横比可以很好地

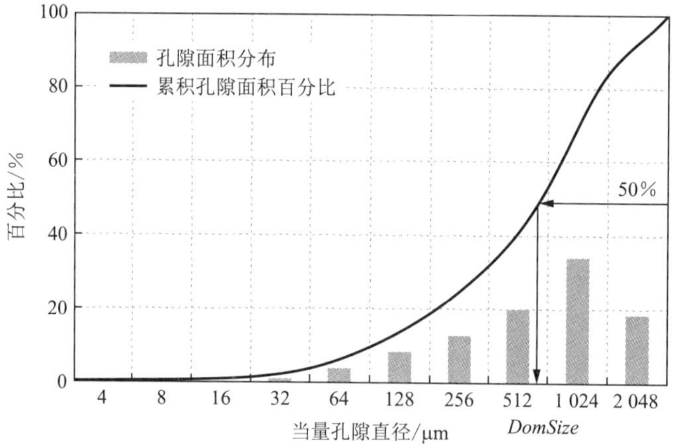

图 2-2　基于孔隙尺寸分布确定主要孔隙尺寸的示意图

区分基本孔隙类型。孔隙周长面积比和无量纲二维比表面积都可以反映孔隙边界的曲折复杂程度,其取值越大,表示孔隙形状越曲折复杂,但孔隙周长面积比还与孔隙尺寸有关。这两个参数都无法通过压汞曲线和 NMR 获取,在常规应用上具有很大的局限性。因此,本章对孔隙结构参数的讨论将主要集中于孔隙度、当量孔隙直径和孔隙纵横比,涵盖了孔隙数量、尺寸、形状三个方面的属性。

为了直观反映碳酸盐岩孔隙结构参数的统计特征,为碳酸盐岩岩石物理模型实验、数值模拟研究奠定基础,分析处理了迈阿密大学比较沉积学实验室(Comparative Sedimentary Lab,CSL)发布的 120 块天然碳酸盐岩岩芯的孔隙结构数据。这 120 块岩芯绝大多数为纯净碳酸盐岩(碳酸盐矿物含量>95%),岩芯的结构类型涵盖了表 2-2 中除黏结岩外的所有类型,孔隙度分布范围也较大,在 5%～45%之间(图 2-3),具有较强的代表性。孔隙结构数据都是通过薄片图像提取的。根据表 2-2 所示的不同岩石类型,分别分析了 120 块碳酸盐岩岩芯的主要孔隙尺寸(图 2-4)、孔隙纵横比(图 2-5)、孔隙周长面积比(图 2-6)和无量纲二维比表面积(图 2-7)的统计分布。

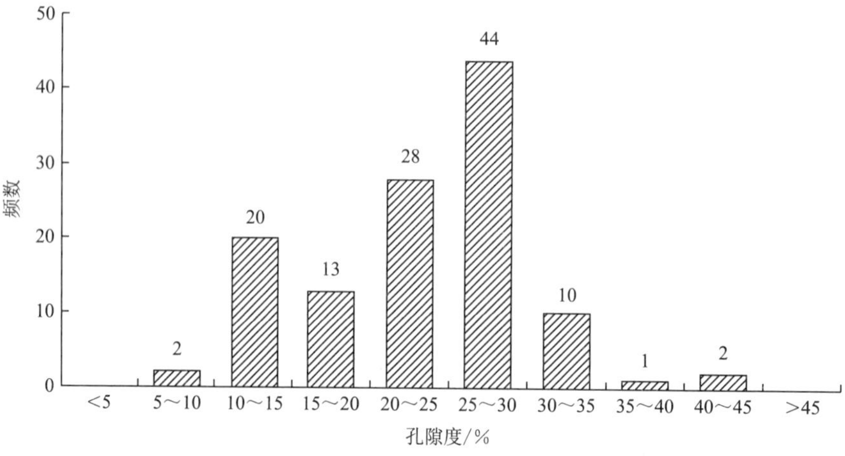

图 2-3　120 块天然碳酸盐岩岩芯的孔隙度分布图

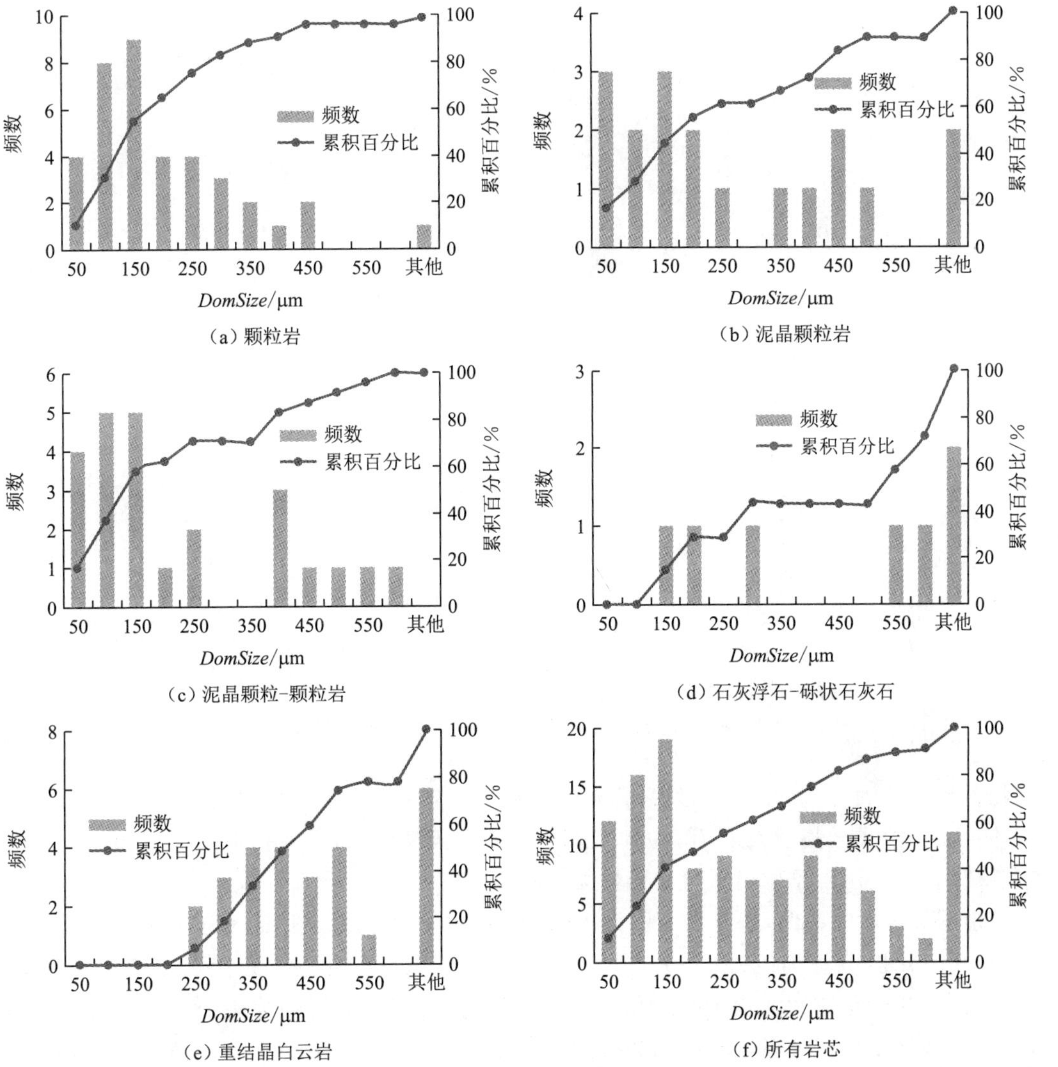

图 2-4　120 块天然碳酸盐岩岩芯的主要孔隙尺寸分布图

由图 2-4 可以看出，以颗粒支撑为主的颗粒岩、泥晶颗粒岩主要孔隙尺寸较小，分布相对集中，主要在 50～150 μm 之间，主要孔隙尺寸大于 500 μm 的较少，而重结晶白云岩的主

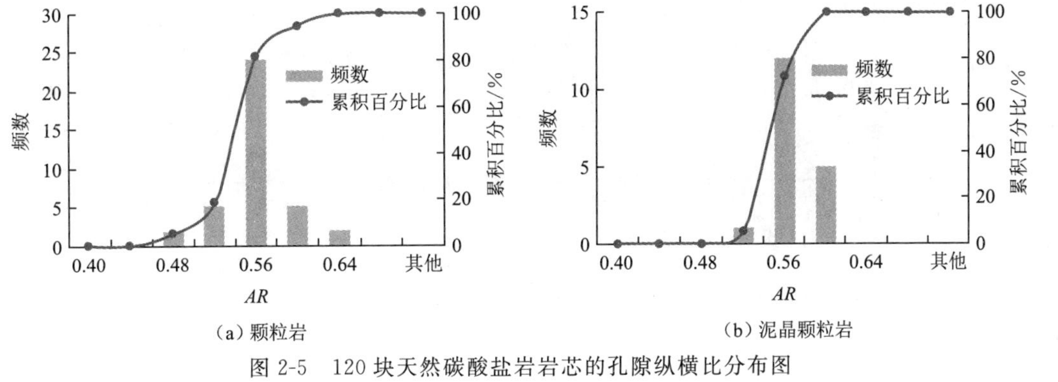

图 2-5　120 块天然碳酸盐岩岩芯的孔隙纵横比分布图

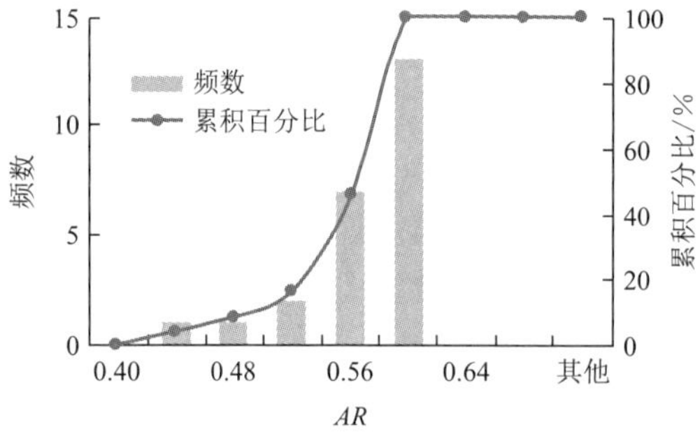

(c) 泥晶颗粒-颗粒岩

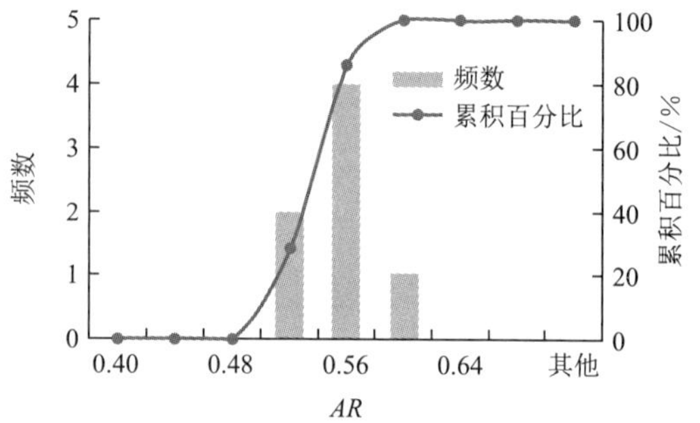

(d) 石灰浮石-砾状石灰石

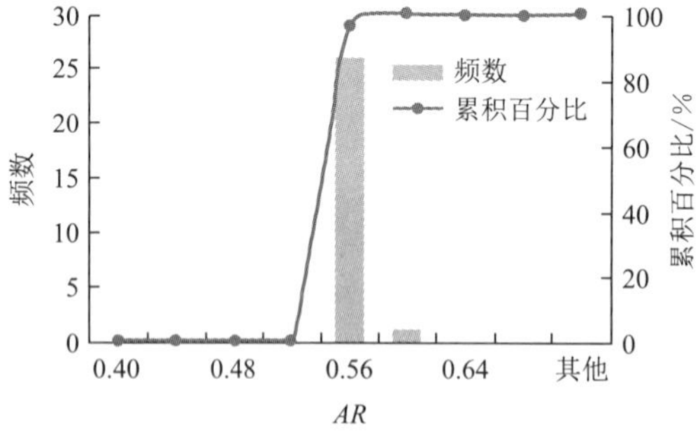

(e) 重结晶白云岩

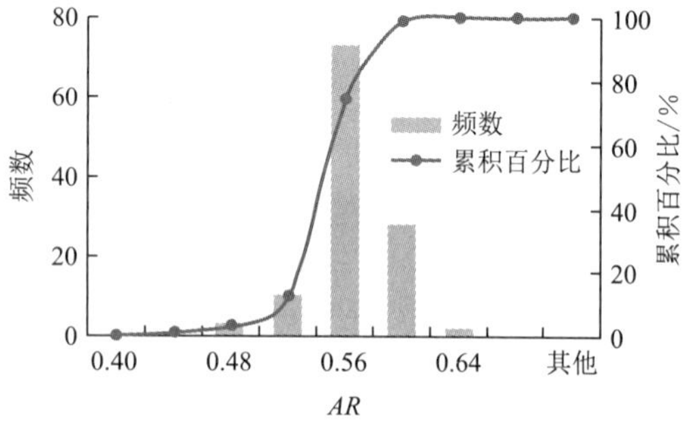

(f) 所有岩芯

图 2-5(续)　120 块天然碳酸盐岩岩芯的孔隙纵横比分布图

要孔隙尺寸较大,在统计的岩芯中,有超过 50% 岩芯的主要孔隙尺寸大于 400 μm,部分岩芯的主要孔隙尺寸甚至大于 700 μm。总体来看,碳酸盐岩的主要孔隙尺寸分布广泛,且分布不规则,无法用常见的概率分布函数来描述。

由图 2-5 可以看出,基于数字图像提取的碳酸盐岩孔隙纵横比的分布非常集中,全部在 0.48～0.64 之间,平均值为 0.56。需要说明的是,孔隙纵横比的分布受数字图像分辨率的影响较大,对于孔隙尺寸较小的微孔隙,如果其孔隙面积在数字图像中小于 4 个像素,则默认为圆点;对于孔隙纵横比较小的微裂隙或喉道,如果其张开度小于 2 个像素宽度,则很可能被分离成两个孔隙,这都会导致获取的整体孔隙纵横比偏大。因此,该孔隙纵横比分布只能反映主要孔隙的纵横比。

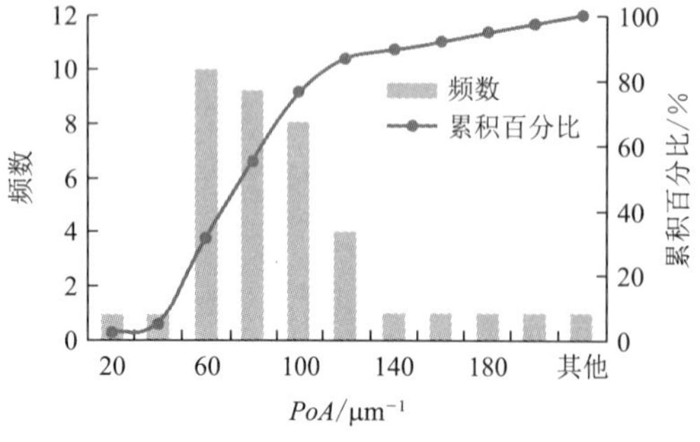

(a) 颗粒岩

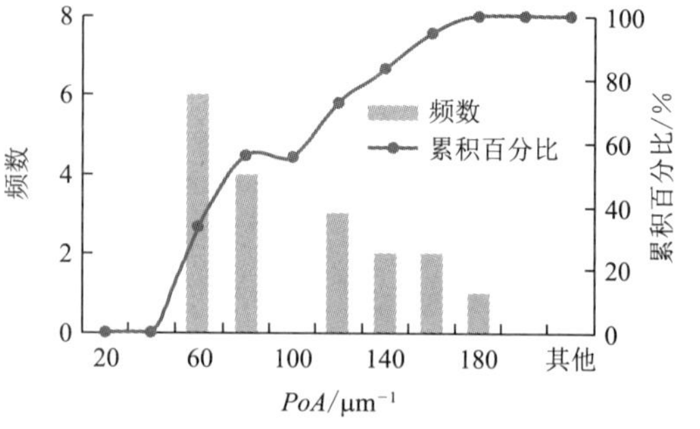

(b) 泥晶颗粒岩

图 2-6　120 块天然碳酸盐岩岩芯的孔隙周长面积比分布图

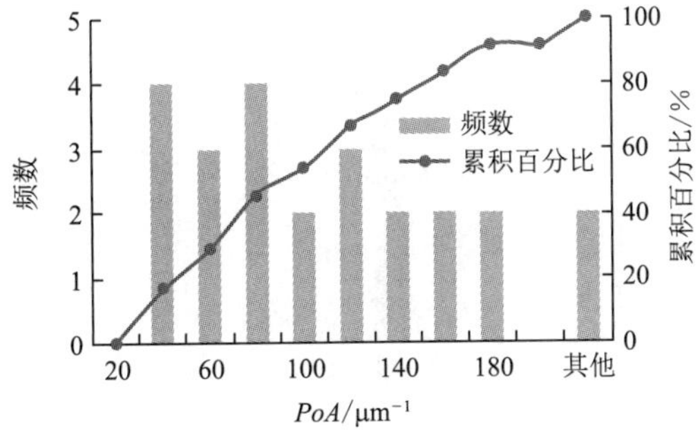

(c) 泥晶颗粒-颗粒岩

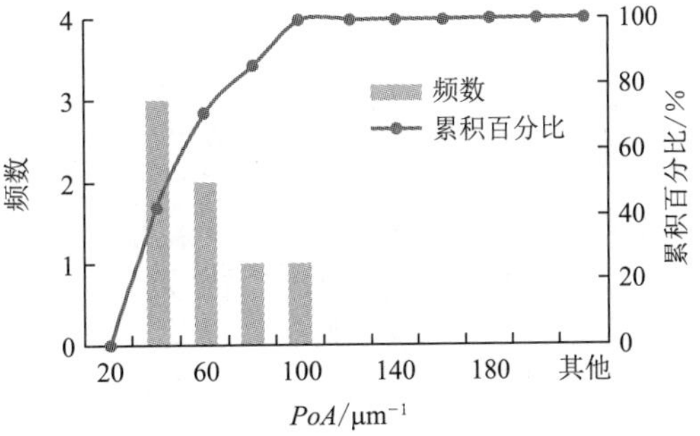

(d) 石灰浮石-砾状石灰石

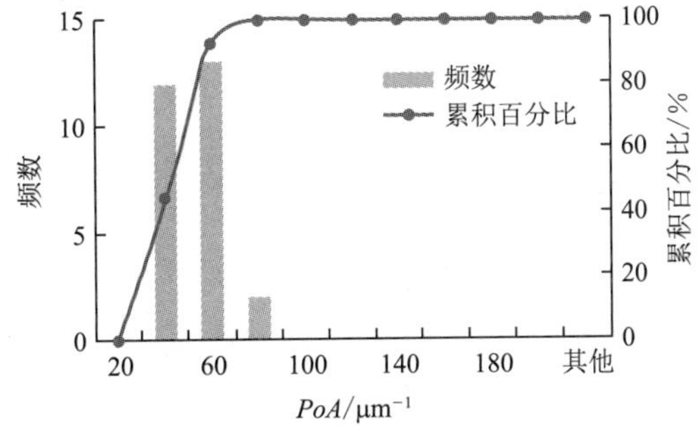

(e) 重结晶白云岩

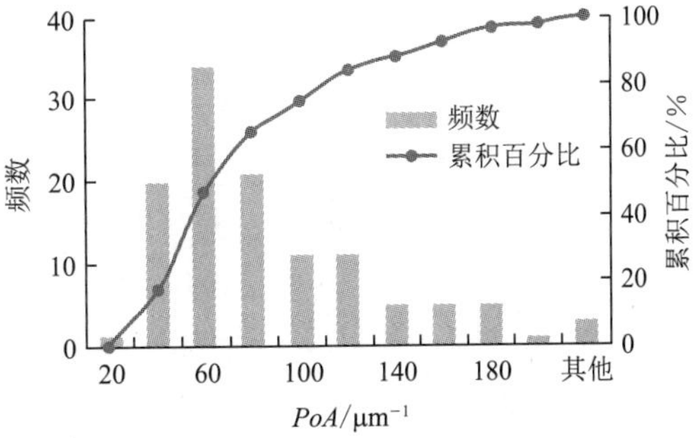

(f) 所有岩芯

图 2-6(续)　120 块天然碳酸盐岩岩芯的孔隙周长面积比分布图

由图 2-6 可以看出，以颗粒支撑为主的颗粒岩、泥晶颗粒岩的孔隙周长面积比分布范围较大，并且有近 40% 岩芯的孔隙周长面积比大于 100 μm^{-1}，而重结晶白云岩的孔隙周长面

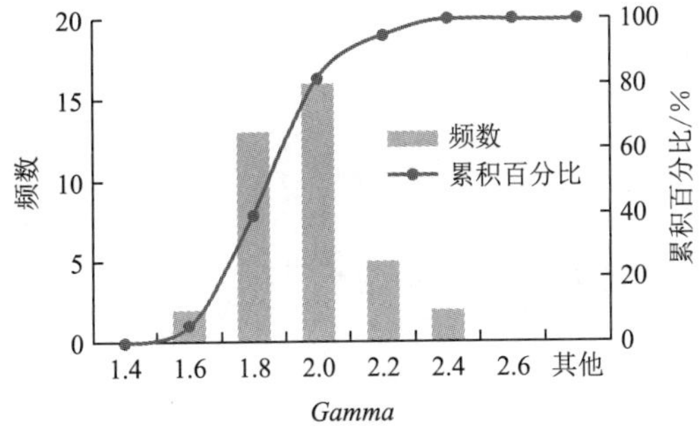

(a) 颗粒岩

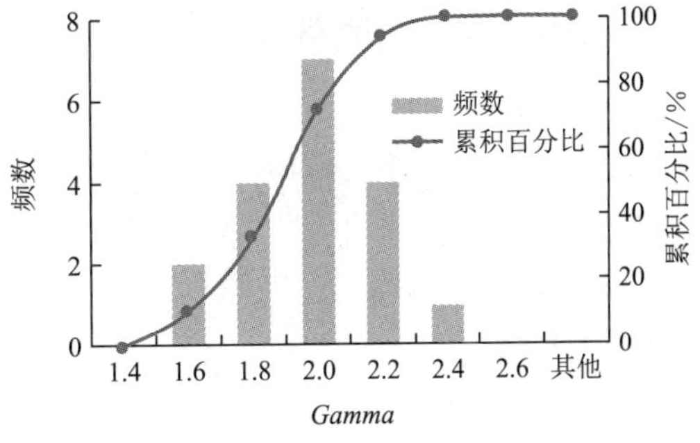

(b) 泥晶颗粒岩

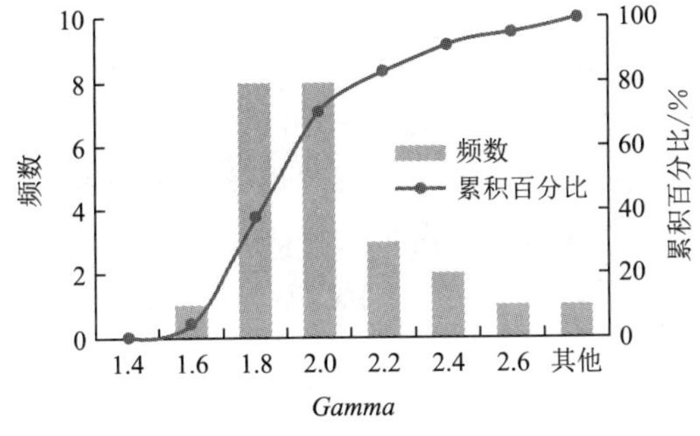

(c) 泥晶颗粒-颗粒岩

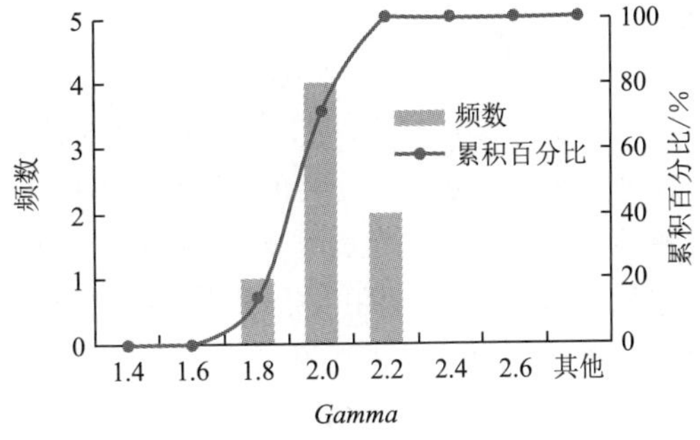

(d) 石灰浮石-砾状石灰石

图 2-7　120 块天然碳酸盐岩岩芯的无量纲二维比表面积分布图

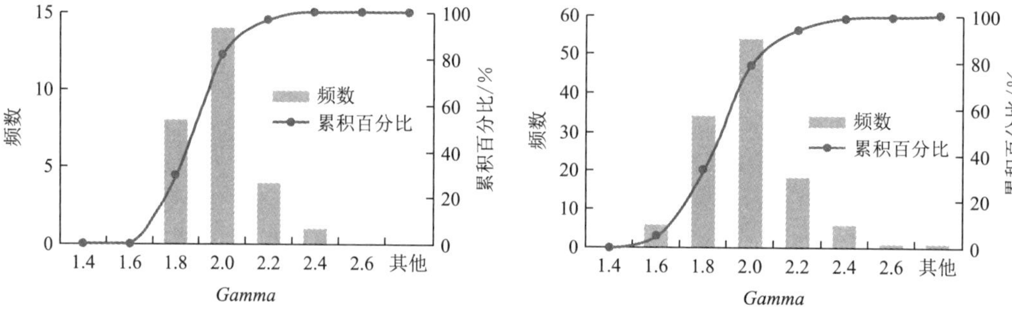

(e) 重结晶白云岩　　(f) 所有岩芯

图 2-7(续)　120 块天然碳酸盐岩岩芯的无量纲二维比表面积分布图

积比较小且分布相对集中，主要在 40～80 μm^{-1}之间。需要指出的是，由于孔隙周长面积比与孔隙尺寸负相关，而图 2-4 中的孔隙尺寸分布又与该处的孔隙周长面积比分布特征吻合，因此不能单从孔隙周长面积比判断不同类型碳酸盐岩孔隙形状复杂性的差异。

由图 2-7 可以看出，不同类型碳酸盐岩的无量纲二维比表面积分布基本类似，近似满足正态分布，中心值约为 2，这表明不同类型碳酸盐岩孔隙形状的复杂性基本相同。

虽然碳酸盐岩的孔隙结构参数表现出的规律性较差，但从岩石的弹性波传播特性来说，对于多重孔隙结构碳酸盐岩，描述其孔隙结构的关键是区分不同的孔隙类型和对应的孔隙度，其次是孔隙尺寸，再次是不规则孔隙形状。不规则孔隙形状定量描述将极大地增加问题的复杂性，因此实验中的不同孔隙结构物理模型构建、数值模拟中的多孔介质几何模型构建都需要对不规则孔隙形状进行简化。

2.3　等效介质模型

2.3.1　Kuster-Toksöz 模型

如果只含有一种孔隙，即岩石只有骨架和孔隙流体两相，则该情形下的 Kuster-Toksöz 模型(KT 模型)为：

$$\begin{cases}\dfrac{K^*-K_m}{3K^*+4\mu_m}=\Delta\phi\,\dfrac{K_f-K_m}{3K_m+4\mu_m}\,\dfrac{T_1}{3}\\[2ex]\dfrac{\mu^*-\mu_m}{6\mu^*(K_m+2\mu_m)+\mu_m(9K_m+8\mu_m)}=\Delta\phi\,\dfrac{\mu_f-\mu_m}{5\mu_m(3K_m+4\mu_m)}\,\dfrac{1}{5}\left(T_2-\dfrac{T_1}{3}\right)\end{cases}\tag{2-1}$$

式中，K^*，μ^*表示添加孔隙后的等效体积模量与剪切模量；K_m，μ_m表示背景介质的体积模量和剪切模量(初值为矿物的弹性参数，中间计算的 K^* 和 μ^* 应为下一步计算时的背景介质弹性参数)；K_f，μ_f表示添加的孔隙中流体的体积模量和剪切模量；$\Delta\phi$ 表示新添加包含物的体积分数；T_1，T_2是孔隙纵横比(孔隙短轴长度与长轴长度之比，AR)的函数，表征孔隙纵横比对等效弹性参数的影响。

记 $\boldsymbol{M}=(K,\mu)$，$\boldsymbol{T}=(P,Q)$，则 KT 模型的一般形式为[9]：

$$(\boldsymbol{M}-\boldsymbol{M}_{\mathrm{m}})\frac{\boldsymbol{M}_{\mathrm{m}}+\frac{4}{3}\boldsymbol{R}_{\mathrm{m}}}{\boldsymbol{M}+\frac{4}{3}\boldsymbol{R}_{\mathrm{m}}}=\sum_{i=1}^{N}x_i(\boldsymbol{M}_i-\boldsymbol{M}_{\mathrm{m}})\boldsymbol{T}_{\mathrm{m}i} \tag{2-2}$$

其中：$\boldsymbol{R}_{\mathrm{m}}=\left(\mu_{\mathrm{m}},\frac{\mu_{\mathrm{m}}(9K_{\mathrm{m}}+8\mu_{\mathrm{m}})}{8(K_{\mathrm{m}}+2\mu_{\mathrm{m}})}\right)$，$\boldsymbol{M}_{\mathrm{m}}=(K_{\mathrm{m}},\mu_{\mathrm{m}})$，$\boldsymbol{M}_i=(K_i,\mu_i)$，$\boldsymbol{T}_{\mathrm{m}i}=(P_{\mathrm{m}i},Q_{\mathrm{m}i})$。
式中，K 表示岩石体积模量，μ 表示岩石剪切模量，以不同下标来区别不同情况下的体积/剪切模量；x_i 为第 i 种孔隙的体积分数；P，Q 在 KT 模型、微分等效介质模型、SC 模型中都指影响岩石弹性的几何因数，在不同模型中结合具体情况标注了不同上、下标，如 $P_{\mathrm{m}i}$ 和 $Q_{\mathrm{m}i}$ 为第 i 种孔隙对岩石弹性特征影响的几何因数，它们是孔隙纵横比的函数，其计算公式见参考文献[10]。KT 模型是基于长波一阶散射理论建立的估计多孔介质弹性特性的经典模型之一。KT 模型的优点是考虑了孔隙形状的影响，但是它认为孔隙之间相互独立，适于孔隙稀疏分布（$\phi/AR \ll 1$）、高频测量的情况，Xu 和 White[11] 推荐 $\phi/AR<0.1$。

2.3.2　微分等效介质模型

微分等效介质模型（differential effective media model，DEM）[12-15] 是一种依赖于包含物添加路径的弹性参数估计方法。往固相矿物中逐渐加入包含物的过程是一种虚拟的理想实验，不应该被看成是对自然界岩石孔隙度演变的一种精确描述。

根据 Berryman[15] 的结果，等效体积模量和剪切模量的耦合微分方程组为：

$$\begin{cases}(1-y)\dfrac{\mathrm{d}[K^*(y)]}{\mathrm{d}y}=(K_2-K^*)P^{*2}(y)\\[2ex](1-y)\dfrac{\mathrm{d}[\mu^*(y)]}{\mathrm{d}y}=(\mu_2-\mu^*)Q^{*2}(y)\end{cases} \tag{2-3}$$

初始条件：

$$K^*(0)=K_1,\quad \mu^*(0)=\mu_1$$

式中，K_1，μ_1 为初始主相材料的体积模量与剪切模量（相 1）；K_2，μ_2 为逐渐加入的包含物的体积模量与剪切模量（相 2）；y 为相 2 的体积分数；$P^{*2}(y)$，$Q^{*2}(y)$ 用于表征孔隙纵横比对等效弹性参数的影响。

2.3.3　自洽模型

自洽模型（self-consistent model，SC 模型）实际上是考虑了孔隙几何形态的 Hashin-Shtrikman 上下限的一个平均。Berryman[16,17] 给出了 N 相混合物的自相容近似的一般形式：

$$\begin{cases}\sum\limits_{i=1}^{N}x_i(K_i-K_{\mathrm{SC}}^*)P^{*i}=0\\[2ex]\sum\limits_{i=1}^{N}x_i(\mu_i-\mu_{\mathrm{SC}}^*)Q^{*i}=0\end{cases} \tag{2-4}$$

式中,x_i是第 i 种材料的体积分数;P 和 Q 是与孔隙纵横比有关的几何因数,可根据式(2-5)和式(2-6)计算;P 和 Q 的上标 ^{*i} 指此几何因数是针对具有自相容等效模量 K_{SC}^{*} 和 μ_{SC}^{*} 的背景介质中第 i 种包含物材料。这些公式是耦合的,因此必须通过同时迭代的方法来求解。

对任意纵横比的椭圆孔,其几何因数 P 和 Q 的计算公式如下:

$$P=\frac{1}{3}T_{iijj} \tag{2-5}$$

$$Q=\frac{1}{5}\left(T_{ijij}-\frac{1}{3}T_{iijj}\right) \tag{2-6}$$

张量 $\boldsymbol{T}_{ijkl}$ 中与 P 和 Q 相关的标量 T_{iijj} 和 T_{ijij} 的计算表达式[16]为:

$$T_{iijj}=3F_1/F_2 \tag{2-7}$$

$$T_{ijij}-\frac{1}{3}T_{iijj}=\frac{2}{F_3}+\frac{1}{F_4}+\frac{F_4F_5+F_6F_7-F_8F_9}{F_2F_4} \tag{2-8}$$

其中:

$$\left\{\begin{aligned}
&F_1=1+A\left[\frac{3}{2}(f+\beta)-R\left(\frac{3}{2}f+\frac{5}{2}\beta-\frac{4}{3}\right)\right]\\
&F_2=1+A\left[1+\frac{3}{2}(f+\beta)-\frac{R}{2}(3f+5\beta)\right]+B(3-4R)+\\
&\qquad\frac{A}{2}(A+3B)(3-4R)[f+\beta-R(f-\beta+2\beta^2)]\\
&F_3=1+A\left[1-\left(f-\frac{3}{2}\beta\right)+R(f+\beta)\right]\\
&F_4=1+\frac{A}{4}[f+3\beta-R(f-\beta)]\\
&F_5=A\left[-f+R\left(f+\beta-\frac{4}{3}\right)\right]+B\beta(3-4R)\\
&F_6=1+A[1+f-R(f+\beta)]+B(1-\beta)(3-4R)\\
&F_7=2+\frac{A}{4}[3f+9\beta-R(3f+5\beta)]+B\beta(3-4R)\\
&F_8=A\left[1-2R+\frac{f}{2}(R-1)+\frac{\beta}{2}(5R-3)\right]+B(1-\beta)(3-4R)\\
&F_9=A[(R-1)f-R\beta]+B\beta(3-4R)
\end{aligned}\right. \tag{2-9}$$

上述各式中,中间参数 A,B,R 的表达式为:

$$\left\{\begin{aligned}
&A=\frac{\mu_i}{\mu_s}-1\\
&B=\frac{1}{3}\left(\frac{K_i}{K_s}-\frac{\mu_i}{\mu_s}\right)\\
&R=\frac{1-2\nu_s}{2(1-\nu_s)}
\end{aligned}\right. \tag{2-10}$$

式中,K_i 和 μ_i 为第 i 种包含物的体积模量和剪切模量,ν_s 为固体基质的泊松比。β 和 f 函数可表述为:

$$\beta = \frac{AR}{(1 - AR^2)^{3/2}} [\arccos AR - AR(1 - AR^2)^{1/2}] \tag{2-11}$$

$$f = \frac{AR^2}{1 - AR^2}(3\beta - 2) \tag{2-12}$$

用 DEM 模型和自洽模型来计算混合物等效模量的一个重要的概念上的区别是，DEM 模型指定了其中的一种成分作为主相固体矿物材料，在其中由其他物质组成的包含物被逐步填入，而自洽模型则不指定任何成分作为主相固体矿物材料，而是把混合物当成是各成分的集合。

对于前述 3 个等效介质模型，需要注意的是：① 干燥空腔可以通过将包含物模量设为零来模拟。流体饱和空腔可以通过把包含物体积模量设置为流体体积模量来模拟。② 因为空腔彼此之间是隔离的，流体不能互相流动，因此这种方法模拟的是极高频率下饱和岩石的属性，适用于实验室超声波条件。在低频时，当波动引起的孔隙压力波动有充分时间通过液体流动而平衡时，一般先求干燥空腔的等效模量，再用低频 Gassmann 理论引入流体。但这不能与通常称为低频理论的说法相混淆，因为此理论假设缝隙的尺寸远远小于波长。

2.3.4 KTDEM 模型

参考经典 Xu-White 模型[11]的构建方法，将 KT 模型与微分方法相结合(即 KTDEM 方法)，计算复杂孔隙结构碳酸盐岩的等效弹性参数，基本思路如图 2-8 所示。

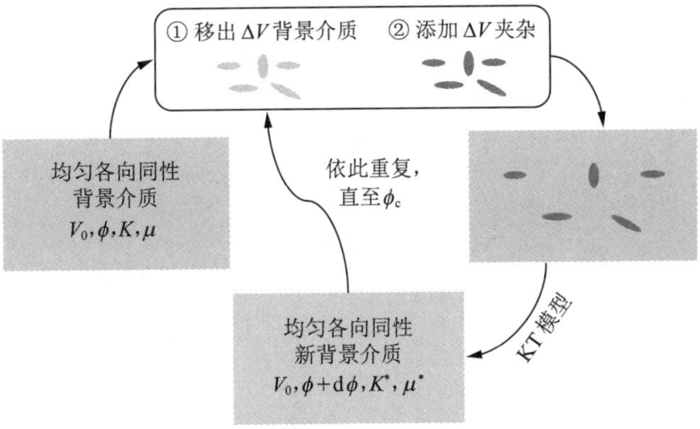

V_0—岩石体积；ϕ_c—PHI_c 目标孔隙度；ΔV—每个迭代步移出的岩石体积。

图 2-8　KTDEM 方法的基本思路

采用孔隙度的变化路径来描述微分迭代过程。如图 2-9 所示，当岩石中存在两类孔隙时，假设沿任意路径 OA 完成 k 次微分迭代以后，对应的孔隙度为 $A(\phi_{1k}, \phi_{2k})$。迭代过程中各类孔隙的体积分数单调递增。因此，在第$(k+1)$次迭代时，阴影区域 $ABCD$ 内由点 A 到折线 BCD 的任意一条路径都可以采用。改变每次添加的两类孔隙的体积比，从初始点 $O(0,0)$ 到终点 $T(\phi_{1t}, \phi_{2t})$，有无数条路径完成整个微分迭代过程[18]。对于干岩芯，其弹性参数基本不受孔隙添加路径的影响[19]，故采用直线路径 OT，即各类孔隙始终按照其体积分数的比例同时添加，可大大降低微分迭代过程的复杂程度。

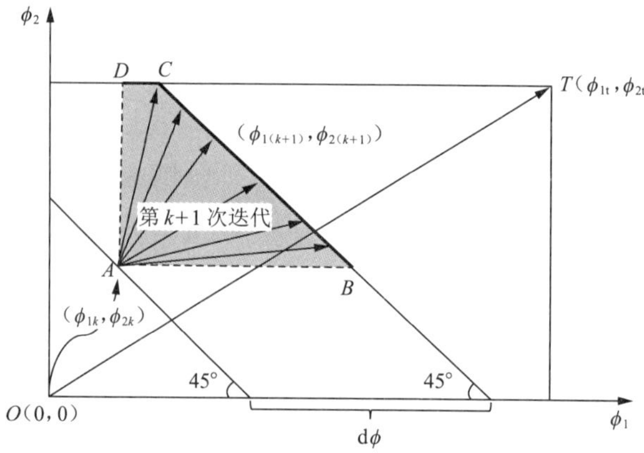

图 2-9　微分迭代过程中的孔隙度变化

考虑一般情况，岩石体积为 V_0，含 N 种孔隙，总孔隙度为：

$$\phi_t = \sum_{i=1}^{N} \phi_i \tag{2-13}$$

式中，ϕ_t 为总孔隙度；ϕ_i 为第 i 种孔隙的孔隙度。第 k 次微分迭代后，第 i 种孔隙的体积为 $V_0\phi_{ik}$；第 $(k+1)$ 次微分迭代后，第 i 种孔隙的体积为 $V_0(\phi_{ik}+\Delta\phi_i)$；第 $(k+1)$ 次微分迭代时，先移出 ΔV 体积的岩石，其中第 i 种孔隙的体积为 $\Delta V\phi_{ik}$；再引入 ΔV 体积的孔隙，其中第 i 种孔隙的体积为 $\Delta V\phi_i/\phi_t$。由体积守恒关系得：

$$V_0\phi_{ik} - \Delta V\phi_{ik} + \Delta V\frac{\phi_i}{\phi_t} = V_0(\phi_{ik}+\Delta\phi_i) \tag{2-14}$$

第 $(k+1)$ 次微分迭代时，按照 KT 模型，第 i 种孔隙的体积分数 x_i 为：

$$x_i = \frac{\Delta V}{V_0}\frac{\phi_i}{\phi_t} \tag{2-15}$$

由于各类孔隙始终按照其体积分数的比例同时添加，故：

$$\frac{\Delta\phi_i}{\Delta\phi} = \frac{\phi_{ik}}{\phi} = \frac{\phi_i}{\phi_t} \tag{2-16}$$

由式(2-14)～式(2-16)得：

$$x_i = \frac{\phi_i}{\phi_t}\frac{\Delta\phi}{1-\phi} \tag{2-17}$$

将碳酸盐岩的孔隙按照形状和孔隙刚度划分成孔、缝、洞三大类[19,20]：① 裂隙类孔隙(CF)，纵横比小于 0.02，易于压缩变形；② 溶洞、铸模孔(MV)，纵横比大于 0.6，刚性强，不易变形；③ 粒间孔、晶间孔(IP)，纵横比为 0.1～0.4，孔隙刚度居中。在微分迭代过程中，各类孔隙按照其体积分数的比例同时引入背景介质中，应用 KT 模型，由式(2-2)和式(2-17)得：

$$[\boldsymbol{M}(\phi+\Delta\phi) - \boldsymbol{M}(\phi)]\frac{\boldsymbol{M}(\phi)+\frac{4}{3}\boldsymbol{R}(\phi)}{\boldsymbol{M}(\phi+\Delta\phi)+\frac{4}{3}\boldsymbol{R}(\phi)} = \sum_i \frac{\phi_i}{\phi_t}\frac{\Delta\phi}{1-\phi}[\boldsymbol{M}_i - \boldsymbol{M}(\phi)]\boldsymbol{T}_i(\phi)$$

$$(i = \mathrm{IP,CF,MV}) \tag{2-18}$$

式中，ϕ_{IP}，ϕ_{CF}，ϕ_{MV} 分别表示粒间孔隙度、裂隙孔隙度和溶孔孔隙度；$\boldsymbol{M}(\phi)=(K(\phi),\mu(\phi))$；$K(\phi)$，$\mu(\phi)$ 为孔隙度等于 ϕ 时等效体积模量和剪切模量。由于 $\Delta\phi$ 很小，上式等号左侧的分式项近似为 1，则有：

$$\boldsymbol{M}(\phi+\Delta\phi)-\boldsymbol{M}(\phi)=\sum_i \frac{\phi_i}{\phi_t}\frac{\Delta\phi}{1-\phi}[\boldsymbol{M}_i-\boldsymbol{M}(\phi)]\boldsymbol{T}_i(\phi) \quad (i=\mathrm{IP,CF,MV}) \tag{2-19}$$

该方法中每一计算步添加的孔隙度需要满足 KT 模型“低孔隙度”的要求，通过一定次数的迭代后可计算不同孔隙度时复杂孔隙结构干岩芯的弹性模量。在此基础上，通过 Gassmann 方程[21]计算水饱和岩芯的弹性参数，进而计算其弹性波速度。

为检验 KTDEM 模型的可靠性，根据式(2-18)编写计算程序，将其计算结果与经典的 KT 模型[10]和 DEM 模型[15]进行对比，其计算参数见表 2-4，计算结果如图 2-10 所示。

表 2-4 模型计算参数取值

组 成	参 数
岩石基质 (方解石)	$K_m=76.8$ GPa
	$\mu_m=32.0$ GPa
	$\rho_m=2.71$ g/cm^3
孔隙流体 (空气)	$K_f=0$ GPa
	$\mu_f=0$ GPa
	$\rho_f=0$ g/cm^3
孔隙结构	$\phi_{MV}=20\%$，$AR_{MV}=0.8$
	$\phi_{IP}=80\%$，$AR_{IP}=0.1$

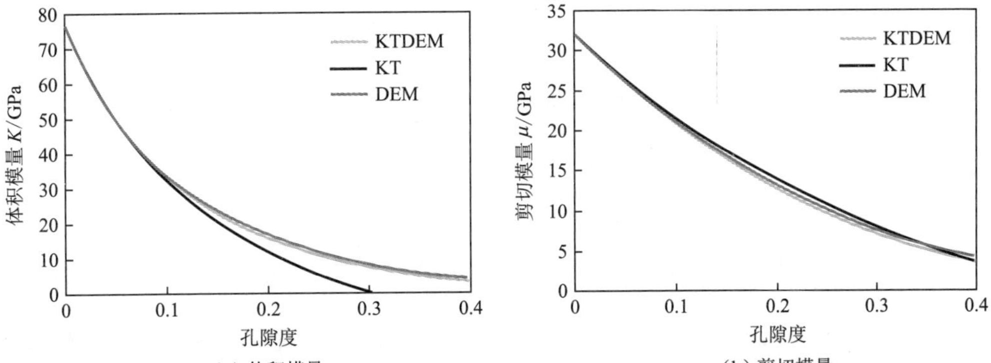

(a) 体积模量　　(b) 剪切模量

图 2-10 不同模型(KTDEM，KT，DEM)计算多孔介质弹性模量的对比

根据 KT 模型的适用条件和计算参数，本算例中 KT 模型的“低孔隙度”条件为 $\phi<0.1$，该范围内 KT 模型的计算结果准确度较高。如图 2-10 所示，当 $\phi<0.1$ 时，KTDEM 模型的计算结果与 KT 模型基本相同，体积模量的平均偏差为 0.898%，最大偏差为 3.35%；剪切模量的平均偏差为 0.882%，最大偏差为 2.50%。当 $\phi>0.1$ 时，KT 模型对体积模量

的计算结果出现较大偏差。

在整个孔隙度范围内，KTDEM 模型的计算结果与 DEM 模型吻合良好，准确度相近。与 DEM 模型相比，KTDEM 模型计算体积模量的平均偏差为 5.22%，剪切模量的平均偏差为 3.74%，由此计算的干岩芯纵波速度的平均偏差为 2.27%；在 $\phi<0.2$ 时，体积模量和剪切模量的最大偏差均小于 4.5%，纵波速度偏差小于 1.8%。但是对于含 2 种以上孔隙的复杂多孔介质，DEM 模型需依次引入每一类孔隙[22]，实施复杂，计算量大。KTDEM 模型将各类孔隙按照其体积分数的比例同时引入，计算快捷方便。

2.4 基于等效介质理论的碳酸盐岩弹性波速度分散描述

根据式(2-18)编写计算程序，采用表 2-4 中的基质参数计算不同孔隙结构碳酸盐岩干岩芯的弹性参数，再根据 Gassmann 方程计算水(K_{water}=2.36 GPa，ρ_{water}=1.05 g/cm^3)饱和岩芯的弹性参数和对应的纵波速度。在此基础上，收集已发表的碳酸盐岩实验数据[23-28]和川东北地区两口井的碳酸盐岩层测井数据来检验 KTDEM 模型描述碳酸盐岩速度-孔隙度分散的情况，结果如图 2-11 所示。为了排除岩石矿物组成的影响，所选数据的标准为方解石含量大于 90%。

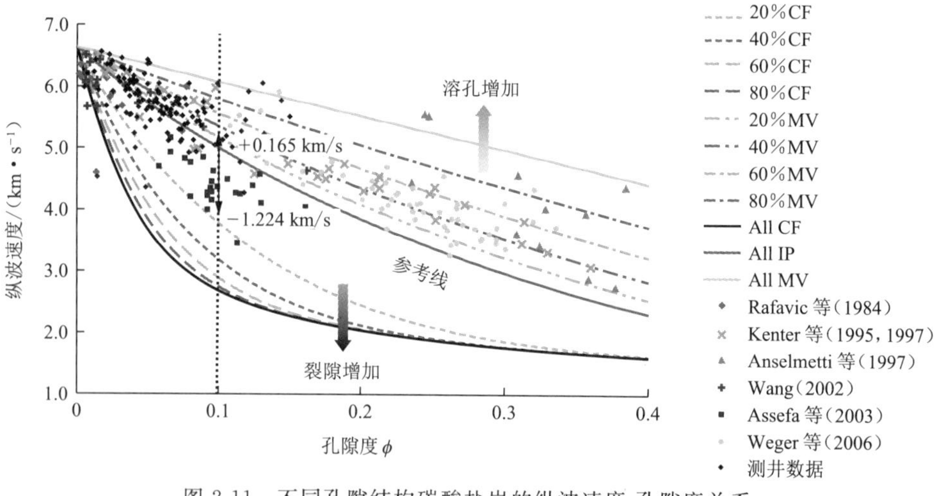

图 2-11 不同孔隙结构碳酸盐岩的纵波速度-孔隙度关系

基于 KTDEM 模型计算的纵波速度-孔隙度结果能很好地涵盖实验室测量数据和测井数据的分布范围。由图 2-11 可以看出，在孔隙度相同的情况下，以粒间孔隙为参考，裂隙孔隙度增大，碳酸盐岩的弹性波速度降低，速度偏差为负值；溶洞孔隙度增大，弹性波速度增大，速度偏差为正值。这与 Weger[8]，Xu 等[20]，Eberli 等[29]对实验和测井数据的分析结论吻合。在总孔隙度为 10%时，引入 20%的裂隙孔隙产生的速度偏差为−1.224 km/s，相对降低 24.46%；引入相同体积的溶洞孔隙产生的速度偏差为+0.165 km/s，相对升高 3.30%。因此，碳酸盐岩的速度描述除了考虑孔隙度外，至少还应该考虑孔隙结构的影响。

参考文献

[1] Folk R L. Practical petrographic classification of limestones[J]. AAPG Bulletin,1959,43:1-38.

[2] Dunham R J. Classification of carbonate rocks according to depositional texture[M]. Tulsa:AAPG Memoir,1962:108-121.

[3] 马永生,梅冥相,陈小兵,等. 碳酸盐岩储层沉积学[M]. 北京:地质出版社,1999:161-166.

[4] Embry A F,Klovan J E. A late devonian reef tract on Northeastern Banks Island,N. W. F.[J]. Canadian Petroleum Geology Bulletin,1971,19:730-781.

[5] Archie G E. Classification of carbonate reservoir rocks and petrophysical considerations[J]. AAPG Bulletin,1952,36:278-298.

[6] Choquette P W,Pray L C. Geologic nomenclature and classification of porosity in sedimentary carbonates[J]. AAPG Bulletin,1970,54:207-244.

[7] Russ J C. The image processing handbook[M]. Florida:CRC Press,1998:771.

[8] Weger R J. Quantitative pore/rock type parameters in carbonates and their relationship to velocity deviation[D]. Miami:University of Miami,2006:216-218.

[9] 刘欣欣,印兴耀,张峰. 一种碳酸盐岩储层横波速度估算方法[J]. 中国石油大学学报(自然科学版),2013,37(1):42-49.

[10] Kuster G T,Toksöz M N. Velocity and attenuation of seismic waves in two-phase media[J]. Geophysics,1974,39(5):587-618.

[11] Xu S,White R E. A new velocity model for clay-sand mixtures[J]. Geophysical Prospecting,1995,43:91-118.

[12] Cleary M P,Lee S M,Chen I W. Self-consistent techniques for heterogeneous media[J]. Journal of the Engineering Mechanics Division,1980,106(5):861-887.

[13] Norris A N,Sheng P,Callegari A J. Effective-medium theories for two-phase dielectric media[J]. Journal of Applied Physics,1985,57(6):1990-1996.

[14] Zimmerman R W. Elastic moduli of a solid containing spherical inclusions[J]. Mechanics of materials,1991,12(1):17-24.

[15] Berryman J G. Single-scattering approximations for coefficients in Biot's equations of poroelasticity[J]. The Journal of the Acoustical Society of America,1992,91(2):551-571.

[16] Berryman J G. Long-wave length propagation in composite elastic media Ⅰ. Spherical inclusions[J]. The Journal of the Acoustical Society of America,1980,68(6):1809-1819.

[17] Berryman J G. Mixture theories for rock properties[J]. Rock physics and phase relations:a handbook of physical constants,1995,3:205-228.

[18] Wang R H,Wang Z Z,Xun S,et al. Factors influencing pore-pressure prediction in complex carbonates based on effective medium theory[J]. Petroleum Science,2013,10(4):494-499.

[19] Kumar M,Han D H. Pore shape effect on elastic properties of carbonate rocks[C]. 75th SEG Annual Meeting,2005,Expanded Abstracts:1477-1481.

[20] Xu S Y,Chen G L,Zhu Y P,et al. Carbonate rock physics:analytical models and validation using computational approaches and lab/log measurements[C]. IPTC 11308,2007.

[21] Gassmann F. Über die Elastizität poröser Medien[J]. Viertel. der Natur. Gessellschaft in Zürich,

1951,96:1-23.

[22] Sun S Z,Wang H Y,Liu Z S,et al. The theory and application of DEM-Gassmann rock physics model for complex carbonate reservoirs[J]. The Leading Edge,2012:152-158.

[23] Assefa S,McCann C,Sothcott J. Velocities of compressional and shear waves in limestones[J]. Geophysical Prospecting,2003,51:1-13.

[24] Rafavich F,Kendall C,Todd T P. The relationship between acoustic properties and the petrographic character of carbonate rocks[J]. Geophysics,1984,49(10):1622-1636.

[25] Kenter J A M,Ivanov. Parameters controlling acoustic properties of carbonate and volcaniclastic sediments at site 866 and 869[J]. Ocean Drilling Program,Scientific results,1995,143:287-303.

[26] Kenter J A M,Fouke B W,Reinders M. Effects of differential cementation on the sonic velocities of upper cretaceous skeletal grainstones(southeastern Netherlands)[J]. Journal of Sedimentary Research,1997,67(1):178-185.

[27] Anselmetti F S,Salis G A,Cunningham K J,et al. Acoustic properties of Neogene carbonates and siliciclastics from the subsurface of the Florida Keys:implications for seismic reflectivity[J]. Marine Geology,1997:9-31.

[28] Wang Z. The Gassmann equation revised:comparing laboratory data with Gassmann's predictions [M]//Wang Z,Nur A,Ebrom D A. Seismic and acoustic velocities in reservoir rocks. Houston: SEG,2000:8-23.

[29] Eberli G P,Baechle G T,Anselmetti F S,et al. Factors controlling elastic properties in carbonate sediments and rocks[J]. The Leading Edge,2003,22(7):654-660.

第 3 章
复杂孔隙结构碳酸盐岩声波特性实验研究

多重孔隙结构岩石表现出很强的非均质性、各向异性和多尺度性，其渗流机理、声波特性、电特性等都有待深入研究。实验测试是研究多重孔隙结构岩石物理性质最直接的方法，但很难获取具有代表性的天然岩芯。此外，地下取芯成本高，取芯质量不易保证，真实岩芯的孔隙结构千差万别，实验重复性较差，不利于进行影响因素定量分析研究，导致实验研究效率低、周期长。目前国内外学者通过构建物理模型对简单缝、洞结构的弹性波响应进行了实验研究，但受实验条件的限制，复杂孔隙结构的定量控制仍无法实现。因此，寻找一种多重孔隙结构岩芯的制备方法是实验研究多重孔隙结构岩石物理性质的迫切需求[1]。本章创新构建了模拟复杂孔隙结构碳酸盐岩的岩芯尺度和井筒尺度的物理模型，并在此基础上测量分析了孔隙结构对碳酸盐岩弹性波速度的影响规律，为建立适于碳酸盐岩的速度预测模型奠定了基础。

3.1 多重孔隙结构碳酸盐岩物理模型

3.1.1 碳酸盐岩物理模型建模分析

目前，对于孔隙结构相对简单的砂岩储层，其人造岩芯制作工艺已经比较成熟：根据储层砂岩的孔隙度、渗透率情况，选取适当粒径的石英砂作为岩石骨架，与胶结剂混合均匀，压实胶结成人造岩芯。但是对于含裂隙、溶孔等次生孔隙的复杂孔隙结构岩石，如碳酸盐岩，其模拟岩芯技术还不成熟，方法相对简单。目前主要有以下 3 种方法：

1) 薄片组合法

首先制备一定数量、尺寸相同的薄片(如塑料薄片、金属薄片等)，将薄片逐一叠放(水平叠放或按一定角度倾斜叠放)并施加一定的轴向压力。该方法以薄片间的缝隙模拟裂缝，通过改变薄片的数量和厚度来控制裂缝的条数和裂缝密度，通过控制轴向压力来控制裂隙的张开度。该方法简单、实施方便、可重复性好，能够较好地模拟含一组平行裂隙的介质或横向各向同性介质，但是无法模拟粒间孔隙、溶孔等非裂隙类孔隙。由于将岩石材料加工成薄片比较困难，即使加工成岩石薄片，施加轴向压力也容易导致岩石薄片脆裂，因此采用的薄片通常为塑料片或金属片，其声学特性与岩石骨架差别较大。该类模拟岩芯的声学测试结果对于岩石声学特性的研究参考性较差。

2）块体切割法

对规则的均质试块进行机械加工，如切割、钻孔等，然后将切割块组合为一体，以切割面模拟裂缝，以凿孔模拟溶孔。在机械加工时，可以控制裂缝的条数和角度、孔的数量和尺寸。该方法简单、实施方便，可用于模拟各向同性介质中含少量裂缝或裂缝-孔洞结构的情况。但是对于较复杂的孔隙结构，限于烦琐的机械加工程序，模拟岩芯的可重复性较差。考虑材料的机械加工性能，均质试块一般选用金属块或有机玻璃块，其声学特性与岩石骨架差别较大。

3）浇铸法

采用环氧树脂或其他流动性较好的胶结剂直接在岩芯模具中浇注，在胶结剂未完全固化前，通过插入铁片、铁棒等使孔隙成形，然后抽出铁片和铁棒，形成贯穿整个模型的缝隙和孔洞。该方法简单且实施方便。在次生孔隙的模拟方面，缝、洞一般都要贯穿整个模型。但是，插入和拔出铁片或铁棒的时机不容易把握，过早则孔隙形状不能稳定，过晚则铁片或铁棒不能插入或拔出。

根据地下储层的实际情况和不同的研究目的，结合岩石声学实验的特点，设计、制作模拟特殊孔隙结构碳酸盐岩的人造岩芯是解决真实岩芯取芯成本高、实验重复性差的一种有效方法。为了克服现有复杂孔隙结构人造岩芯制备方法的不足，经过大量室内实验与优化，筛选出一种适于岩石声学实验的多重孔隙结构人造岩芯制备方法：以环氧树脂和碳酸盐岩岩屑混合固结作为人造岩芯的基质，在碳酸盐岩岩屑颗粒之间形成粒间孔隙模拟原生孔隙，在岩芯制备过程中向基质混合物中嵌入次生孔隙模拟材料。次生孔隙模拟材料能加工成不同的形状，以模拟不同形状的次生孔隙，通过添加次生孔隙模拟材料的体积定量控制次生孔隙度，通过添加不同尺寸和形状的次生孔隙模拟材料组合模拟不同的孔隙结构。

在超声波高频条件下，孔隙流体没有足够的时间达到压力平衡，流体不能相互流动，孔隙之间是彼此隔离的。因此，将孔隙及孔隙流体看成一个整体，采用低剪切模量的固体模拟孔隙流体，孔隙视为被“特殊”流体饱和。常见的低剪切模量固体材料多为塑料或橡胶，如聚四氟乙烯（密度 2.209 g/cm^3，纵波速度 1 390 m/s，横波速度 460～480 m/s）、丁苯橡胶（密度 1.039 g/cm^3，纵波速度 1 470 m/s，横波速度 55 m/s）[2]等。

3.1.2 碳酸盐岩物理模型制备方法

根据需要模拟的碳酸盐岩的孔隙度和孔隙结构类型，加工塑料片或橡胶片。对于单一孔隙类型，塑料片或橡胶片的厚度与外接圆直径之比等于孔隙纵横比，塑料片或橡胶片的总体积根据岩芯孔隙度计算：

$$\phi = \frac{V_f}{V_t} \tag{3-1}$$

式中，ϕ 为模拟孔隙度；V_f 为加入的塑料片或橡胶片的总体积；V_t 为岩芯模具的容积。对于不同的孔隙类型，根据每类孔隙的孔隙度及纵横比分别按照上述方法进行计算，将模拟各类孔隙所需的塑料片或橡胶片组合使用。根据不同的实验目的，在制备过程中，塑料片或橡胶片可以随机均匀分布、水平或竖直平行分布于模拟骨架中。

将碳酸盐岩碎屑与环氧树脂按照质量比 9∶1 混合均匀构成基质，碳酸盐岩岩屑的平均粒径约为 200 μm，为纯净的方解石（方解石矿物含量>98%）颗粒（图 3-1）；在环氧树脂固化前，向基质中混入次生孔隙模拟材料。实验中用到了两种次生孔隙模拟材料：一种是硅胶片，用来模拟饱和水的次生孔隙。因为它的密度与水接近，剪切模量很低，也便于加工成不同的尺寸和形状。另一种是聚苯乙烯泡沫（EPS）球，用来模拟干（空气饱和）溶孔。因为它的密度很低，只有 0.015 96 g/cm^3，弹性模量与基质相比很小。碳酸盐岩物理模型基质、硅胶片、EPS 的密度和弹性参数见表 3-1。

(a)

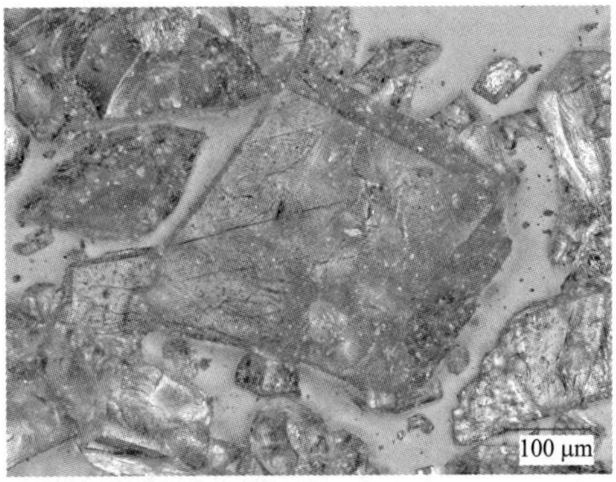

(b)

图 3-1　碳酸盐岩岩屑不同放大倍数的数字图像

表 3-1　模型基质、空气和次生孔隙模拟材料的密度及弹性参数

材　料		密度/($g \cdot cm^{-3}$)	体积模量 K/GPa	剪切模量 μ/GPa
基　质	碳酸盐岩岩屑①(体积 79.7%)	2.72	70.760	30.340
	固化环氧树脂②(体积 20.3%)	1.184	6.324	1.615
Hashin-Shtrikman 上下限平均		2.475	36.488	15.802
粒间孔隙(空气①)		0.001 19	0.000 131	0
次生孔隙(硅胶片②)		1.191	2.095	0
次生孔隙(EPS③)		0.015 96	0.004 293	0.004 826

注：① 方解石和空气的密度、弹性模量见参考文献[3]。

② 在实验室内测量了固化环氧树脂和硅胶片的密度和纵、横波速度，并根据测量的密度和纵、横波速度计算了对应的体积模量和剪切模量。

③ EPS 的密度和弹性模量见参考文献[2]。

设计物理模型的尺寸为 20 cm×10 cm×(4～6) cm(图 3-2)，分为两部分：REF 部分和 EXP 部分。首先，将碳酸盐岩碎屑与环氧树脂混合均匀，其中约 1/4 加入模具 REF 部分，剩余混合物与预先设计好数量的次生孔隙模拟材料混合均匀后加入 EXP 部分。然后对模具施加 15 MPa 轴向压力至环氧树脂固化。拆模后，将物理模型切割成尺寸相同的 4 块小岩芯[尺寸为 5 cm×10 cm×(4～6) cm]：1 块参照岩芯和 3 块实验岩芯(图 3-2)。这 4 块岩芯具有相同的原生孔隙度和原生孔隙纵横比，因为它们有相同的骨架组成和压实过程。参照岩芯不含次生孔隙模拟材料，可作为空白参考块。由于次生孔隙模拟材料是随机均匀分布的，因此3块实验岩芯具有相近的次生孔隙度和相同的次生孔隙形状，即在相同孔隙结构参数下进行3次重复实验，保证了实验数据的可靠性。

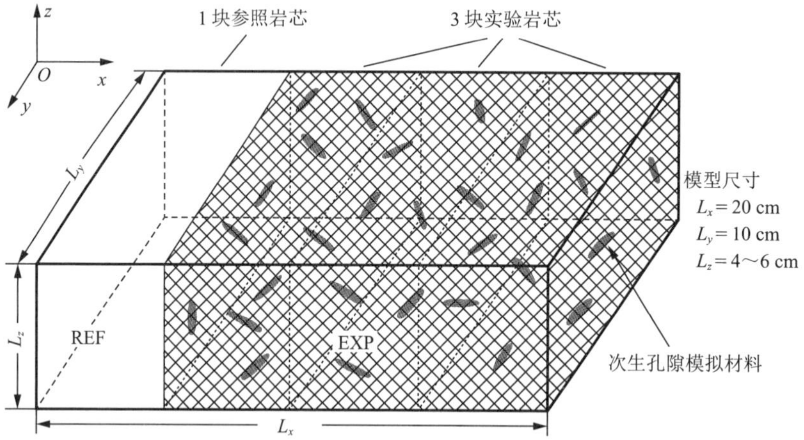

图 3-2　复杂孔隙结构碳酸盐岩物理模型示意图

3.2　不同孔隙结构碳酸盐岩声波特性的岩芯尺度实验研究

采用3.1节所述复杂孔隙结构碳酸盐岩物理模型制备方法，设计并制备不同孔隙结构参数的人造岩芯。在此基础上，采用超声脉冲透射法测量人造岩芯的纵、横波速度，分析孔隙结构参数对纵、横波速度的影响规律，构建考虑孔隙结构的碳酸盐岩速度预测模型，为提高基于弹性波数据的碳酸盐岩储层描述可靠性提供理论支撑。

3.2.1　实验设计与方法

1）实验方案设计

为了分析孔隙结构对岩芯速度的影响规律，根据控制变量法原理设计并制作了6个系列（A～F）的物理模型，模型编号与次生孔隙模拟材料的几何参数见表3-2。对每个系列的物理模型，通过控制硅胶片或EPS球的数量，分别制作低（＜10％）、中（10％～20％）、高

表 3-2　模型系列及对应的次生孔隙模拟材料的几何参数

模型系列	次生孔隙模拟			模拟纵横比
	材　料	形　状	尺　寸①	
A	硅胶片	硬币状	3 mm×2.3 mm	0.767
B			3 mm×1 mm	0.333
C			3 mm×0.5 mm	0.167
D			6 mm×1 mm	0.167

续表

模型系列	次生孔隙模拟			模拟纵横比
	材　料	形　状	尺　寸①	
E	EPS	球　形	1 mm	1.0
F			5 mm	1.0

注：① 对于硬币状硅胶片，尺寸记录为直径×厚度；对于 EPS 球，尺寸记录为直径。

(>20%)孔隙度的物理模型，共制备了 72 块岩芯(6 个系列×3 个孔隙度水平×4 块小岩芯)，其中 18 块为参照岩芯，54 块为实验岩芯。模型 A,B,C 具有相同次生孔隙尺寸，但孔隙纵横比不同，其速度测试结果可用来分析孔隙纵横比的影响。模型 C,D 和模型 E,F 具有相同的孔隙纵横比，但孔隙尺寸不同，其速度测试结果可用来分析孔隙尺寸的影响。

2) 密度和孔隙度测量

采用精密电子天平测量 72 块岩芯的质量，质量测量结果的绝对误差为 0.01 g。采用游标卡尺测量岩芯的长、宽、高，进而计算岩芯的体积。岩芯的体积密度等于岩芯质量除以岩芯体积。采用氦气孔隙度仪测量 18 块参照岩芯的孔隙度(原生孔隙度 ϕ_p)和骨架密度，并计算参照岩芯骨架密度的平均值(2.475 g/cm^3)作为所有岩芯的骨架密度。

对于实验岩芯，忽略其原生孔隙中空气的质量，由体积平均得：

$$\rho = \rho_m(1-\phi_p-\phi_s)+\rho_s\phi_s \tag{3-2}$$

式(3-2)可进一步写为：

$$\phi_s = \frac{\rho_m(1-\phi_p)-\rho}{\rho_m-\rho_s} \tag{3-3}$$

式中，ϕ_s为实验岩芯的次生孔隙度；ρ_m=2.475 g/cm^3，为岩芯的骨架密度；ρ_s为次生孔隙模拟材料的密度，对于硅胶片，ρ_s=1.191 g/cm^3，对于 EPS 球，ρ_s=0.015 96 g/cm^3；ρ 为实验岩芯的体积密度，g/cm^3；ϕ_p为实验岩芯的原生孔隙度，等于对应系列参照岩芯的孔隙度。

3) 超声波速度测量

对于每一块岩芯，采用脉冲透射法分别测量岩芯的纵、横波速度(图 3-3)，其测量岩石声波速度的基本原理是：在岩芯一端通过发射探头施加脉冲激励信号，在岩芯另一端通过接收探头采集接收信号，根据发射信号和接收信号之间的时间延迟(Δt)确定脉冲信号在岩芯中的传播时间(图 3-4)。

如果沿波传播方向岩芯长度为 l，则脉冲信号在岩芯中的传播速度为：

$$v = \frac{l}{T} = \frac{l}{\Delta t - t_0} \tag{3-4}$$

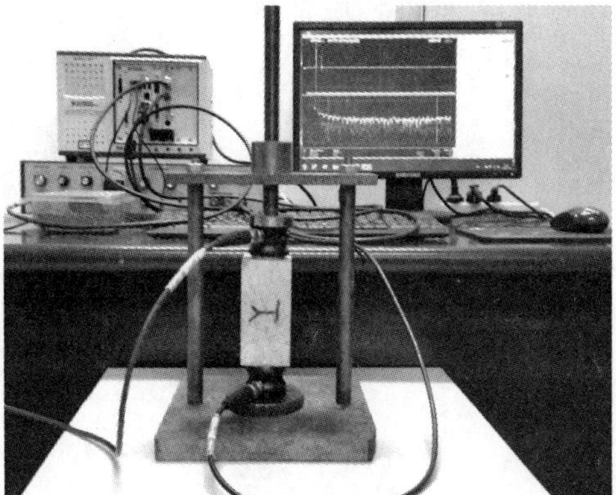

图 3-3　实验室测量岩石的超声波纵、横波速度

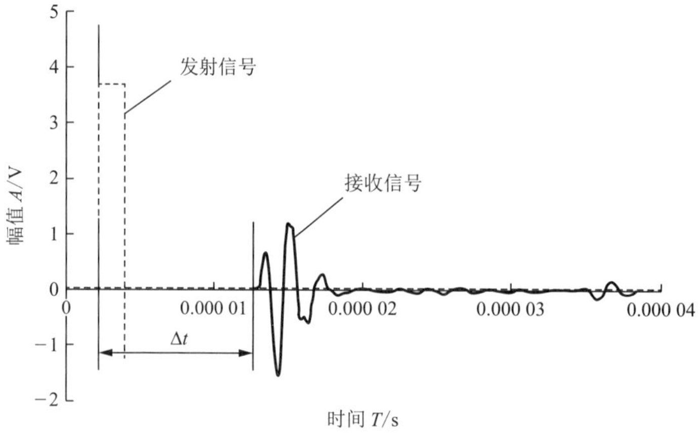

图 3-4　脉冲透射法计算岩石声波速度示意图

式中，$T=\Delta t-\Delta t_0$，表示超声波在岩芯中的实际传播时间；t_0为将两探头直接对接时发射信号和接收信号之间的时间延迟，其大小与探头本身和两探头之间的耦合状况有关。在测量岩石声波速度前，一般需要先测定 t_0，以便于计算岩芯的速度。由式(3-4)和误差传播理论可计算声波速度测量结果的相对误差：

$$\frac{\Delta v}{v}=\sqrt{\left(\frac{\Delta l}{l}\right)^2+\left(\frac{\Delta T}{T}\right)^2} \tag{3-5}$$

式中，$\Delta v/v$ 为声波速度测量结果的相对误差，$\Delta l/l$ 为岩芯长度测量结果的相对误差，$\Delta T/T$ 为传播时间测量结果的相对误差。对于同一对探头，t_0一般是固定的，并且 $\Delta t \gg t_0$，因此传播时间测量结果的相对误差主要取决于 Δt 的测量误差，其大小与记录接收信号的采样率有关。

本实验中，测试采用纵波探头中心频率为 0.5 MHz，横波探头中心频率为 0.25 MHz。接收信号采用高通滤波器处理(纵波＞0.1 MHz，横波＞0.05 MHz)，对应波长范围为 15～45 mm，大于模拟次生孔隙的尺寸；数字信号采样率为 20 MS/s，采样长度为 2 000～6 000 点。拾取接收信号波初至时间，计算速度。由式(3-5)推算，纵波速度测量误差小于 0.3%；除高孔隙度岩芯外，横波速度测量误差小于 1%。具有代表性的测试信号如图 3-5 所示。

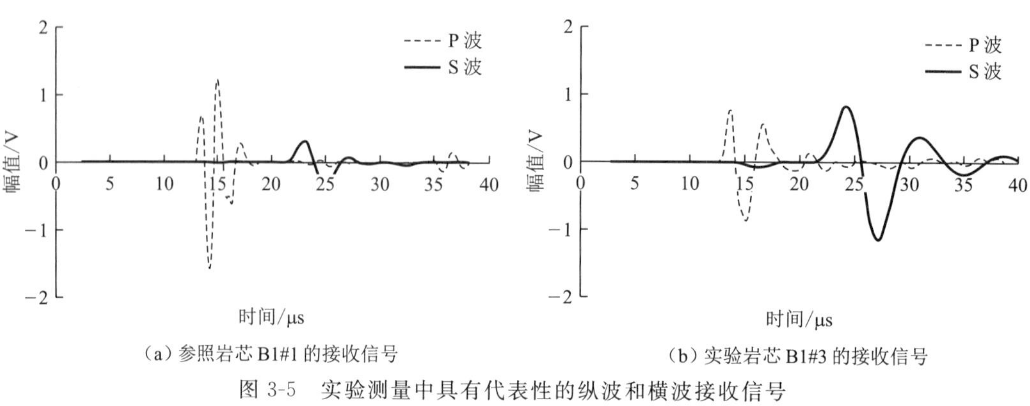

图 3-5　实验测量中具有代表性的纵波和横波接收信号

图 3-6 为所有岩芯速度与总孔隙度的关系，图中颜色条表示了次生孔隙度占总孔隙度

的比例。总体上来看,人造岩芯的速度随总孔隙度的增大而减小,但速度分散较大,这种变化趋势与已发表的真实岩芯观测结果一致。随着次生孔隙度的增大,模拟岩芯的速度分散性增强。因此,需要分别分析原生孔隙和次生孔隙对岩芯速度的影响。

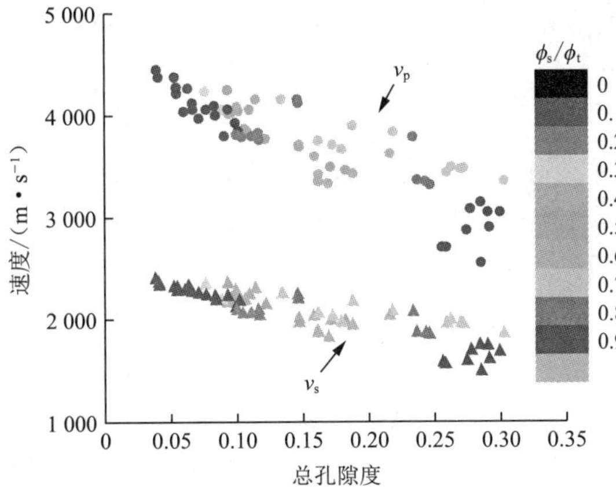

图 3-6　岩芯速度(横波速度 v_s 和纵波速度 v_p)与总孔隙度的关系

3.2.2　粒间孔隙的影响

参照岩芯中不含次生孔隙模拟材料,因此采用 18 块参照岩芯的数据来分析原生孔隙对速度的影响。Han 等[4]基于实验室超声测量数据,拟合了纯净砂岩速度-孔隙度的线性关系。这里制作的参照岩芯与纯净砂岩类似,不含泥质,且孔隙类型主要为粒间孔隙。因此,也对 18 块参照岩芯的速度-孔隙度关系进行了线性拟合,拟合结果(图 3-7)为:

$$v_p = -8\,623.8\phi + 4\,728.3,\quad R = 0.894 \tag{3-6}$$

$$v_s = -3\,272.7\phi + 2\,492.1,\quad R = 0.943 \tag{3-7}$$

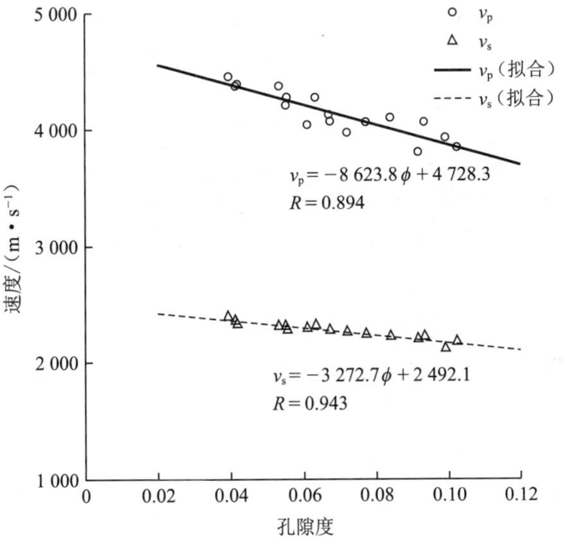

图 3-7　参照岩芯速度随孔隙度的变化关系

由图 3-7 可以看出，对于线性拟合趋势线，特别是对纵波速度，速度与孔隙度之间有一些较小的离散，这是由岩芯制备过程中一些不可控因素导致的。在岩芯制备过程中，对不同的模型系列，虽然制备步骤、碳酸盐岩岩屑与环氧树脂配比、轴向压力等控制尽量相同，但也难以做到完全一致。根据统计理论，对于 18 个数据点，采用含一个自变量的线性关系进行拟合，其 99% 置信度时最小相关系数 $R_{\alpha=0.01}=0.590$。式(3-6)和式(3-7)拟合的相关系数均大于 $R_{\alpha=0.01}$，这表明对于参照岩芯，其速度和孔隙度之间的线性关系是显著的，拟合结果有意义。

式(3-6)和式(3-7)的截距代表岩芯基质的纵、横波速度，分别为：$v_{p0}=4\ 728.3$ m/s，$v_{s0}=2\ 492.1$ m/s。前面已经测量出岩芯基质的密度为 2.475 g/cm^3，采用线性拟合得到的基质速度可计算岩芯基质的体积模量和剪切模量，并将计算结果与 Hashin-Shtrikman(简称 HS)上、下限的平均值比较，结果见表 3-3。结果表明，两种方法计算得到的基质弹性参数相近，Hashin-Shtrikman 上、下限平均值计算得到的基质弹性参数略大，但这种差别对应的纵、横波速度差小于 2%。这进一步说明式(3-6)和式(3-7)的拟合结果有意义，可以采用线性速度-孔隙度经验关系来描述只含原生孔隙(粒间孔隙)的中、低孔隙度碳酸盐岩。

表 3-3　Hashin-Shtrikman 方法与线性拟合计算岩芯基质弹性参数结果对比

计算方法	体积模量 K/GPa	剪切模量 μ/GPa	v_p/(m·s^{-1})	v_s/(m·s^{-1})
HS 上、下限平均值	36.488	15.802	4 822.4	2 526.8
线性拟合	34.838	15.371	4 728.3	2 492.1

对这 18 块参照岩芯，根据测量的速度和孔隙度结果，采用 SC 模型、KT 模型和 DEM 模型分别反演原生孔隙纵横比[$\boldsymbol{AR}_p=(AR_{p_{ij}}), i=\mathrm{A}\sim\mathrm{F}, j=1,2,3$]。反演中采用的参数见表 3-1。反演算法与 Kumar 和 Han[5] 反演平均纵横比的方法类似。反演 AR_p 的标准是：实验测量纵波速度与基于 AR_p 的模型预测速度之间的差异小于 0.1%(约 5 m/s)。AR_p 的反演结果见表 3-4，不同模型反演得到的 AR_p 结果相近，都在一个很小的区间范围内，这与 Ruiz 和 Dvorkin[6] 基于等效介质模型的分析吻合。SC 模型、KT 模型和 DEM 模型反演 AR_p 的平均值分别为 0.183 7，0.173 4，0.176 5，因此人造岩芯粒间孔隙纵横比的合理范围可认为在 0.17～0.18 之间。

表 3-4　不同等效介质模型反演参照岩芯原生孔隙纵横比结果

岩芯编号	$AR_{p\text{-}SC}$	$AR_{p\text{-}KT}$	$AR_{p\text{-}DEM}$
A1#1	0.180 9	0.175 6	0.177 3
A2#1	0.131 6	0.128 1	0.128 1
A3#1	0.219 5	0.197 6	0.203 7
B1#1	0.219 5	0.205 5	0.212 5
B2#1	0.191 4	0.182 6	0.187 9
B3#1	0.240 6	0.226 6	0.230 1
C1#1	0.209 0	0.191 4	0.196 7

续表

岩芯编号	$AR_{p\text{-}SC}$	$AR_{p\text{-}KT}$	$AR_{p\text{-}DEM}$
C2#1	0.177 3	0.165 0	0.170 3
C3#1	0.194 9	0.187 9	0.191 4
D1#1	0.191 4	0.173 8	0.175 6
D2#1	0.177 3	0.165 0	0.170 3
D3#1	0.230 1	0.226 6	0.226 6
E1#1	0.143 9	0.136 0	0.136 9
E2#1	0.170 3	0.159 8	0.163 3
E3#1	0.140 4	0.135 2	0.136 9
F1#1	0.151 0	0.145 7	0.146 6
F2#1	0.173 8	0.159 8	0.163 3
F3#1	0.163 3	0.159 8	0.159 8
平均值	0.183 7	0.173 4	0.176 5
标准差	0.030 6	0.028 1	0.029 1

3.2.3 速度校正

不同系列物理模型的压实过程类似，但不完全相同，因此不同系列物理模型的原生孔隙度略有差异。为了分析次生孔隙对速度的影响，需要先将 54 块实验岩芯的速度进行校正，消除原生孔隙的影响。实验测量的速度 $v_{measured}$ 包含了原生孔隙和次生孔隙的共同影响，可表示为：

$$v_{measured}=v_0+f_p(\phi_p)+f_s(\phi_s,AR,d,\cdots) \tag{3-8}$$

式中，v_0 为岩芯基质速度；f_p 为原生孔隙对速度的影响，是原生孔隙度(ϕ_p)的函数；f_s 为次生孔隙对速度的影响，是次生孔隙度(ϕ_s)、次生孔隙纵横比(AR)、次生孔隙尺寸(d)等的函数。从测量速度中减去 f_p，消除原生孔隙的影响：

$$v_{calibrated}=v_{measured}-f_p=v_0+f_s \tag{3-9}$$

式中，校正后的速度 $v_{calibrated}$ 代表岩芯中只含次生孔隙时的速度。采用基于参照岩芯数据线性拟合得到的速度-原生孔隙度关系[式(3-6)和式(3-7)]替代式(3-9)中的 f_p，校正实验测量速度：

$$v_{p\text{-}calibrated}=v_{p\text{-}measured}+8\ 628.3\phi_p \tag{3-10}$$

$$v_{s\text{-}calibrated}=v_{s\text{-}measured}+3\ 272.7\phi_p \tag{3-11}$$

按照式(3-10)和式(3-11)校正测量的速度数据，为下面分析次生孔隙(次生孔隙纵横比和次生孔隙尺寸)对速度的影响做准备。

3.2.4 次生孔隙纵横比的影响

为了分析次生孔隙纵横比的影响，在此分析模型 A,B,C 的实验数据，因为它们的次生孔隙具有相同的尺寸($d=3$ mm),但孔隙纵横比不同($AR=0.767, 0.333, 0.167$),见表3-2。按照式(3-10)和式(3-11),将模型A,B,C的纵、横波速度进行校正,消除原生孔隙的影响。

物理模型A,B,C中的次生孔隙模拟材料为硅胶片,对应波长与孔隙尺寸比(λ/d)为10～15。如图3-8所示,在孔隙尺寸相同的条件下,所有岩芯的纵、横波速度都随次生孔隙度的增大而减小,但是含不同纵横比孔隙的岩芯的速度-孔隙度变化规律有显著差别。相同次生孔隙度条件下,次生孔隙的纵横比越大,岩芯的纵、横波速度越高,这与等效介质模型的预测趋势吻合。随着次生孔隙度的增大,不同孔隙纵横比岩芯的速度差异增大。因此,孔隙纵横比是引起碳酸盐岩速度变化的一个重要因素。根据实验结果,拟合得到描述次生孔隙纵横比影响的速度模型:

$$v_{\text{p-calibrated}}=4\,728.3-2\,275.2\,\frac{\phi_s}{AR^{-0.161\phi_s+0.716}},\quad R=0.997\,8 \tag{3-12}$$

$$v_{\text{s-calibrated}}=2\,492.1-1\,197.8\,\frac{\phi_s}{AR^{-0.748\phi_s+0.804}},\quad R=0.992\,7 \tag{3-13}$$

根据式(3-12)和式(3-13),在实验范围内($AR=0.167\sim0.767$),孔隙度为25%时次生孔隙纵横比引起的纵波速度差异高达1 227 m/s,横波速度差异为551 m/s。

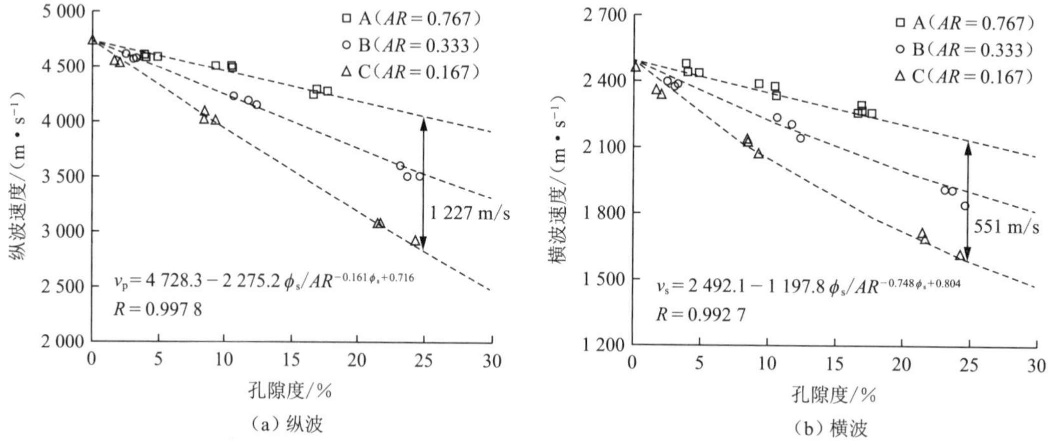

图3-8　次生孔隙纵横比对速度的影响

由式(3-6)～式(3-13),综合考虑原生孔隙和次生孔隙的影响,在长波长($\lambda/d>10$)条件下,一般的碳酸盐岩速度模型可以写为:

$$\begin{cases} v=v_0-a_1\phi_p-a_2\,\dfrac{\phi_s}{AR^{g(\phi_s)}} \\ g(\phi_s)=c_1\phi_s+c_2 \end{cases} \tag{3-14}$$

式中,a_1,a_2,c_1,c_2为经验参数。a_1代表速度对原生孔隙的敏感性;a_2代表速度对次生孔隙的敏感性;$g(\phi_s)$代表次生孔隙纵横比对速度的影响,与次生孔隙度(ϕ_s)有关;c_1,c_2分别为$g(\phi_s)$的斜率和截距。这些经验参数的取值对于不同的区域和地层略有差异,可以选取纯净碳酸盐岩段的岩芯测量数据进行拟合。需要说明的是,该速度模型适用于孔隙度小于临界孔隙度[7]的情况,而对于裂隙发育的岩石,其临界孔隙度较低,应用该速度模型时需要注意孔隙度的范围。

3.2.5　次生孔隙尺寸的影响

为了分析次生孔隙尺寸的影响，分别分析模型 C，D 和模型 E，F 的实验数据，因为它们的次生孔隙具有相同的纵横比，但孔隙尺寸不同。根据式（3-10）和式（3-11），分别将模型 C，D 和模型 E，F 的纵、横波速度进行校正，消除原生孔隙的影响。

模型 C，D 的次生孔隙模拟材料为硬币状硅胶片，纵横比为 0.167。模型 C 模拟次生孔隙尺寸为 3 mm，波长与孔隙尺寸比（λ/d）为 10～15；作为对比，模型 D 模拟次生孔隙尺寸为 6 mm，波长与孔隙尺寸比（λ/d）为 5～8。在相同孔隙度条件下，模型 D 的纵、横波速度均略大于模型 C，如图 3-9 所示。在孔隙度较低时，模型 C，D 的速度差别不大；孔隙度为 2%时，模型 D 的纵波速度比模型 C 快约 111.5 m/s，横波速度快约 33.2 m/s。随着孔隙度的增大，模型 C，D 的速度差异增大，模型 D 的纵、横波速度比模型 C 更快；孔隙度为 25%时，模型 D 的纵波速度比模型 C 快约 416 m/s，横波速度快约 158 m/s，此时的速度差异远大于孔隙度为 2%时的情况。

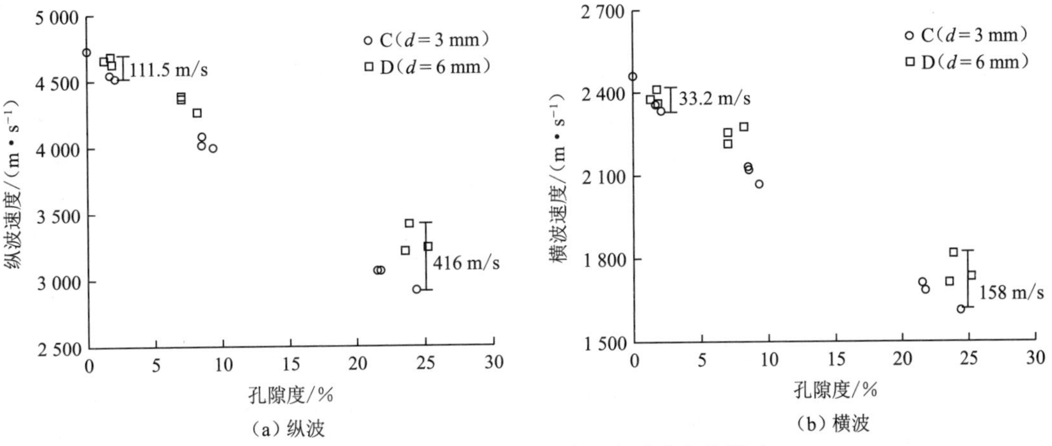

图 3-9　模型 C，D 中次生孔隙尺度对速度的影响

模型 E，F 的次生孔隙模拟材料为 EPS 球，纵横比为 1.0。模型 E 模拟次生孔隙尺寸为 1 mm，波长与孔隙尺寸比（λ/d）为 36～45；作为对比，模型 F 模拟次生孔隙尺寸为 5 mm，波长与孔隙尺寸比（λ/d）为 5～9。在相同孔隙度条件下，模型 F 的纵、横波速度明显大于模型 E（图 3-10）。孔隙度为 3%时，模型 F 的纵波速度比模型 E 快约 229 m/s，横波速度快约 106 m/s。随着孔隙度的增大，模型 E，F 的速度差异略有增大，模型 F 的纵、横波速度比模型 E 更快。孔隙度为 20%时，模型 F 的纵波速度比模型 E 快约 451 m/s，横波速度快约 214 m/s。

综合模型 C，D 和模型 E，F 的速度分析结果，可以得出：在孔隙度和孔隙纵横比相同的条件下，孔隙尺寸较大的岩芯比孔隙尺寸较小的岩芯具有更快的纵、横波速度。模型 C，D，E，F 的测量结果表明，相同孔隙形状条件下，孔隙尺寸对速度变化的贡献在高孔隙度（＞25%）时可达到 15%左右。这里将这种与孔隙尺寸相关的速度变化定义为速度分散。对于含非均质体的混合物（岩石），当波长小于非均质体（孔隙）尺寸（$\lambda<d$）时，其速度适用射线理论

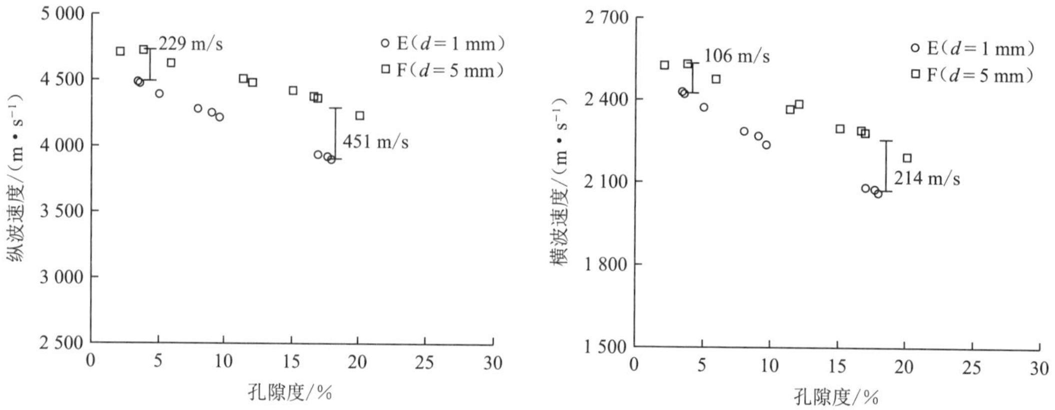

(a)纵波　　(b)横波

图 3-10　模型 E,F 中次生孔隙尺度对速度的影响

计算;当波长远大于非均质体尺寸($\lambda \gg d$)时,其速度适用等效介质理论计算。因此,当孔隙尺寸减小时,岩石的速度会由高向低转变[3]。但是,在很多研究中没有明确 $\lambda \gg d$ 的范围。Marion 等[8]、Liu 和 Schmitt[9] 指出速度从高到低的转换发生在 $\lambda/d \approx 10$ 时。Mavko 等[3]则认为转换发生在 $\lambda/d=5\sim9$ 时。实验中,模型 D 和 F 对应的 λ/d 分别为 5～8 和 5～9。因此,次生孔隙尺寸对速度的影响可以用最快路径理论解释:当测试频率一定时,孔隙尺寸越大,波长与孔隙尺寸比变小,弹性波更趋向寻找快的路径和绕过速度慢的孔隙,因而导致传播时间变短。模型 E 和 F 的速度分散要强于模型 C 和 D,这是因为 EPS 球与岩芯基质的波阻抗差异大于硅胶片与岩芯基质的波阻抗差异。Marion 等[8]、Liu 和 Schmitt[9] 的结果也表明波阻抗差异越大,速度分散越显著。尽管硅胶片的弹性模量远大于 EPS 球,模型 E 和 F 的速度要快于模型 C 和 D(图 3-9 和图 3-10),这是因为模型 E 和 F 的孔隙纵横比大于模型 C 和 D,这与前面分析的孔隙纵横比对速度的影响结果是一致的,也说明孔隙纵横比对速度的影响可能会大于孔隙流体的影响。

需要特别说明的是,由于孔隙模拟材料和超声波探头频率的限制,实验中模拟的次生孔隙纵横比都大于 0.1。对于孔隙纵横比小于 0.1 的情况,目前也发表了一些实验数据[10],这些结果对应的 λ/d 约为 4。还需要更多的实验和数值模拟来研究孔隙尺寸对岩石声波速度的影响。

3.3　基于岩芯尺度实验结果的等效介质模型评价

基于模型 A,B,C 的测量数据分析次生孔隙纵横比对速度的影响时,发现实验结果与等效介质模型的预测趋势是吻合的。下面将实验结果与等效介质模型预测结果进一步定量比较。

3.3.1　等效介质模型计算流程

采用 SC 模型、KT 模型和 DEM 模型分别预测 72 块人造岩芯的等效弹性参数和速度。

计算中采用的基质和孔隙流体参数值见表 3-1。下面以 KT 模型为例说明计算流程。

步骤一：对于 18 块参照岩芯，采用实验测量的纵波速度和孔隙度，基于 KT 模型反演原生孔隙的等效纵横比 $\boldsymbol{AR}_{\mathrm{p}}=(AR_{\mathrm{p}_{ij}})$，$i=\mathrm{A,B,C,D,E,F}$，$j=1,2,3$；反演算法与 Kumar-Han[5] 反演平均纵横比的算法相似。该步计算内容在 3.2.2 小节中已经计算完成，计算结果见表 3-4。

步骤二：对于 54 块实验岩芯，其原生孔隙度和原生孔隙纵横比与对应系列的参照岩芯相同，次生孔隙度按式(3-3)计算，次生孔隙纵横比见表 3-2。按照表 3-1 中的参数，采用 KT 模型预测实验岩芯的速度($v_{\mathrm{p\text{-}KT}}$，$v_{\mathrm{s\text{-}KT}}$)。

步骤三：对比实验测量速度(v_{p}，v_{s})和 KT 模型预测的速度($v_{\mathrm{p\text{-}KT}}$，$v_{\mathrm{s\text{-}KT}}$)，分析模型预测结果的可靠性和准确性。

其他模型的计算可按照上述流程同样完成。在步骤二中，在采用 SC 模型进行计算时，设定基质的纵横比为 1.0。对于 DEM 模型，其预测结果与孔隙的引入顺序有关[3]。实验岩芯中含有两类孔隙(粒间孔隙和次生孔隙)，需要计算两种不同的孔隙引入顺序，① DEM1：先引入粒间孔隙，再引入次生孔隙；② DEM2：先引入次生孔隙，再引入粒间孔隙。

3.3.2　实验结果与模型预测结果对比

将实验测量结果与等效介质模型预测结果进行对比，得到以下结论：

(1) 对于次生孔隙尺寸较小的岩芯(模型 A，B，C，E，对应的 λ/d 大于 10)，SC 模型预测的纵、横波速度与实验结果吻合效果最好(图 3-11a、图 3-12a)，纵波速度平均偏差为 2.4%，横波速度平均偏差为 3.1%；KT 模型与 DEM 模型的预测结果基本相同，在中、低孔隙度(<15%)时，两个模型预测的纵波速度与实验结果吻合良好，但是在较高孔隙度(>20%)时，预测的纵波速度大于实验测量结果(图 3-11b～d)；KT 模型与 DEM 模型预测的横波速度大于实验测量结果，并且次生孔隙度越大，预测结果偏差越大(图 3-12b～d)。

(2) 对于次生孔隙尺寸较大的岩芯(模型 D，F，对应的 λ/d 为 5～8)，在低孔隙度(<6%)时，SC 模型预测的纵、横波速度与实验结果吻合良好，但是在中、高孔隙度(>10%)时，预测的纵、横波速度低于实验结果，并且次生孔隙度越大，预测结果偏差越大(图 3-13a、图 3-14a)；

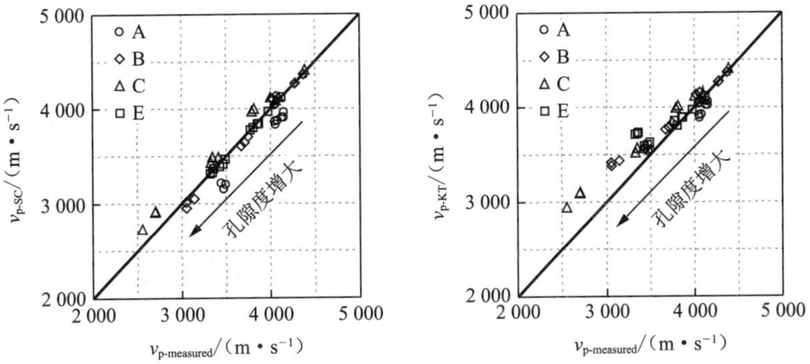

(a) SC 模型　　(b) KT 模型

图 3-11　模型 A，B，C，E 实验测量纵波速度与等效介质模型预测结果对比

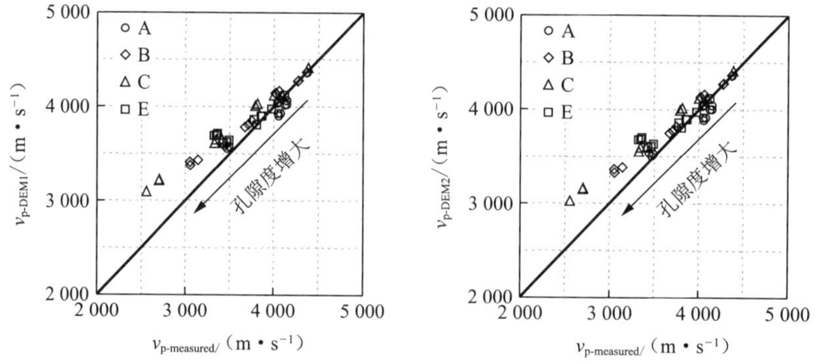

(c) DEM1 模型　　(d) DEM2 模型

图 3-11(续)　模型 A,B,C,E 实验测量纵波速度与等效介质模型预测结果对比

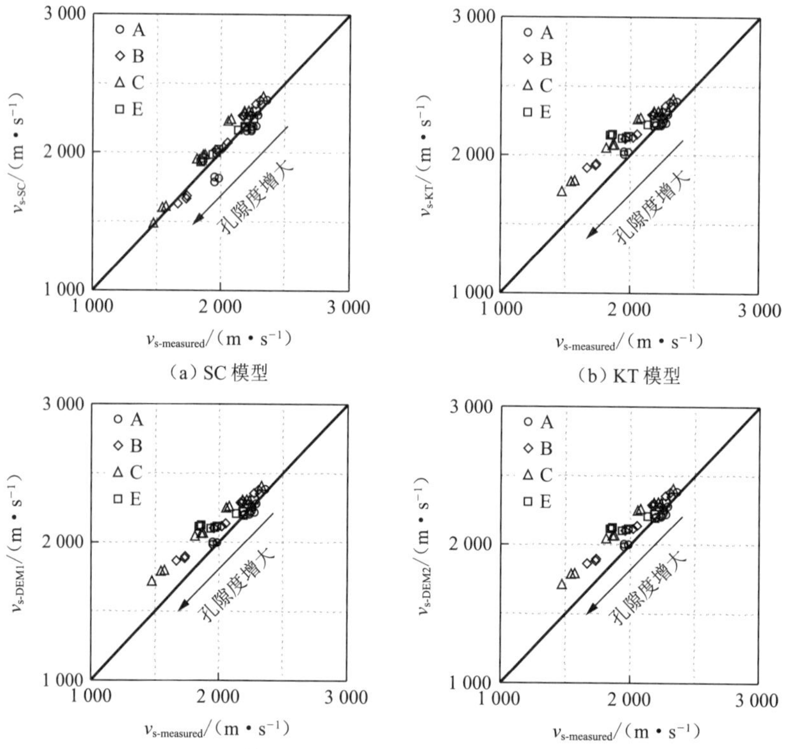

(c) DEM1 模型　　(d) DEM2 模型

图 3-12　模型 A,B,C,E 实验测量横波速度与等效介质模型预测结果对比

KT 模型与 DEM 模型预测的纵波速度与实验结果吻合良好(图 3-13b～d),平均偏差均小于 2%,并且两个模型预测的横波速度比实验结果略高(图 3-14b～d),但平均偏差小于 5%。

(3) 对于 DEM 模型来说,不同孔隙添加顺序的预测结果略有差别,但相差不大(图 3-11c 和 d、图 3-12c 和 d、图 3-13c 和 d、图 3-14c 和 d)。从 DEM 模型预测结果看,先添加次生孔隙时预测纵波速度低于先添加原生孔隙时,偏差约为 1%。与实验结果相比,先添加次生孔隙时的预测结果略好于先添加原生孔隙时,这种差别在本实验情况下可以忽略。

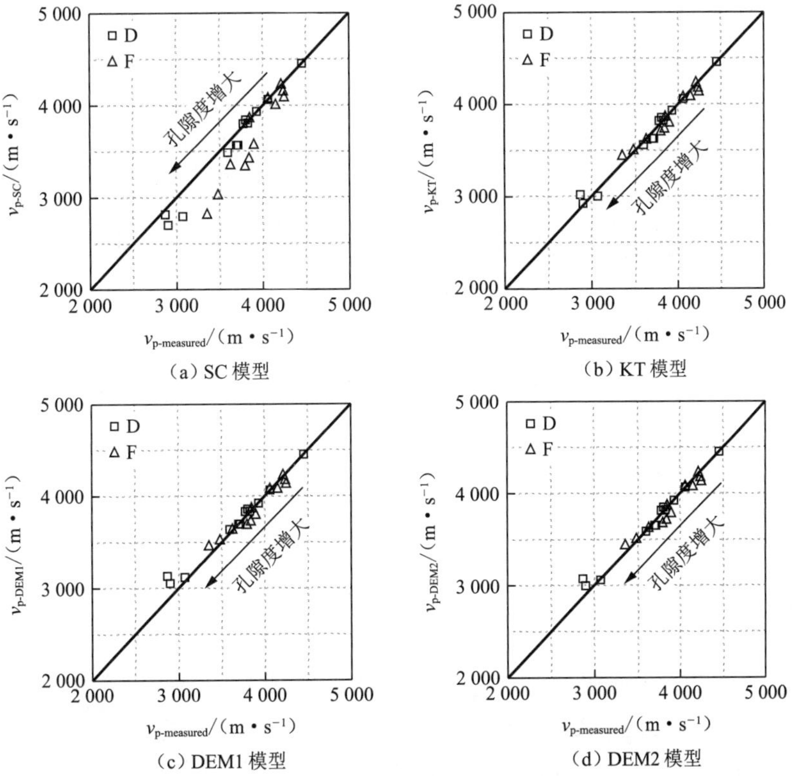

图 3-13　模型 D,F 实验测量纵波速度与等效介质模型预测结果对比

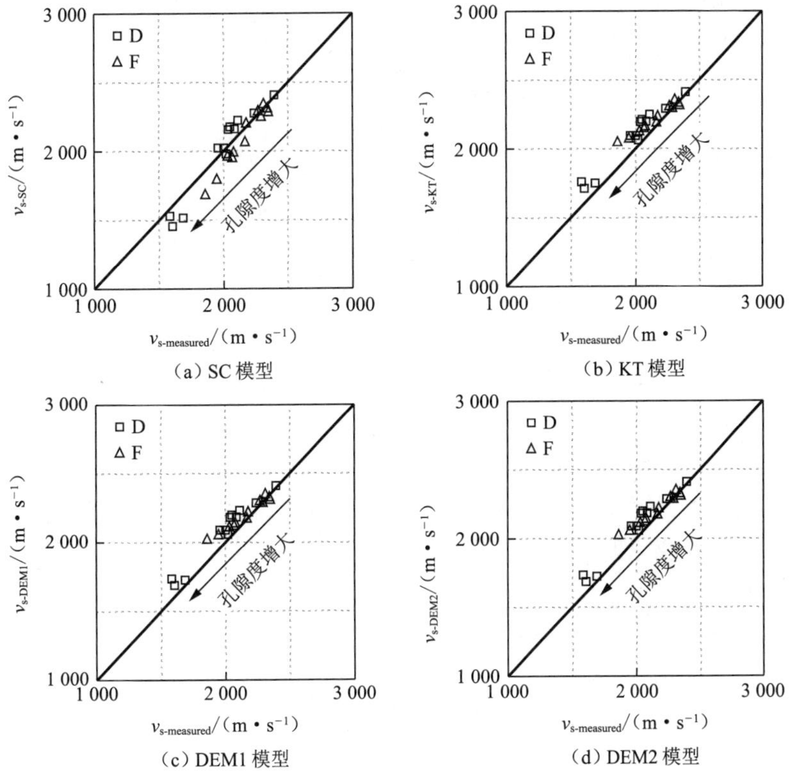

图 3-14　模型 D,F 实验测量横波速度与等效介质模型预测结果对比

整体来说，KT 模型与 DEM 模型预测的岩芯等效模量相近，都比 SC 模型的预测结果高。对于多重孔隙结构碳酸盐岩，如果次生孔隙尺寸较小(λ/d 大于 10)，那么采用 SC 模型预测更为合适；如果次生孔隙尺寸较大(λ/d 为 5～8，或者更小)，那么采用 KT 模型或 DEM 模型预测更为准确。

3.4 不同孔隙结构碳酸盐岩井筒声波测井的物理模拟

为了探究测井尺度下碳酸盐岩不同孔隙结构对地层声波的影响，采用室内实验方法构建了不同孔隙结构的井筒物理模型，采用自制的四方向单发双收的室内声波测井设备获得并记录地层的声波传播信息。综合分析纵波(P)、横波(S)和斯通利波(ST)等组分波的波速和衰减等，采用时频分析方法研究不同孔隙结构对测井声波信号的影响，建立不同孔隙结构与测井声波的响应关系。

3.4.1 不同孔隙结构碳酸盐岩井筒模型制备方法

实际碳酸盐岩中的次生孔隙通常呈现不规则形状，使得制作具有已知次生孔隙结构的岩石物理模型具有很大的挑战性。在长波长范围内，多孔岩石的弹性响应通常可用等效介质理论(EMT)进行描述。目前，大多数理论或实验室模型是将复杂孔隙简化成规则的球形或椭圆形包含物，同时假设包含物纵横比(*AR*)和尺寸，近似模拟不同结构孔隙。然而，忽略不同孔隙结构影响的空间或时间平均(time average)模型仍是基于声波测井解释孔隙度的基本方法。建立具有已知孔隙结构的岩石模型是定量研究孔隙结构对速度和衰减影响的重要手段[11,12]。但是对于复杂的孔隙结构，三维空间中孔隙的分布和形状是随机的，而建立相应测井尺度(0.1～10 m)的数字模型对计算机断层扫描或扫描电子显微镜是一个很大的挑战。

目前，对于砂岩人造岩芯制作工艺已经相对成熟。通常选用不同粒径的石英砂与胶结剂(水泥、环氧树脂等)进行混合以模拟地层基质，铝、铜和锡箔片等模拟地层裂隙，模型压实后可形成不同孔隙度和渗透率的岩芯[13]。然而，对于孔隙结构复杂的碳酸盐岩，现有方法(薄片组合法、切割模拟法、插缝法、溶蚀法等)只适用于小尺度岩芯制作，无法制作具有不同孔隙参数的地层井筒模型。主要存在以下几点问题：① 现有模型制作方法通常使用环氧树脂作为胶结剂，价格较高，无法制作大尺度模型，且混合后稠度大，难以保证混合均匀；② 压实过程中不同压实时间和压力对岩芯最终性质影响显著，大型压力机使用不便，对于大尺度井筒模型需要耗费大量人力、物力；③ 孔隙分布对声波传播影响较大，现有模型制作方法很难控制次生孔隙角度或只能包含少量次生孔隙，无法在模拟大尺度孔隙的同时，精确控制孔隙参数及其分布。

为了解决上述问题，设计井筒模型遵循以下 3 个原则：① 基质须具有均匀和稳定的性质，以便与实际的碳酸盐岩进行适当的比较；② 实现次生孔隙分布可控，尽可能减小次生孔隙角度不同导致的影响；③ 模型可有效地联系实验室岩石物理模型和现场测试结果。根据以上原则，设计了一种具有不同孔隙结构的混凝土碳酸盐岩井筒模型，并采用自制的一发双收声波测井系统研究孔隙结构对声波测井响应的影响。

1）地层模拟方案

水泥作为常用的建筑材料，不仅价格便宜，而且遇水硬化后强度较高，在混合过程中具有流动性，不需要特意考虑压实效果，已广泛应用于制作大尺寸井筒模型。然而，单纯的水泥体系固结后存在密度较低、易沉降、气泡多等缺陷，会对井筒内弹性波传播产生不可控的影响。因此，采用天然碳酸盐岩岩屑和水泥浆的混合固结物来模拟碳酸盐岩储层。

理论和实验研究均表明，在相同水泥和混合材料配比下，水泥石性质（密度和强度）由颗粒级配决定。为了使模型基质固结紧密且与实际地层性质接近，采用合适粒径的水泥和碳酸盐岩颗粒进行混合。同时，粒径为 1 μm 的微硅材料对基质物性影响较小，但可显著提高体系整体触变性，因此通过加入微硅可有效避免模型较大时导致在固化过程中发生析水沉降现象，进而消除模型上下密度差。实验中选用山东胜潍 G 级油井水泥，碳酸盐岩岩屑粒径为 80～100 目，方解石含量大于 98%。微硅材料为 SiO_2 含量超过 97%的粉末。图 3-15 显示了采用 Bettersize2000 激光粒度分布仪得到的上述 3 种固相材料的粒径分布。碳酸盐岩颗粒的平均粒度为 142.15 μm，水泥颗粒的平均粒度为 15.42 μm，微硅颗粒的平均粒度为 0.76 μm。

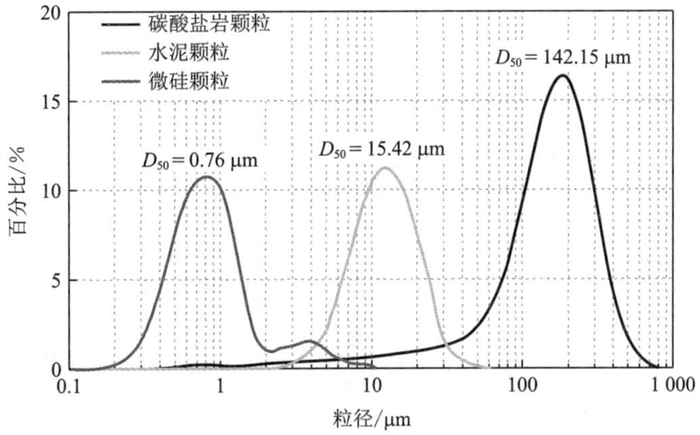

图 3-15　固相材料粒径分布图

图 3-16 所示为常温干燥条件下不同微硅添加量对混合物声波波速及抗压强度的影响。碳酸盐岩岩屑、水泥和水的质量比为 1∶1∶0.4。为了排出搅拌过程中形成的气泡，加入 0.2%的磺化醛酮缩聚物作为减阻剂，1%的聚醚和有机硅聚合物作为消泡剂。从图 3-16 中可以看出，当微硅加量为固相含量的 1%时，基质的弹性参数（纵、横波波速）在 21 d 即可趋于稳定，且抗压强度较大，说明微硅加量的增大有利于后期整体性能。因此，考虑到结构和物理性质，微硅的加量为 1%。与简单水泥系统相比，该模型制备方法得到的基质与实际储层岩石具有良好的相似性。

2）孔隙填充方案

由于地层中岩石基质和孔隙流体之间物理性质差异明显，所以选用与流体性质相近的硅胶材料模拟地层中充满流体的孔隙，通过制作不同厚度和直径的硬币状硅胶片模拟孔隙形状，不仅能够实现单一变量控制，而且便于后续分析。理论和实践表明，由于深部地层的

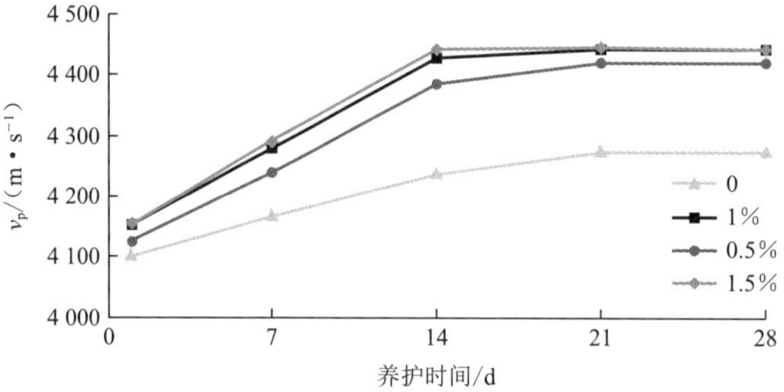

(a) 体系固化 1，7，14，21 和 28 d 后的 P 波速度

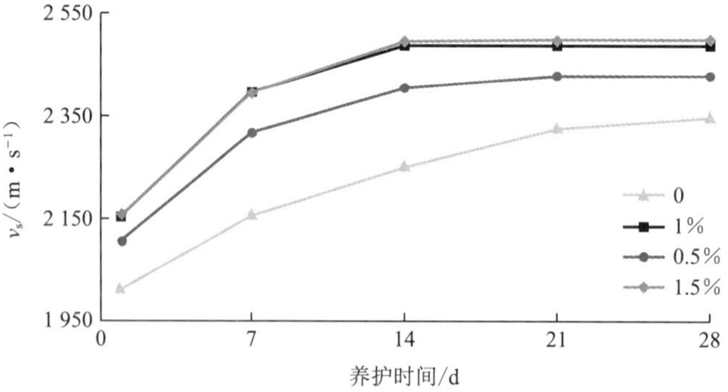

(b) 体系固化 1，7，14，21 和 28 d 后的 S 波速度

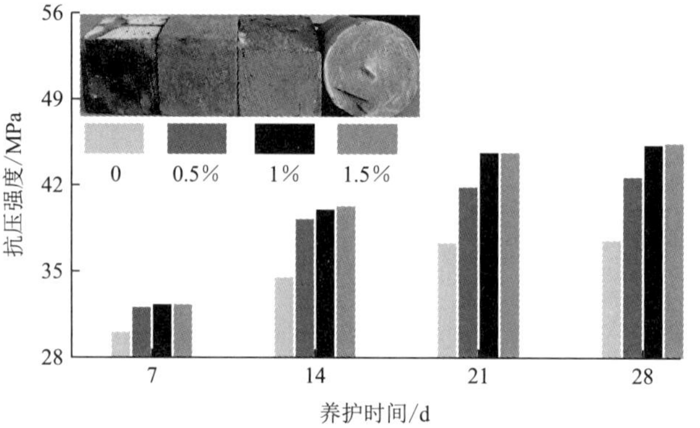

(c) 体系固化 7，14，21 和 28 d 后的抗压强度

图 3-16 常温干燥条件下微硅加量(0，1%，0.5%，1.5%)对基质物理性质的影响

垂直应力大于水平主应力，因此与地层方向垂直排列发育的孔隙更为普遍，且对于声波传播影响更大。由于所用模拟孔隙的硅胶片强度低、密度小且易变形，因此将硅胶片粘在细线上，在注入基质后，拉紧直线，便可控制孔隙分布方位。圆柱形模具可沿圆周方向均分为 4 个部分，硅胶片均匀分布在井孔模型中(图 3-17)，孔隙分布在 0°和 180°方向，而垂直方向(90°和 270°方向)不含孔隙。

制作单个模型时，首先在搅拌桶中倒入 50 kg 水泥和 20 kg 水并搅拌均匀，然后逐渐加入 50 kg 碳酸盐岩岩屑和 1 kg 微硅；再加入 200 g 减阻剂和 1 kg 消泡剂；随后将混合物倒入圆柱形模具中，并将混凝土振动器插入混合物中振动 1 min 以排出气泡。在常温常压条件下静置 7 d，待水泥固化后，利用取芯机在模型中心取芯，形成模拟井眼。该井孔直径 76 mm，深度 600 mm。继续静置 21 d 后，待水泥水化较完全后得到碳酸盐岩井筒模型(图 3-17)。

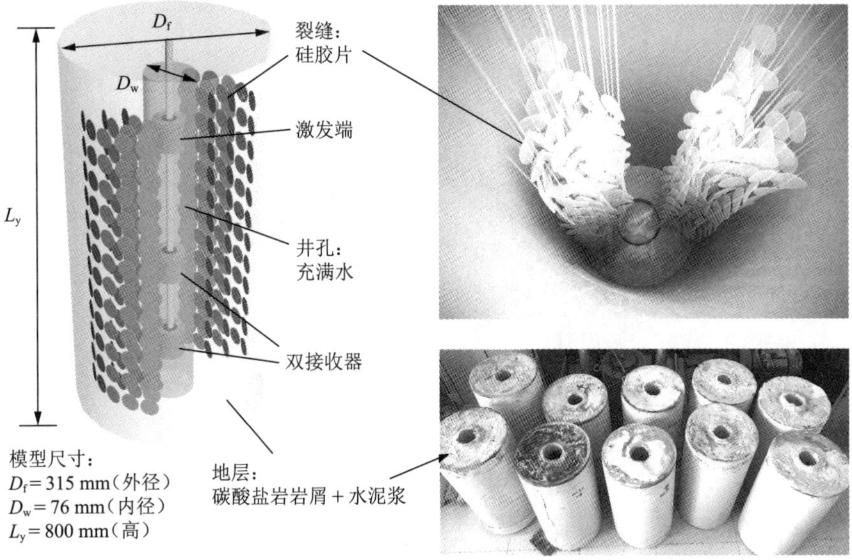

图 3-17　具有垂直分布孔隙的声波测井井筒物理模型

实验建立了 3 种具有不同孔隙结构的低孔隙度井筒模型，根据控制变量法分析模型孔隙度(ϕ)、孔隙纵横比(AR)和孔隙尺寸(d)对声波测井的影响。模型的孔隙度为：

$$\phi = \frac{2Nd^2h}{(D_f^2 - D_w^2)L_y} \tag{3-15}$$

式中，N 为次生孔隙总个数，d 为次生孔隙直径，h 为次生孔隙张开度，D_f和 D_w分别为井筒模型的外径和内径，L_y为模型的高度。

3.4.2　声学测量和处理方法

实验中采用自制的一发双收测井声波仪器，该仪器由一个环形发射换能器和两个四方向接收换能器组成（图 3-18），每个接收换能器由 4 个相差 90°分布的压电陶瓷片构成，通过与测试介质形成同轴同孔的方法，测定介质周围每个 90°方向上相关各点沿介质传输的声波波形。该仪器的精度为 0.05 μs，激发端的主频为 20～40 kHz，对于每次测量，接收信号以 10 MHz 的采样速率记录，长度为 400 μs，并重复 100 次以减小波动误差。两组接收器与激发端的距离分别为 222 mm 和 365 mm。测量中接收到的典型波形如图 3-19 所示。模型中声波速度可由两个接收器在同一方向上的时间差计算：

$$v_i = \frac{\Delta l}{t_{2i} - t_{1i}} \tag{3-16}$$

式中，v_i为第 i 个波相（纵波、横波和斯通利波）的速度，km/s；Δl 为两个接收器之间的距离，mm；t_{1i}和 t_{2i}为相应波相的到达时间，μs。

岩石的动态弹性模量可由纵、横波波速计算[14]：

$$K = \rho_b\left(v_p^2 - \frac{4}{3}v_s^2\right) \tag{3-17}$$

$$\mu = \rho_b v_s^2 \tag{3-18}$$

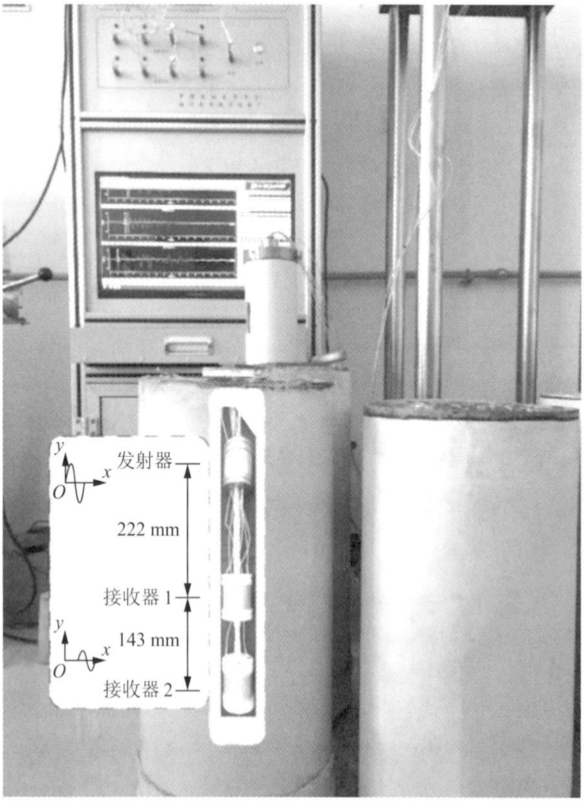

图 3-18 一发双收井筒模型声波测量方式示意图

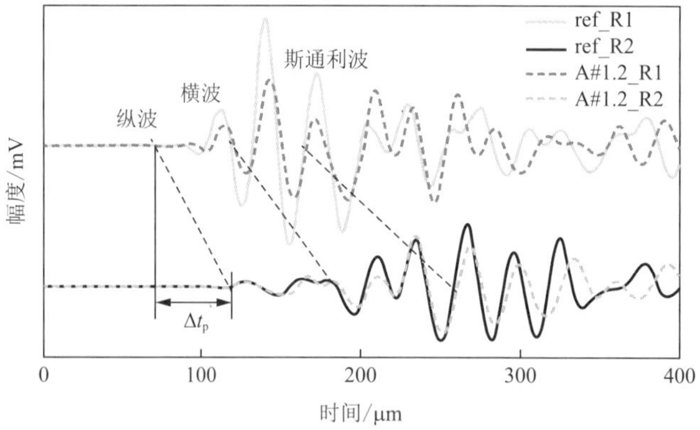

Δt_p—模型 A＃1.2 与参考模型 ref 的纵波初至时间延迟。

图 3-19 无孔隙的参考模型 ref 和 A＃1.2 模型的接收信号

式中，K 和 μ 分别为动态体积模量和剪切模量，GPa；ρ_b 为模型的体积密度，g/cm^3；v_p 和 v_s 分别为 P 波和 S 波波速，km/s。

不同孔隙结构井筒的测量信号会在时域和频域表现出明显差异。由于地层的复杂性，接收到的声波测井信号一般是非线性、非平稳的[15]。阵列声波测井信号由多个频率的信号叠加而成，求其总体的瞬时频率是没有意义的。Huang 等[16]提出了固有模态函数(intrinsic mode function，IMF)，即将信号分解为多个 IMF 分量，每个被分离出的 IMF 分量都是类似于简谐波的振动，避免了波的叠加问题。同时每个 IMF 分量都有其物理意义[17]，不同的 IMF 分量包含着不同特征尺度的成分。在此采用 Hilbert-Huang 变换（HHT），主要有以下两个步骤：① 利用经验模态分解方法（EMD）将原始信号分解为多个 IMF 分量；② 基于各 IMF 分量分析计算原始信号的时频数据。其中，EMD 是 HHT 的核心，一般采用三次样条插值方法绘制包络线。经 EMD 分解得到的各 IMF 分量分别代表不同特征尺度的平稳信号[18]。该方法自适应性强，无须定义滤波器参数，受主观因素影响小。

经过 EMD 之后，原始信号被分为多个 IMF 分量。原始信号 $s(t)$ 经过经验模态分解后可以用下式表示：

$$s(t)=\sum_{i=1}^{n}x_i(t)+r(t) \tag{3-19}$$

式中，$x_i(t)$ 为固有模态分量，$r(t)$ 为分解余项。

阵列声波测井信号 $s(t)$ 是实数信号，经过分解得到的固有模态函数 IMF 同样是实函数。对每个 IMF 进行 HHT 即可求得其瞬时振幅、瞬时相位和瞬时频率。$x_i(t)$ 的 Hilbert-Huang 变换中间变量为：

$$y_i(t)=\frac{1}{\pi}\int_{-\infty}^{+\infty}\frac{x_i(\tau)}{t-\tau}\mathrm{d}\tau \tag{3-20}$$

利用函数 $x(t)$ 的 Hilbert-Huang 变换 $y(t)$，得到解析函数：

$$z_i(t)=x_i(t)+\mathrm{i}y_i(t)=A_i(t)\mathrm{e}^{\mathrm{i}\theta(t)} \tag{3-21}$$

$$A_i(t)=[x_i^2(t)+y_i^2(t)]^{1/2} \tag{3-22}$$

$$\theta_i(t)=\arctan\frac{y_i(t)}{x_i(t)} \tag{3-23}$$

式中，$A(t)$ 为瞬时振幅，$\theta(t)$ 为瞬时相位。

瞬时频率 $\omega_i(t)$ 可表示为：

$$\omega_i(t)=\frac{\mathrm{d}\theta_i(t)}{\mathrm{d}t} \tag{3-24}$$

忽略余项后，原信号 $s(t)$ 可以表示为：

$$s(t)=\mathrm{Re}\sum_{i=1}^{n}A_i(t)\exp[\mathrm{j}\omega(t)\mathrm{d}t] \tag{3-25}$$

式中，$\omega_i(t)$，$A_i(t)$ 均为时间的函数，进而得到用于精确描述信号频率和振幅随时间变化的 Hilbert 谱 $H(\omega,t)$。在整个时间段上对 $H(\omega,t)$ 进行积分可得到边际谱 $h(\omega)$，其纵坐标是相同频率全部幅度的统计累加，不同于传统的傅里叶谱，边际谱表达了每个频率在全局上幅度的分布：

$$h(\omega)=\int_0^T H(\omega,t)\mathrm{d}t \tag{3-26}$$

3.4.3 孔隙结构对声波传播的影响

分别采用超声波透射（中心频率为 500 kHz）和模拟声波测井（中心频率为 40 kHz）对放置时间均为 30 d 的无次生孔隙参考模型进行测量。从表 3-5 中可以看出，传播频率不同时，测量得到的波速也不同，不同的测量方法得到的体积模量和剪切模量大小也不同。利用超声波透射所测的物性参数明显高于模拟声波测井的结果。由于剪切模量与横波速度有关，因此剪切模量表现出更大的偏差。综上，下面从测井尺度上分析孔隙度、纵横比和尺寸对测井声波的影响，并与等效介质（长波长范围）和射线（短波长范围）[19]模型进行比较。表3-6中列出了描述孔隙几何形状的模型系列A，B和C的参数。

表 3-5 不同测量方法下无孔隙参考模型的物性偏差

测量方法	$v_p/(km\cdot s^{-1})$	$v_s/(km\cdot s^{-1})$	K/GPa	μ/GPa
超声波透射	4.51	2.62	23.83	14.62
模拟声波测井	4.19	2.42	20.76	12.47
偏差/%	7.6	8.3	14.8	17.2

表 3-6 模型系列相应参数

模型系列	模　型	孔隙数量	孔隙厚度/mm	孔隙尺寸/mm	孔隙纵横比	孔隙度/%
A	A#0.6	6×24	1	30	0.033	0.6
	A#1.2	12×24	1			1.2
	A#1.8	12×36	1			1.8
	A#2.4	12×48	1			2.4
	A#3.0	12×60	1			3.0
B	B#0.017	12×48	0.5	30	0.017	1.2
	B#0.033	12×24	1		0.033	
	B#0.067	12×12	2		0.067	
	B#0.130	6×12	4		0.130	
C	C#10	24×216	0.5	10	0.050	1.2
	C#20	12×54	1	20		
	C#30	12×16	1.5	30		
	C#40	6×14	2	40		
	C#50	6×7	2.5	50		

1）孔隙度对声波的影响

孔隙度是储层分析的重要参数，可显著影响地层中声波的传播特性。A系列的井筒模型具有相同的孔隙尺寸（$d=30$ mm）和孔隙纵横比（$AR=0.033$），但孔隙度不同（$\phi=0.6\%\sim3\%$），下面从时域和频域的角度分别对接收信号进行分析。

各波相的波速与孔隙度之间的关系如图3-20所示。可以看出，含孔隙的两个方向（0°和180°）上速度相对一致，表明该井筒模型的性质稳定且可重复，保证了数据的可靠性。随着孔隙度从0增加到3%，斯通利波速（v_{st}）没有显示出明显的下降，而v_s和v_p显著降低。波速和孔隙度表现出线性负相关，且与岩石物理实验结果一致[4]。v_p变化的斜率大于v_s变化的斜率，表明相比于剪切模量，体积模量对孔隙度更敏感。然而相对来说，v_s和v_{st}变化程度较小。通过对比具有相同孔隙纵横比和材料属性的KT模型[19]和DEM模型[20]以及地震勘探中常用的时间平均模型(Time_av)[21]的预测结果可以看到,在相同孔隙度下,用时间平均模型计算出的 v_p和 v_s偏高。理论模型总是高估 v_p和 v_s,并且随着孔隙度的增加,偏差变大。KT 和 DEM 模型计算的波速相近,但 DEM 模型更适应于本实验结果描述。

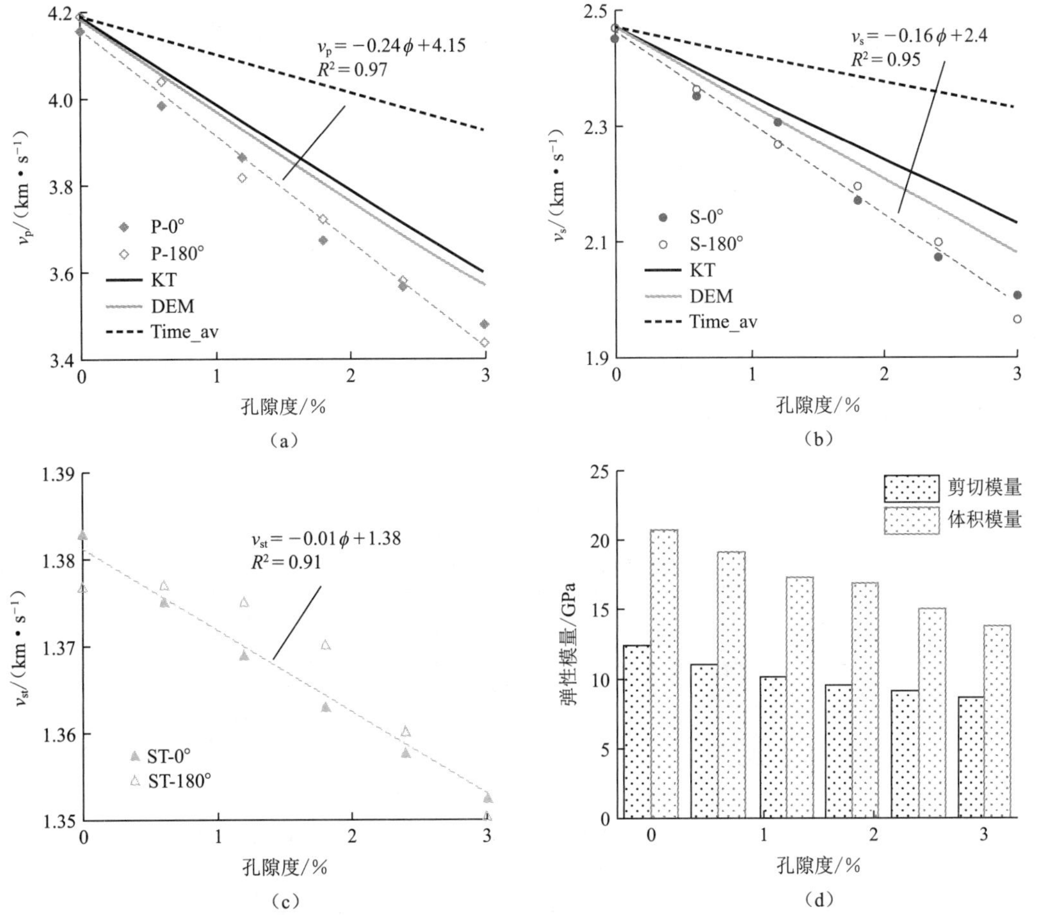

图 3-20 孔隙度对 v_p,v_s,v_{st}以及弹性模量的影响

岩石中的弹性波衰减一般与其传播距离呈指数关系[19,22],但由于孔隙度以及岩石和孔隙之间的不同性质等因素的影响[23],声波衰减变得更为复杂,尤其是斯通利波——沿固流界面传播并对裂缝敏感的波群[24]。图 3-21 为不同孔隙度下 3 个波相的振幅变化。可以看出,斯通利波的振幅受孔隙度的影响比纵波和横波更为显著,其中斯通利波振幅的衰减达到 83.3%(从 240 mV 降至 40 mV),但 S 波降低 73.9%(从 115 mV 降至 30 mV),P 波降低 51.6%(从 31 mV 降至 15 mV)。

对于任一超声波信号,其时域信息可反映信号的强度随时间的变化,频域信息可反映信号的能量在频域中的分布。利用 EMD 方法提取了前 4 个 IMF 分量并忽略其他极低频的分量,然后通过快速傅里叶变换(FFT)计算每个 IMF 分量的中心频率(CF)。具有不同孔隙度的模型的原始声波波形和相应的 IMF 分量结果如图 3-22 所示。结果表明,孔隙的存在显著影响了声波整体分布,随着孔隙度的增加,原始信号的能量减小,并且随着 IMF 分量的

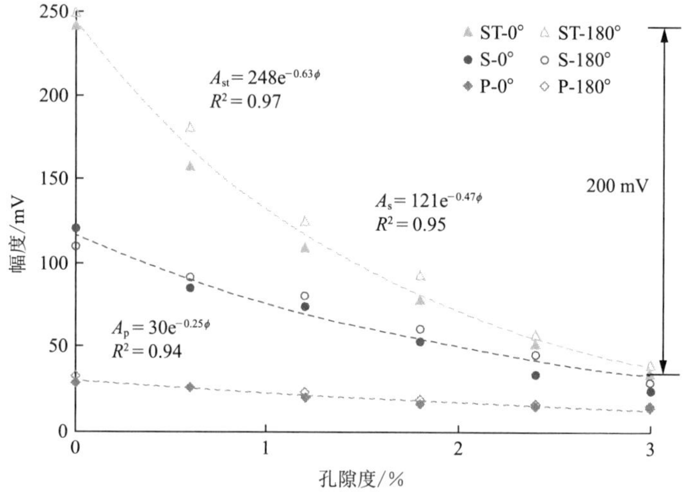

图 3-21 孔隙度与纵波、横波和斯通利波振幅之间的关系

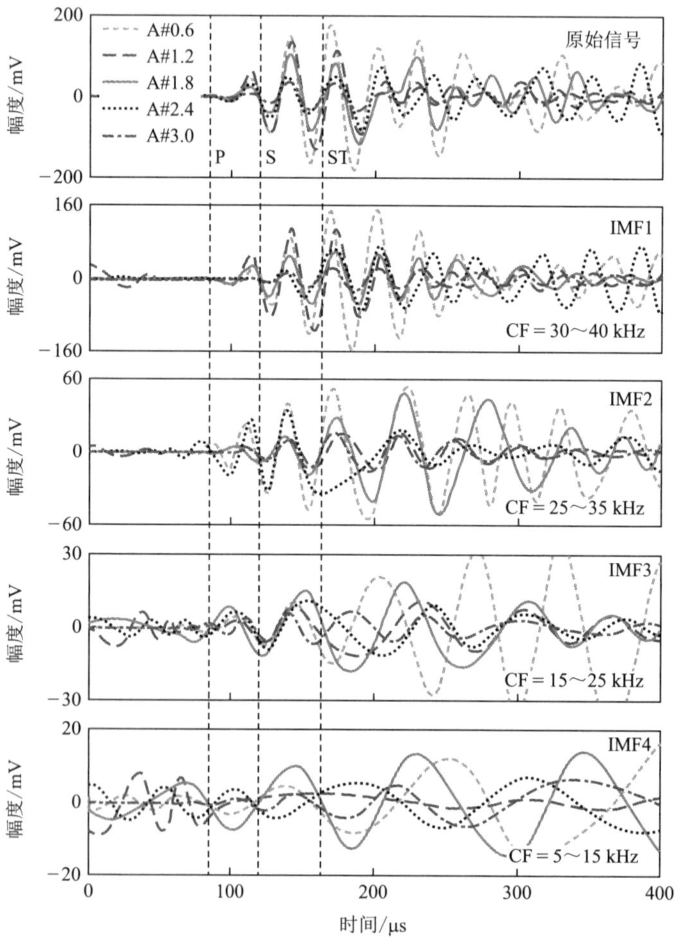

图 3-22 不同孔隙度模型中 R1 接收的原始信号和相应 IMF 分量

增加，CF 范围也相应降低。与低频信息（IMF3 和 IMF4 分量）能量的小幅下降相比，孔隙度对高频分量（IMF1）的能量有更显著的影响，表明高频信息对孔隙更为敏感。

为了进一步分析信号功率随着频率的变化情况，计算了边际谱——能量幅度和频率之间的关系，它可提供比傅里叶频谱更高的频率分辨率。图 3-23(a)显示了由图 3-22 中前四个 IMF 分量计算的边际谱。CF 为 30～40 kHz，这也是主要的能量衰减范围(图 3-23b 中灰色阴影部分)。高孔隙度模型 A＃3.0 的累积能量(CE)仅为低孔隙度模型 A＃0.6 的 23％。

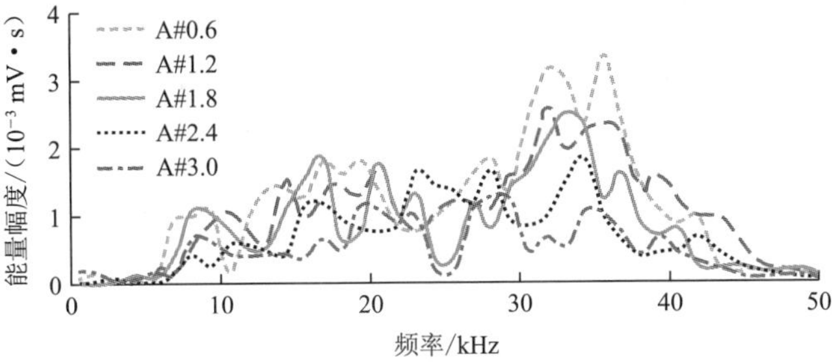

(a) 前四个 IMF 分量

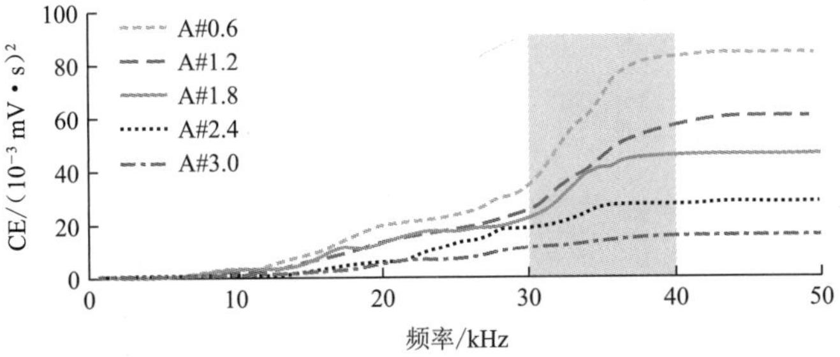

(b) 相应累积能量

图 3-23　A 系列模型声波信号边际谱

2) 孔隙纵横比对声波的影响

在地层和孔隙流体之间能量交换的过程中，孔隙纵横比对声波传播具有显著影响[25]。EMT 模型可以通过假设不同的孔隙纵横比来计算具有复杂孔隙结构的碳酸盐岩的有效弹性模量和波速[26]。然而，目前研究只关注在岩芯尺度上建立速度和孔隙类型的定性趋势，并且通过传统的声波测井很难获得关于孔隙度以外的孔隙形状的信息[27]。该研究中 B 系列的井筒模型具有相同的孔隙尺寸(d = 30 mm)和孔隙度(1.2％)，但是孔隙纵横比不同(从 0.017 到 0.130)。

图 3-24 显示了各波波速与孔隙纵横比的关系。可以看出，含孔隙的两个方向(0°和 180°)上速度相对一致。相比之下，孔隙纵横比对斯通利波波速的影响较小，对纵波和横波速度的影响较大，尤其是当孔隙较为细长(即 $AR < 0.05$ 的裂缝)时，影响更为强烈。采用幂律函数拟合不同孔隙纵横比与波速之间关系时，拟合系数(R^2)高达 0.9。尽管纵、横波速度对孔隙纵横比较为敏感，但是与 KT 和 DEM 模型相比，在测井尺度下直接应用 EMT 模型是不合适的，特别是在低孔隙纵横比范围内实验结果并没有像 EMT 模型一样表现出更高的敏感性。同时，与高频超声实验结果[13,28]相比，在测井尺度上观察到的波速变化较小，但是当孔隙度相同(ϕ＝1.2％)时，v_p和 v_s的变化仍可达到 400 m/s 和 300 m/s。另外，实际测井过程中通常利用斯通利波对流体的敏感性识别裂缝[24]，而实验中显示当孔隙纵横比增大时，斯通利波波速变化小于 15 m/s，说明它对纵横比不敏感。然而，考虑到复杂的测井环

境，孔隙纵横比的影响作用程度很容易受到岩性和孔径变化等其他因素的影响。

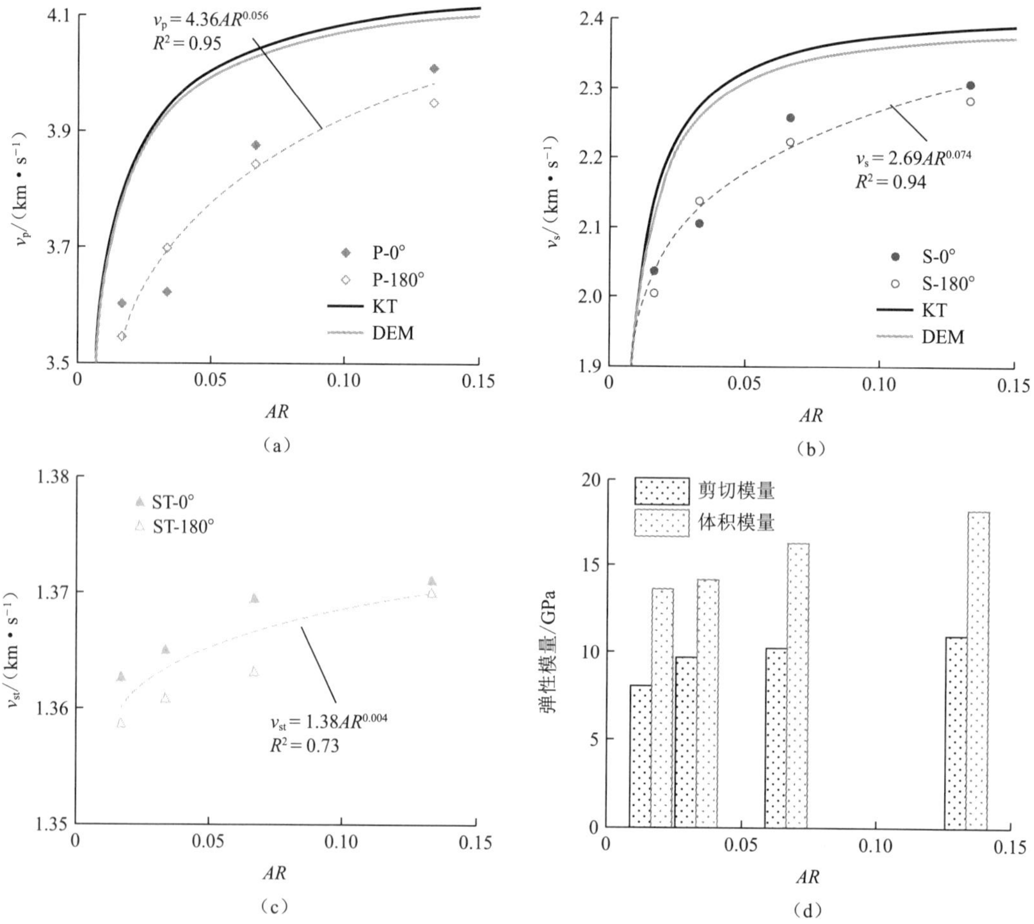

图 3-24　孔隙纵横比对 v_p，v_s，v_{st} 以及弹性模量的影响

不同孔隙纵横比下的 3 个波相的振幅变化（图 3-25）显示了该参数对声波衰减的强烈影响。其中，斯通利波的幅度从 200 mV 减小到 70 mV，衰减程度达 65%。拟合结果显示幅度与孔隙纵横比呈正相关对数形式。同时可以看出，较细长（$AR < 0.05$）的裂缝可以引起更高的衰减，并且随着孔隙纵横比的增加，各波相幅度的敏感性降低，这与先前的岩石物理实验的结果较为一致[13,29]。这是由于孔隙纵横比增加将导致在相同孔隙度下的孔隙数量减少，进而使固液界面减少，因此在波传播路径上散射衰减降低[29,30]。

图 3-26 显示了模型系列 B 中原始声波波形和从小尺度到大尺度排列的 IMF 分量。可以看出，孔隙纵横比对声波中高频能量（IMF1 和 IMF2 分量）衰减的影响很大。模型孔隙纵横比越小，接收到的尾波中含有的高频信息越少（如 IMF1 分量上，B＃0.017 和 B＃0.033 模型在 250 μs 后基本无信号）。在与模型系列 A 近似的中频范围（15～35 kHz）上表现出较大的衰减程度（图 3-27）。因此，由固体-流体界面增加引起的散射衰减作用在一个较宽的频率范围内。

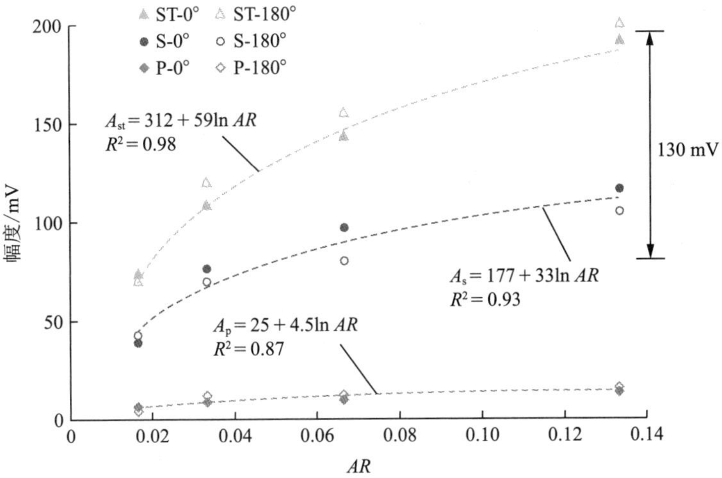

图 3-25　孔隙纵横比与纵波、横波以及斯通利波振幅之间的关系

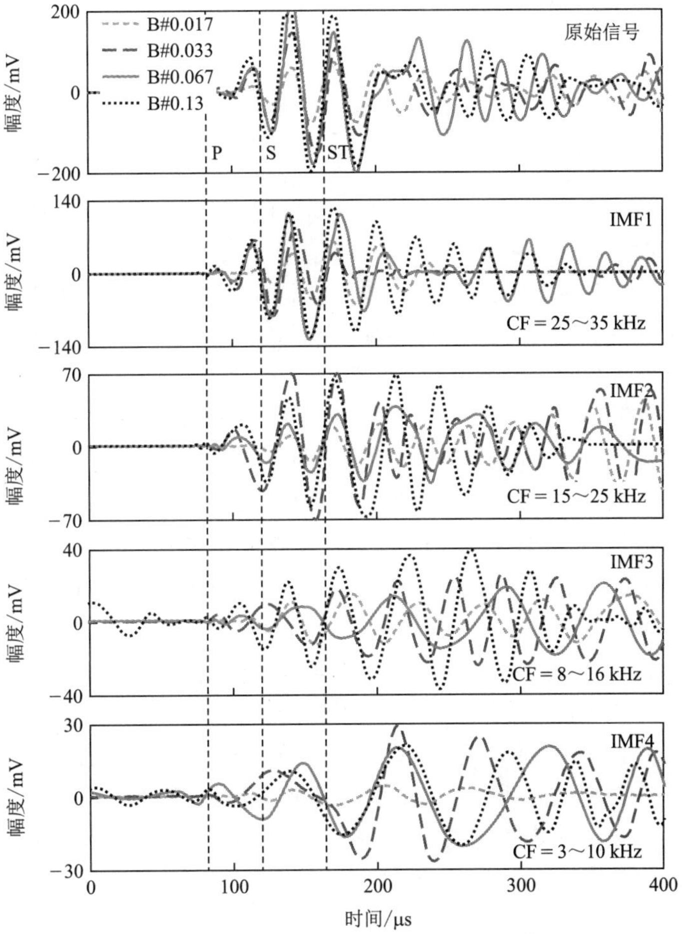

图 3-26　不同孔隙纵横比模型中 R1 接收的原始信号和相应 IMF 分量

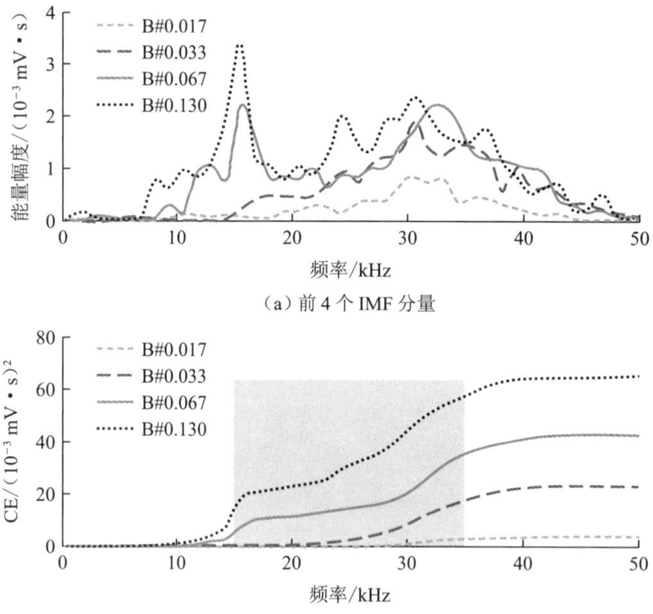

(a) 前 4 个 IMF 分量

(b) 相应累积能量

图 3-27　B 系列模型声波信号边际谱

3）孔隙尺寸对声波的影响

通常碳酸盐岩地层中孔隙尺寸变化较大。不同的波长与孔隙尺寸的比值(λ/d)将影响波场的传播方式,具体可分为射线理论($\lambda<d$)、过渡理论($\lambda\approx d$)[21]和等效介质理论($\lambda>d$)[31,32]。实验中,声波测井系统的主频为 20～40 kHz,所产生的纵波波长为 100～200 mm。

具有少量大尺寸孔隙的地层可以与含有大量小尺寸孔隙的地层有相同的孔隙度,这是使用横波分裂研究地震各向异性的首要因素[3]。C 系列模型具有相同的孔隙纵横比(0.05)、孔隙度(1%)和变化的孔隙尺寸($d=10\sim50$ mm),孔隙尺寸与纵波波长的比值为 3～15,主要位于过渡理论及等效介质理论的区间[3,8]。当平均孔隙尺寸较小时,需要更多的孔隙来达到相同的孔隙度。图 3-28 显示,相似的幂函数也可以很好地描述波速和孔隙尺寸之间的关系,这意味着孔隙尺寸对波速的影响机制与孔隙纵横比相似,即通过改变固液界面的数量来影响波场传播。相比于孔隙纵横比,幂函数中使用的较大指数意味着孔隙尺寸对波速的影响更大。此外,由式(3-15)也可以看出,与孔隙纵横比相比,孔隙度对孔隙尺寸具有更大的依赖性。另外,由前文可知,由于 DEM 模型可以提供比 KT 模型更接近本模型的波速,因此将 DEM 模型和时间平均模型结果与实验结果进行比较。上述理论模型应用的前提是孔隙尺寸远远小于波长,模拟的是高频下饱和岩石的属性,因此无法描述孔隙尺寸对波速的影响。理论模型计算得到的波速大于实验模型得到的波速,且随着孔隙尺寸的降低,偏差变大。尽管具有小孔隙尺寸的模型的接收波形信噪比(SNR)较低,但从图 3-29 中也可看出 ST 波振幅迅速降低(从 192 mV 到 21 mV),进一步证明了孔隙尺寸对波场具有强烈的影响。

模型系列 C 的前 4 个 IMF 分量如图 3-30 所示。模型 C＃10 中的大量孔隙导致更大的散射衰减并具有低 SNR 的复杂波形。模型 C＃50 中的孔隙尺寸(50 mm)接近波长(50～100 mm)。当波前经过大尺度孔隙时,根据斯涅尔定律,与较小的孔隙相比会发生更多的反

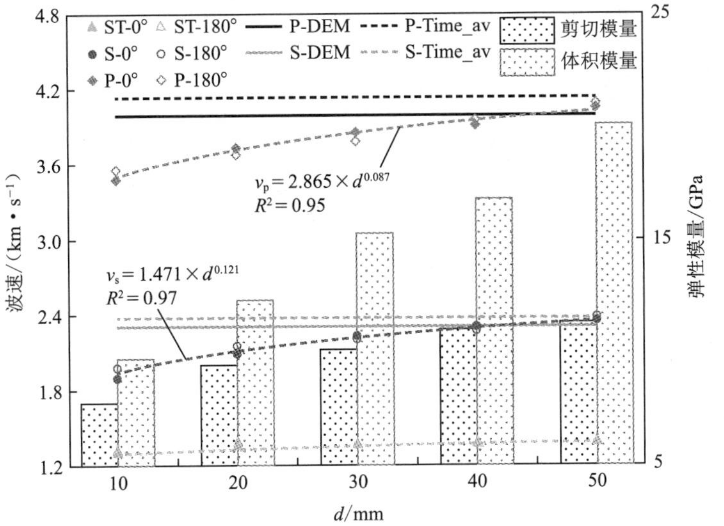

图 3-28　孔隙尺寸对 v_p, v_s 和 v_{st} 以及弹性模量的影响

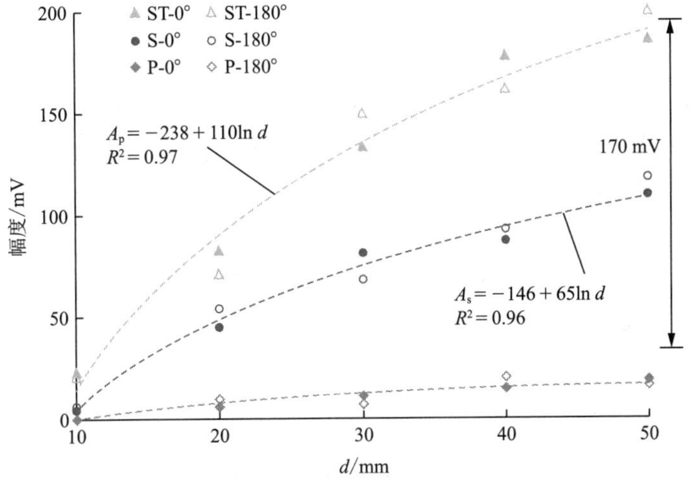

图 3-29　孔隙尺寸与纵波、横波以及斯通利波振幅之间的关系

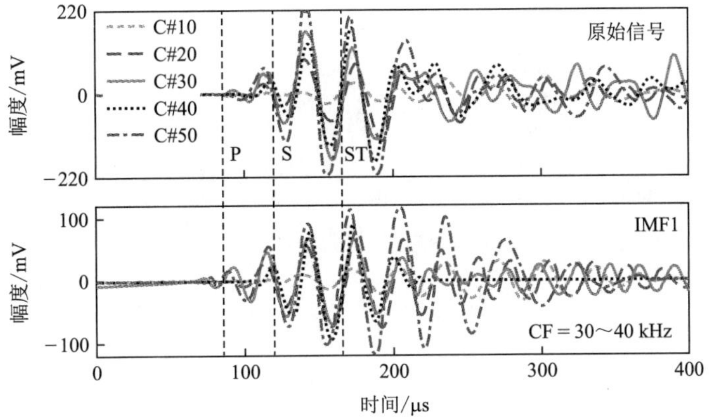

图 3-30　不同孔隙尺寸模型中 R1 接收的原始信号和相应 IMF 分量

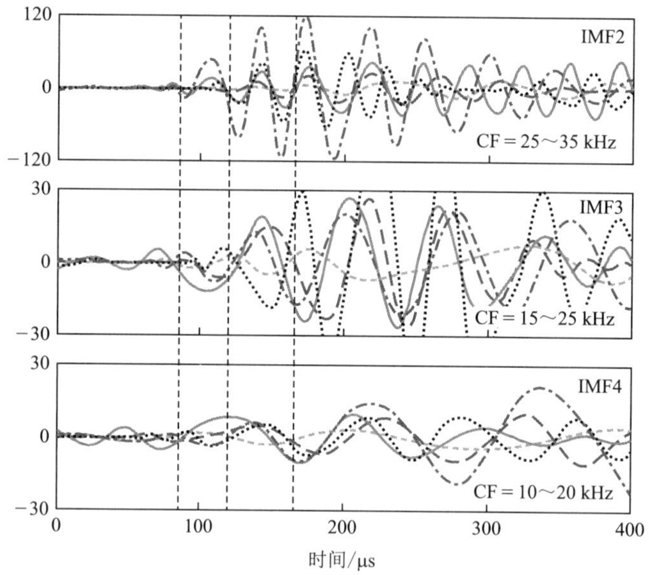

图 3-30(续) 不同孔隙尺寸模型中 R1 接收的原始信号和相应 IMF 分量

射和折射。而 C#10 的孔隙尺寸远小于波长，会在高频下引起更多的散射衰减[3]。因此，与具有较小尺寸孔隙的其他模型相比，在原始波形和具有更高频率信息的 IMF 分量中观察到更多峰值。边际谱进一步支持这些时域内的观测(图 3-31)，并显示了在 20～40 kHz 的频率范围内逐渐增加的衰减。

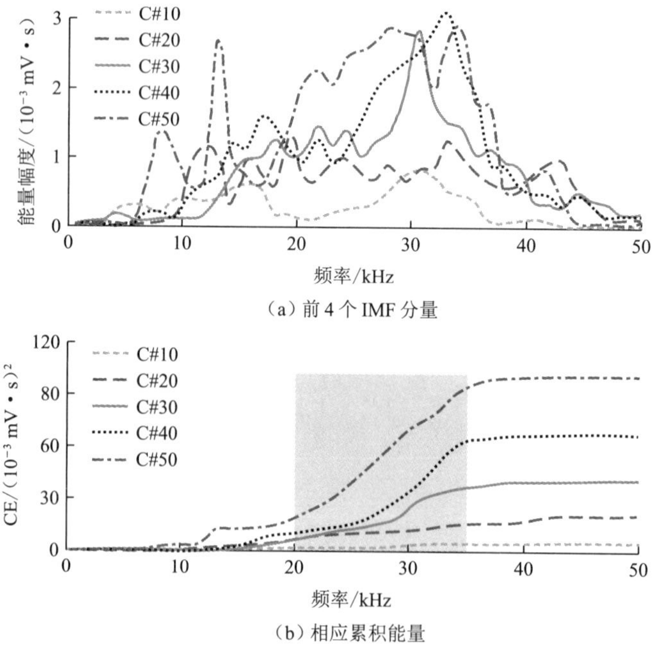

(a) 前 4 个 IMF 分量

(b) 相应累积能量

图 3-31 C 系列模型声波边际谱

3.5　孔隙结构与孔隙流体联合作用机理

在油气藏的开发过程中，常采用一些 EOR 方法，如注水驱油时，储层岩石中的流体性质是变化的。在一些情况下，由于流体-岩石的相互作用和应力状态的改变，储层岩石的弹性性质也是变化的。例如，成岩后的 Ekofisk 白垩岩就在水淹区表现出再压实。孔隙流体和岩石性质的变化在很大程度上会引起岩石纵、横波速度的变化，这对 4D 地震解释和油藏动态监测具有重要影响。相同孔隙度时，碳酸盐岩的速度变化与其孔隙结构密切相关。流体饱和后，碳酸盐岩的弹性模量与速度变化在一定程度上也与孔隙结构有关。本节将在构建中空、多重孔隙结构岩石物理模型的基础上，采用已知孔隙结构人造岩芯进行不同流体饱和条件下的超声波测试，分析孔隙结构与孔隙流体联合作用下碳酸盐岩的弹性模量和速度变化。

3.5.1　Gassmann 方程

在已知干岩芯相关性质时，Gassmann 方程广泛应用于预测流体饱和岩石的弹性性质和速度[33]：

$$K_{sat}=K_{dry}+\frac{\left(1-\frac{K_{dry}}{K_m}\right)^2}{\frac{\phi}{K_f}+\frac{1-\phi}{K_m}-\frac{K_{dry}}{K_m^2}} \tag{3-27}$$

$$\mu_{sat}=\mu_{dry} \tag{3-28}$$

式中，K_{sat}和 μ_{sat}为饱和岩石的体积模量和剪切模量，K_{dry}和 μ_{dry}为干岩芯的体积模量和剪切模量，K_m为组成岩石矿物的体积模量，K_f为孔隙流体的体积模量，ϕ 为岩石孔隙度。

值得注意的是，Gassmann 方程预测流体饱和后岩石的剪切模量保持不变[式(3-28)]。然而，很多在高频条件下测量的碳酸盐岩实验结果表明，碳酸盐岩在被盐水或油饱和后剪切模量发生变化。在这些实验结果中，有些碳酸盐岩的剪切模量增大($\mu_{sat}>\mu_{dry}$)，剪切增强，有些碳酸盐岩的剪切模量减小($\mu_{sat}<\mu_{dry}$)，剪切减弱。Verwer 等[34]测量了 38 块碳酸盐岩岩芯的高频纵、横波速度及其薄片图像，发现盐水饱和后一部分碳酸盐岩岩芯表现为剪切增强，也有一部分岩芯表现为剪切减弱，该实验结果表明盐水饱和后剪切模量的变化与孔隙结构有关。Fabricius 等[35]基于 115 块天然碳酸盐岩岩芯的测试数据，分析了基质结构和频率对 Gassmann 方程预测结果的影响，并采用 IF 模型定量刻画了孔隙内饱和水对等效剪切模量的软化作用。Adam 等[36]在不同频率下测量了碳酸盐岩的纵、横波速度，发现盐水饱和碳酸盐岩在地震频率下剪切模量明显减小，而在超声频率下基本不变。以上研究大多数将剪切模量减小归因于流体-岩石相互作用导致颗粒接触变弱。Baechle 等[37]认为剪切模量增大不一定单纯由频散作用造成。目前，实验观测结果与 Gassmann 方程预测结果之间存在偏差的具体物理机制还不完全清楚[35]。这里尝试采用含中空、多重孔隙结构人造碳酸盐岩岩芯，综合考虑孔隙结构和孔隙流体的影响，研究流体替换后碳酸盐岩的弹性特性与速度

的变化。

3.5.2 含中空、多重孔隙结构岩石的物理模型

1）裂隙模拟

为了研究裂隙介质的声波特性并验证裂隙介质弹性理论模型，Ass'ad 等[38]，Rathore 等[10]和 Tillotson 等[39]制作了含已知裂隙结构的物理模型。Ass'ad 等[38]采用直径约为 3 mm、纵横比为 0.12 的硬币状橡胶片模拟裂隙，测试波长为 20～40 mm。Rathore 等[10]在模型中嵌入圆形铝箔片，并用酸液淋滤溶解形成裂隙，裂隙直径为 5.5 mm，纵横比为 0.004，测试波长为 10～20 mm。Tillotson 等[39]借鉴了 Rathore 等的裂隙模拟方法，但他们模拟裂隙的尺寸为 2 mm，裂隙纵横比为 0.1。在所有这些物理模型中，裂隙都是定向分层排布的。此外，他们各自模拟的纵横比是特定的，制作的模型数量较少。

这里选择与 Rathore 等类似的方法模拟裂隙。裂隙模拟材料选择具有一定抗折性的固体薄片。该薄片在岩芯制备过程中嵌入岩芯骨架，待岩芯成型后，通过物理或化学方法形成中空。通过大量实验可知，效果最好的裂隙模拟材料为易与酸或碱反应生成可溶于水的盐和气体的金属薄片，如铝箔片、薄铁片。岩芯成型后，采用可与金属薄片反应但不与岩芯骨架反应的酸或碱液进行淋滤或浸泡，形成中空的裂隙。模拟常见储层岩石的岩屑-金属薄片-淋滤（浸泡）液体系为：碳酸盐岩岩屑-铝箔片-强碱、砂岩岩屑-铝箔片-强碱或强酸、砂岩岩屑-薄铁片-强酸[40]。

描述裂隙的常用参数有裂隙孔隙度（ϕ_c）、裂隙尺寸（d）、裂隙密度（ε）、裂隙纵横比（AR）等。由于裂隙的张开度很小，裂隙纵横比一般都小于 0.01。根据岩芯中微裂隙的平均尺寸和纵横比，加工成相同尺寸和对应厚度的金属薄片。金属薄片的厚度与其尺寸之比等于微裂隙的纵横比。根据需要模拟的裂隙密度，金属薄片的数量（n）按照下式计算：

$$\varepsilon=\frac{nd^3}{V} \tag{3-29}$$

式中，V 表示人造岩芯的体积。人造岩芯裂隙孔隙度为：

$$\phi_c=\frac{m_1}{\rho_1 V} \tag{3-30}$$

式中，ρ_1 为所用金属片的密度，m_1 为所用金属片的质量。在将铝箔片嵌入岩芯骨架时，需要注意避免铝箔片弯折，以形成较平整的裂隙面。根据模拟目标的不同，嵌入的铝箔片可随机分布，也可平行分布。

人造岩芯用酸或碱液进行淋滤或浸泡时，反应生成的气体是指示反应速度和进程的有效标志。如图 3-32 所示，将含有 45 个铝箔片的碳酸盐岩人造岩芯浸泡在 75 ℃的 4% NaOH 溶液中。其中，人造岩芯为直径 25.4 mm、长度 50 mm 的标准岩芯，铝箔片为直径 3 mm、厚度 20 μm 的圆片。

起初铝箔片与 NaOH 溶液反应较快，生成气泡较多，气泡体积也较大（图 3-32a 和 b）；随着反应的进行，特别是部分铝箔片反应完以后，生成气体减少且变缓（图 3-32c 和 d），该阶段的典型标志是从岩芯中冒出成串的小气泡；当剩余铝箔片较少时，仅能观察到岩芯表面逐个、间断性冒出气泡（图 3-32e）；最后铝箔片完全反应，不再有气泡冒出（图 3-32f）。该岩芯

在碱液中浸泡完成后进行干燥，将岩芯剖开，其中具有代表性的中空裂隙的 SEM 图像如图 3-33 所示，直观地呈现了该人造岩芯的裂隙-孔隙型双重孔隙结构，也表明原先嵌在岩芯骨架中的铝箔片已反应完全[40]。

（a）$t=5$ min　　（b）$t=10$ min　　（c）$t=20$ min

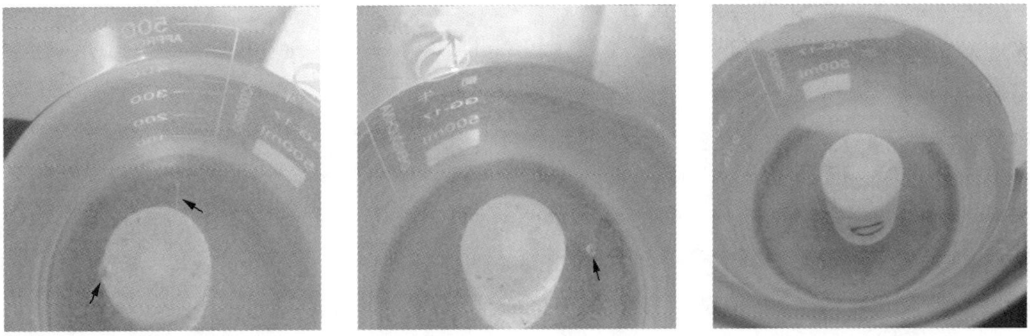

（d）$t=30$ min　　（e）$t=45$ min　　（f）$t=60$ min

图中箭头指示反应生成的气泡。

图 3-32　不同时刻含铝箔片碳酸盐岩人造岩芯与 4%NaOH 溶液的反应情况

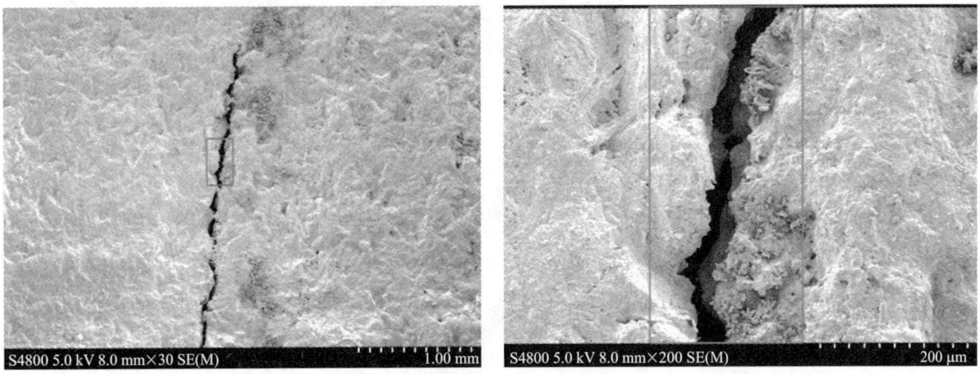

（a）　　（b）

图 3-33　裂隙-孔隙型双重孔隙结构人造岩芯的 SEM 图

2）溶孔模拟

溶孔的纵横比一般大于 0.5，模拟溶孔应选择具有一定抗压强度的固体颗粒。实验效果最好的溶孔模拟材料为易溶于水、不与环氧树脂反应的钠盐、钾盐和铵盐颗粒，如 NaCl

颗粒。根据模拟的溶孔的平均尺寸和数量，在岩芯制备过程中，将相同尺寸和数量的 NaCl 颗粒嵌入岩芯骨架，待岩芯成型后，采用蒸馏水淋滤或浸泡岩芯，将其中的 NaCl 颗粒溶解，形成中空的溶孔。所得人造岩芯中溶孔孔隙度 ϕ_v 为：

$$\phi_v=\frac{m_2}{\rho_2 V} \tag{3-31}$$

式中，ρ_2，m_2 分别为 NaCl 颗粒的密度和质量；V 为人造岩芯的体积。

含 NaCl 颗粒的人造岩芯在用蒸馏水淋滤时，岩芯孔隙中不断饱和水使岩芯质量增大，而 NaCl 颗粒不断溶解又使岩芯质量减小，因此岩芯质量的变化取决于两者的叠加。通过岩芯的质量变化情况，可以判断岩芯中的 NaCl 颗粒是否完全溶解。图 3-34 为粒间孔隙度 19.043% 且含 1.66 g NaCl 颗粒（平均粒径 3 mm）的人造标准岩芯在用 75 ℃蒸馏水淋滤时的质量变化。起初干岩芯快速饱和水，而 NaCl 颗粒与水还没有充分接触，溶解缓慢，岩芯质量增加；随着岩芯含水饱和度的增加，NaCl 颗粒溶解速度加快，岩芯质量减小；之后进入较稳定的饱和水及 NaCl 溶解过程。当 NaCl 颗粒完全溶解，并且岩芯不再饱和水后，岩芯质量不再变化。该岩芯的 CT 扫描合成图像如图 3-35 所示，可以看出其溶孔-孔隙型双重孔隙结构，也证明岩芯中的 NaCl 颗粒已完全溶解。

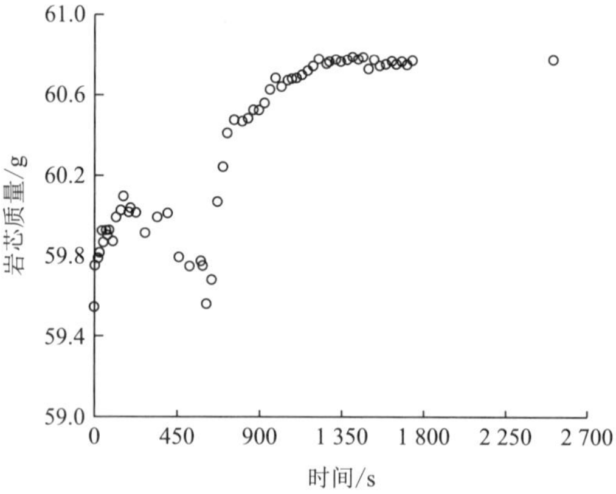

图 3-34 含 NaCl 颗粒人造岩芯在用 75 ℃蒸馏水淋滤时的质量变化

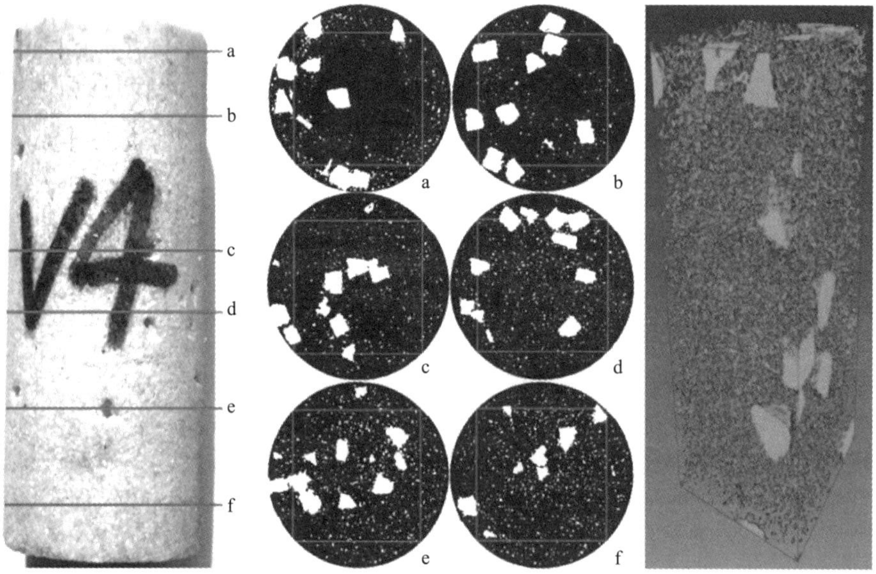

(a) 真实岩芯　　(b) CT 二维图像　　(c) 孔隙三维图像

a～f 代表岩芯不同的截面位置。

图 3-35 溶孔-孔隙型双重孔隙结构人造岩芯直径(25 mm)的 CT 扫描重构图

一般来说，所选无机盐颗粒的溶解度越大、使用的蒸馏水温度越高，将岩芯中无机盐颗粒完全溶解所需的时间就越短。如果类比文中所用裂隙模拟方法，用金属颗粒来形成溶孔，从理论上也是可行的，但实验室内用 75 ℃的 4%NaOH 溶液淋滤含 1.7 g 高纯铝颗粒（平均粒径 2 mm）的碳酸盐岩人造岩芯，将铝颗粒完全反应需要的时间大于 24 h，远大于用蒸馏水溶解相同质量 NaCl 颗粒所需的时间。此外，由于模拟溶孔需要的铝颗粒质量远大于模拟裂缝所需要的铝箔片，反应生产的气体很多，实验中人造岩芯因大量气体的膨胀作用而被破坏[40]。

需要特别说明的是：

（1）制备岩芯时，应先将岩屑与环氧树脂混合均匀，再加入无机盐颗粒和（或）金属薄片，这样环氧树脂先均匀包裹在岩屑颗粒表面，可以有效避免无机盐颗粒或金属薄片被环氧树脂完全包裹而无法被溶蚀。

（2）当制备岩芯的孔隙度和渗透率较低时，采用浸泡方法是很难将内部的 NaCl 颗粒和金属薄片完全溶蚀的，此时需要借助淋滤或驱替装置在岩芯两端形成一定的压力差，使淋滤液渗流通过岩芯，保证岩芯内部 NaCl 颗粒和金属薄片完全溶蚀。

（3）制备的人造岩芯可作为实验研究多重孔隙结构岩石微观渗流机理、声波特性、电特性等的实验岩芯，也可用来评价不同提高油气采收率技术（水驱、聚合物驱、表面活性剂驱等）对多重孔隙结构储层的有效性[40]。

3.5.3　不同流体饱和条件下多重孔隙结构碳酸盐岩人造岩芯的声波特性

根据上述裂隙和溶孔模拟方法，采用平均粒径约 120 μm 的碳酸盐岩岩屑（取自采石场，矿物组成为 33.75%方解石+66.25%白云石），与环氧树脂以质量比 50∶1 均匀混合；在向模具中添加混合物时，随机嵌入预先准备好的圆形铝箔片（直径 3 mm，厚度 20 μm）或 NaCl 颗粒（平均粒径 3 mm），制备了 8 块含不同裂隙或溶孔孔隙度的圆柱形人造岩芯，如图 3-36 所示。人造岩芯直径 d 为(25.4±0.02)mm。

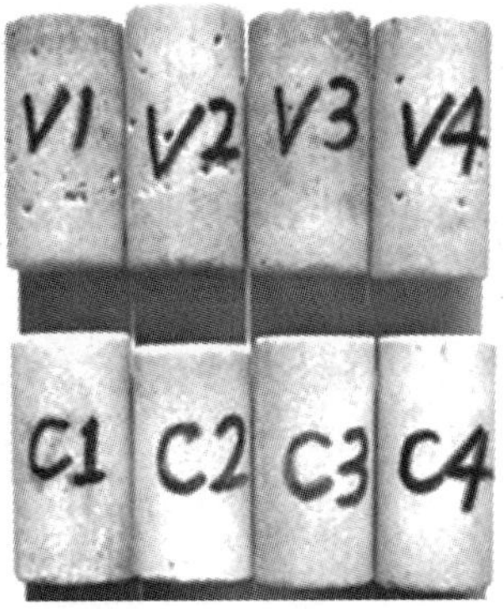

图 3-36　含中空、多重孔隙结构碳酸盐岩人造岩芯

为了保证岩芯声波速度测量结果的可靠性，将岩芯两端磨平，平行度小于 0.01 mm。称量干岩芯的质量（误差±0.01 g），测量岩芯的长度（L，误差±0.02 mm），采用氦孔隙度仪测量岩芯的总孔隙度和固相体积。根据制备岩芯过程中加入的铝箔片的数量、NaCl 颗粒质量，按照式(3-30)和式(3-31)分别计算岩芯的裂缝孔隙度和溶孔孔隙度。岩芯的粒间孔隙度等于氦气测总孔隙度减去次生孔隙度，岩芯的骨架密度等于干岩芯质量除以固相体积。多重孔隙结构碳酸盐岩人造岩芯的基本参数见表 3-7。对于干岩芯，其岩芯骨架组成相同、压实过程相似，应具有相近的骨架密度，表 3-7 中数据给予了证实，这也表明该方法获取的岩石骨架具有可重复性。

采用脉冲透射法对表 3-7 中每一块岩芯进行 3 次超声波速度测试，依次测量了干岩芯和盐水、煤油饱和条件下的纵、横波速度，实验流程如图 3-37 所示。声波测试与数据采集方

表 3-7　含中空、多重孔隙结构碳酸盐岩人造岩芯基本参数

编　号	干岩芯密度 /(g·cm^{-3})	骨架密度 /(g·cm^{-3})	铝箔片数目 /片	NaCl 颗粒质量 /g	次生孔隙度 (裂隙/溶孔)	总孔隙度
C1	2.13	2.76	18	—	9.613×10^{-5}	0.231
C2	2.15	2.75	27	—	1.437×10^{-4}	0.221
C3	2.19	2.77	36	—	1.970×10^{-4}	0.212
C4	2.17	2.76	45	—	2.414×10^{-4}	0.214
V1	2.13	2.75	—	1.45	0.025 0	0.227
V2	2.13	2.73	—	1.66	0.028 2	0.219
V3	2.05	2.75	—	2.90	0.051 8	0.256
V4	1.85	2.70	—	5.80	0.096 7	0.315

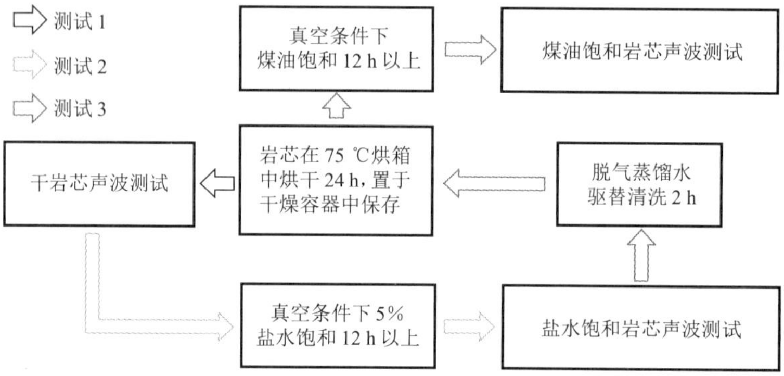

图 3-37　不同流体饱和碳酸盐岩岩芯的声波测试流程

法与 3.2.1 小节中超声波速度测量所述相同。所用盐水的 NaCl 浓度为 1.4 mol/L。所用煤油为常规燃料煤油，密度约为 0.80 g/cm^3。为了保证岩芯完全饱和，将岩芯置于真空筒中充分饱和流体 12 h。测试采用纵波探头中心频率为 0.5 MHz，横波探头中心频率为 0.25 MHz。接收信号采用高通滤波器处理(>0.1 MHz)，波长范围为 17～42 mm，大于模拟次生孔隙的尺寸(约 3 mm)。不同流体饱和下接收到的典型纵、横波波形如图 3-38 所示。

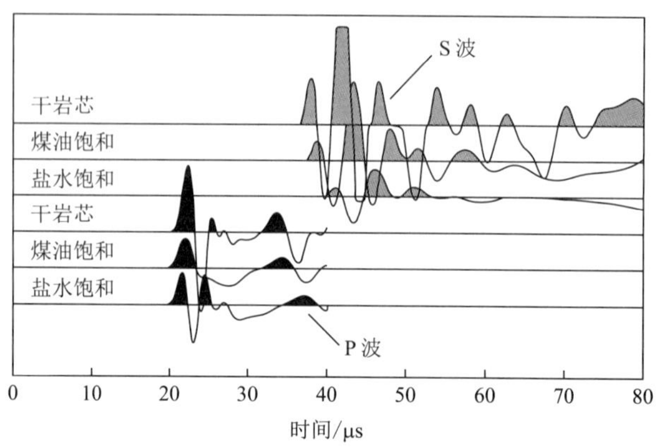

图 3-38　不同流体饱和下碳酸盐岩人造岩芯的纵、横波波形图

由实验测量结果(表 3-8)可知,纵波速度测量误差小于 0.3%,横波速度测量误差小于 1%。

表 3-8　不同流体饱和下碳酸盐岩人造岩芯的速度测试结果

编　号	干岩芯		盐水饱和		煤油饱和	
	$v_p/(m\cdot s^{-1})$	$v_s/(m\cdot s^{-1})$	$v_p/(m\cdot s^{-1})$	$v_s/(m\cdot s^{-1})$	$v_p/(m\cdot s^{-1})$	$v_s/(m\cdot s^{-1})$
C1	3 576	2 097	3 848	2 017	3 809	2 171
C2	3 683	2 137	4 035	2 089	4 012	2 251
C3	3 752	2 186	4 181	2 142	4 157	2 326
C4	3 723	2 171	4 158	2 134	4 135	2 315
V1	4 089	2 451	4 142	2 298	4 112	2 380
V2	4 187	2 531	4 241	2 375	4 207	2 474
V3	3 831	2 329	3 880	2 132	3 896	2 265
V4	3 241	1 994	3 352	1 774	3 378	1 918

3.5.4　孔隙结构与孔隙流体联合作用对碳酸盐岩动态模量和速度的影响

1) 孔隙度和孔隙类型对速度的影响

总体来看,碳酸盐岩人造岩芯的纵、横波速度都随孔隙度的增大而减小,但是相同孔隙度条件下,速度变化范围很大(图 3-39)。在孔隙度 21%~31%范围内,干人造岩芯的纵波速度变化范围为 3 240~4 180 m/s,横波速度变化范围为 1 990~2 530 m/s。在相近孔隙度条件(约 22%)下,纵波速度最大差异为 503 m/s(相对变化 13.7%),横波速度最大差异为 394 m/s(相对变化 18.4%)。单一变量的速度-孔隙度经验关系很难描述复杂孔隙结构碳酸盐岩的速度变化规律。

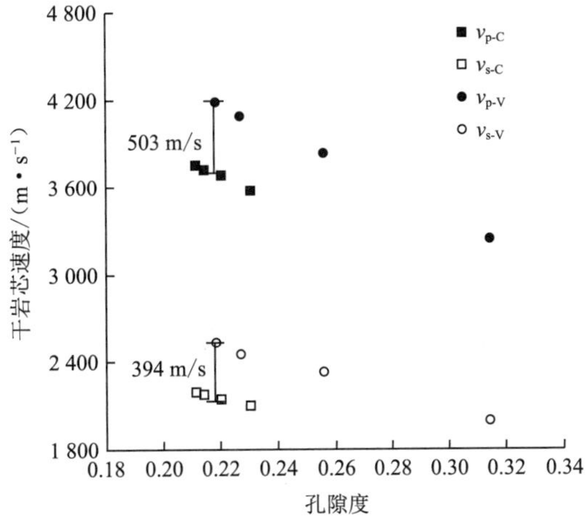

图 3-39　不同孔隙结构碳酸盐岩人造岩芯在干岩芯条件下的纵、横波速度

人造岩芯的次生孔隙类型不同,其速度随孔隙度的变化趋势差别很大。在相同孔隙度条件下,含溶孔岩芯的速度大于含裂隙岩芯的速度(图 3-39)。随着孔隙度的增大,含溶孔岩芯与含裂隙岩芯的速度差异也增大。这是因为裂隙的孔隙刚度小于溶孔,在相同基质和孔隙度条件下,裂隙对骨架的"软化"作用大于溶孔,这与已发表的实验观测结果和基于等效介质理论的数值模拟结果[5,41]吻合。孔隙结构不同是造成碳酸盐岩速度-孔隙度分散的重要内在因素,这进一步肯定了 Eberli 等基于真实岩芯速度、数字图像的统计分析结果以及文中所述实验和数值模拟结果。

2）孔隙流体对速度的影响

定义无量纲速度(v_n)为流体饱和后的速度(v_{sat})与干岩芯速度(v_{dry})之比,以此来定量描述岩芯从空气饱和到盐水或煤油饱和时的速度变化,结果如图 3-40(a)和(b)所示。同时,根据干岩芯的测量数据(密度、孔隙度、速度),按照式(3-27)和式(3-28),计算 Gassmann 方程预测的不同流体饱和时的速度,并将预测结果(v_{pGass},v_{sGass})与实验测量结果(v_{pmeas},v_{smeas})进行比较,如图 3-40(c)和(d)所示。该计算过程中采用的岩芯基质和孔隙流体的参数见表 3-9。

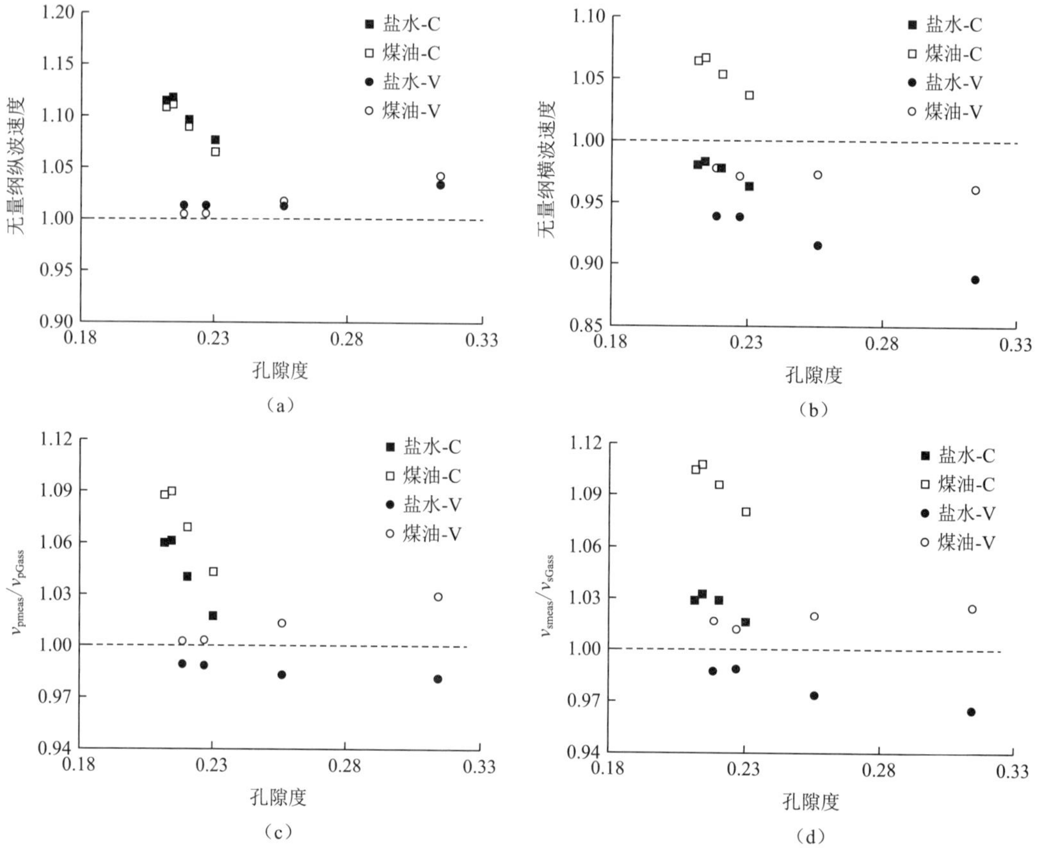

图 3-40　不同孔隙结构岩芯在不同流体饱和时的速度变化

(a)和(b)不同流体饱和时的无量纲纵波速度和横波速度变化;

(c)和(d)实验测量纵波速度、横波速度与 Gassmann 方程预测结果对比

表 3-9　岩芯基质和孔隙流体的密度和弹性模量

材料			ρ/(g·cm^{-3})	K/GPa	μ/GPa
基质	碳酸盐岩岩屑（体积分数 95.46%）	方解石①（体积分数 33.75%）	2.71	79.11	32.04
		白云石②（体积分数 66.25%）	2.87	94.97	45.69
		Hashin-Shtrikman 平均	2.816	89.20	40.55
	环氧树脂③（体积比 4.54%）		1.184	6.324	1.615
	Hashin-Shtrikman 平均		2.742	70.957	31.962
孔隙流体	空气④		0.001 2	0.000 131	0
	盐水③		1.05	2.69	0
	煤油④		0.80	1.40	0

注：① 材料的性质参考[42]中 20 ℃时的结果；② 材料的性质参考[43]；③ 材料的性质在常温常压条件下实验室测量得到；④ 材料的性质参考[3]。

实验结果表明，流体饱和后，岩芯的速度变化可能会高于或低于 Gassmann 方程预期的速度变化。所有岩芯饱和后纵波速度都增大，含裂隙岩芯的纵波速度增大量远大于含溶孔岩芯（图 3-40a）。盐水饱和后，含裂隙岩芯的纵波速度显著增大（平均增大 10.1%），高于 Gassmann 方程预期的速度增大量（图 3-40c），属于速度异常高；含溶孔岩芯的纵波速度略有增大（平均增大 1.8%），但低于 Gassmann 方程预期的速度增大量（图 3-40c），属于速度异常低。煤油饱和后，含裂隙岩芯和含溶孔岩芯的纵波速度平均增大量分别为 9.3%和 1.7%（图 3-40a），均高于 Gassmann 方程的预期值（图 3-40c），属于速度异常高。

值得注意的是，实验测量结果表明岩芯的横波速度在流体饱和后不一定变小（图 3-40b）。盐水饱和后，含裂隙岩芯的横波速度略有减小（平均减小 2.4%，图 3-40b），低于 Gassmann 方程预期的速度减小量（图 3-40d），属于速度异常高；含溶孔岩芯的横波速度显著减小（平均减小 8.0%，图 3-40b），高于 Gassmann 方程预期的速度减小量（图 3-40d），属于速度异常低。煤油饱和后，含裂隙岩芯的横波速度略有增大（平均增大 5.5%，图 3-40b），与 Gassmann 方程预期的速度变化趋势相反，属于速度异常高；含溶孔岩芯的横波速度略有减小（平均减小 2.9%，图 3-40b），低于 Gassmann 方程预期的速度减小量，属于速度异常高。

通过以上分析，有充分理由认为：除了流体密度、流体可压缩性和孔隙度的影响外，一些其他因素，如孔隙类型（内因）、孔隙流体-基质相互作用（外因）应该是导致岩芯饱和后速度变化的重要因素。孔隙结构以及 Gassmann 方程未考虑的流体-岩石相互作用很可能与岩石饱和后的异常速度变化有关。下面进一步讨论这些因素对饱和后动态模量和速度的可能影响机制，并解释流体饱和后速度变化异常的原因。

3）流体饱和后动态模量的变化

根据密度和纵、横波速度测量结果，分别计算干岩芯、盐水饱和岩芯和煤油饱和岩芯的体积模量和剪切模量，结果如图 3-41 所示。

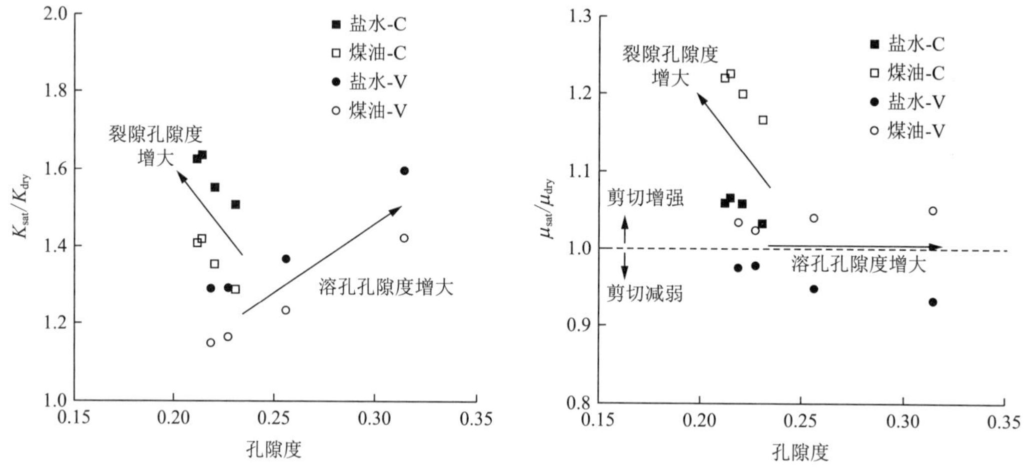

(a) 体积模量变化　　(b) 剪切模量变化

图 3-41　不同流体饱和时的动态弹性模量变化

流体饱和后，岩芯的体积模量都增大，并且盐水饱和后体积模量的增大量大于煤油饱和(图 3-41a)。这主要是因为流体的可压缩性要远小于气体，而盐水的压缩性小于煤油。孔隙流体越难压缩(压缩性越小)，对岩石的体积模量贡献越大。流体饱和后，剪切模量变化情况较为复杂(图 3-41b)：盐水饱和后，含裂隙岩芯的剪切模量增大(剪切增强)，含溶孔岩芯的剪切模量减小(剪切减弱)；而煤油饱和后，含裂隙岩芯和含溶孔岩芯的剪切模量都增大，但含裂隙岩芯的剪切模量增大更明显。Verwer 等的实验结果表明，碳酸盐岩饱和后，其动态模量的变化与孔隙度不相关。从总孔隙度角度来看，本实验结果与 Verwer 等吻合，但是本实验结果还表明流体饱和后，岩芯动态弹性模量的变化量(不论增大还是减小)都与次生孔隙度的大小相关，随着次生孔隙度的增大，弹性模量的变化量也增大。

碳酸盐岩人造岩芯实验结果表明，岩石的剪切模量在流体饱和后会发生变化，这与 Gassmann 方程预测的剪切模量保持不变相冲突。这主要是因为存在流体-岩石的相互作用不符合 Gassmann 方程的假设。盐水饱和时，流体-岩石骨架的相互作用主要体现在以下三方面：① 频散作用。在超声高频状态下，“软”裂隙中的流体处于非松弛状态，没有足够的时间达到压力平衡，使裂隙内流体压力升高，抵制应力波引起的岩石变形，表现出硬化作用。② 黏滞耦合作用。孔隙间压力的不平衡导致流体在两个裂隙面之间的狭窄空间内发生剪切流动，流体单元的上下表面之间发生相对滑动，使流体单元扭转，流体与骨架之间运动不同相位，表现出硬化作用。③ 自由表面能降低。盐水属于极性流体，盐水饱和后会吸附在固体表面，降低活化能，使表面能降低，表现出软化作用。实验结果表明，这三方面的联合作用使含裂隙岩芯在盐水饱和后表现为净硬化作用。一般，频散作用引起的剪切硬化作用较小，只能引起小于 3%～5%的速度变化，因此在高频条件下含裂隙岩芯的黏滞耦合作用是非常活跃的，占主导地位。对于含溶孔的岩芯，由于孔隙空间较大，盐水饱和后，黏滞耦合作用不活跃，而自由表面能降低占主导地位，因此表现为净剪切弱化。

不管是含裂隙岩芯还是含溶孔岩芯，煤油饱和后都表现为净剪切硬化。煤油是非极性流体，因此煤油饱和不会引起显著的自由表面能变化，流体-岩石骨架的相互作用主要为频散和黏滞耦合。含裂隙岩芯的剪切硬化要显著大于含溶孔岩芯，这表明裂隙纵横比小，其黏滞耦合作用比含溶孔岩芯要更活跃。没有表面能降低引起剪切软化的抵消，煤油饱和后岩芯的剪切硬化效果表现得尤为突出。

流体饱和导致的剪切模量变化不仅与流体类型有关，也与孔隙结构有关。虽然这里的分析是基于高频超声波速度的测量结果，但可以确定的是，频散并不能完全解释流体饱和后岩石弹性模量的变化。流体-岩石的相互作用，如黏滞耦合、表面能降低等在低频条件下（声波测井或地震勘探）也是广泛存在的。

4）对 Gassmann 方程应用的影响分析

前面分析了岩石饱和后弹性模量的变化情况，然而许多 AVO 和时移地震分析大都以 Gassmann 方程预测的剪切模量不变为基础，这与实际情况不符。流体饱和后剪切模量是变化的，因此基于 Gassmann 方程预测的饱和岩芯的速度可能会不准确。下面分析剪切模量变化对 Gassmann 方程应用的影响。

根据干岩芯的测量结果（密度、孔隙度和纵横波速度），采用 Gassmann 方程分别计算了盐水、煤油饱和条件下岩芯的纵、横波速度，计算中采用的基质和孔隙流体参数见表 3-9。将 Gassmann 方程预测结果与实验测量结果进行比较，结果如图 3-42 所示。

Gassmann 方程预测的纵波速度与实际值的偏差和流体饱和后岩芯剪切模量的变化密切相关（图 3-42）。对饱和后表现为剪切增强的岩芯，Gassmann 方程预测的纵波速度低于实测纵波速度，即此时 Gassmann 方程低估了岩芯的纵波速度。对于饱和后表现为剪切减弱的岩芯，Gassmann 方程预测的纵波速度大于实测结果，即 Gassmann 方程高估了岩芯的纵波速度。这与 Baechle 等基于 38 块碳酸盐岩天然岩芯的结论吻合。这里的测量结果还表明，剪切模量的变化量与 Gassmann 方程预测速度的偏差正相关。

含溶孔岩芯在盐水饱和后表现出较明显（2%～5%）的剪切弱化，但 Gassmann 方程的纵波预测结果较好（图 3-42a），小于 2%。这很可能是因为频散作用（导致剪切增强）与表面能降低作用（导致剪切减弱）部分相互抵消，因此在超声高频下 Gassmann 方程看起来是有效的，这与 Adam 等[36]在不同频率下的室内观测结果是吻合的。但是在低频条件下，由于

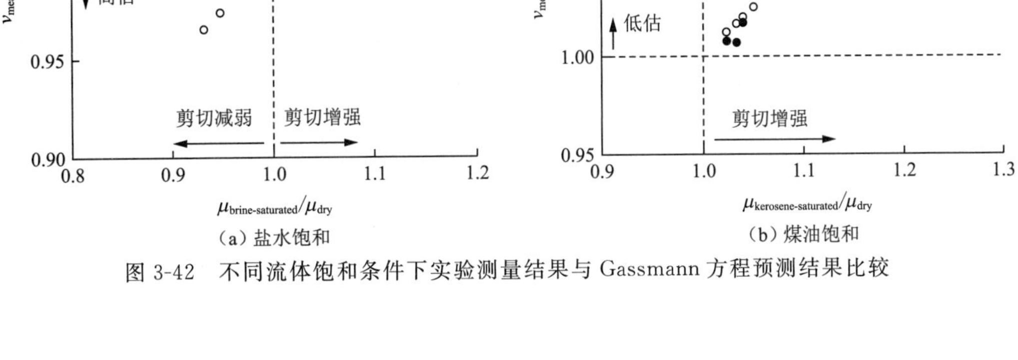

（a）盐水饱和　（b）煤油饱和

图 3-42　不同流体饱和条件下实验测量结果与 Gassmann 方程预测结果比较

频散作用的减弱,盐水饱和引起的表面能减小作用会显现出来,使 Gassmann 方程的预测偏差增大。

在油田开发生产中,通常向目的层中注水驱油以提高采收率。研究结果表明,煤油饱和时,Gassmann 方程预测结果偏低,并且远远低估了含裂隙岩芯的速度(>5%~10%);盐水饱和时,Gassmann 方程低估了含裂隙岩芯的速度,却高估了含溶孔岩芯的速度。因此,对于孔隙结构复杂的碳酸盐岩油气藏,了解其孔隙结构和类型对于合理解释 4D 地震资料是非常重要的。

参考文献

[1] Li T,Wang Z,Gu Y J,et al. Experimental study of fracture structure effects on acoustic logging data using a synthetic borehole model[J]. Journal of Petroleum Science and Engineering,2019,183:106433.

[2] 冯若. 超声手册[M]. 南京:南京大学出版社,1999:119-120.

[3] Mavko G,Mukerji T,Dvorkin J. The rock physics handbook:tools for seismic analysis of porous media [M]. Cambridge:Cambridge University Press,2009:183-194.

[4] Han D H,Nur A,Morgan D. Effects of porosity and clay content on wave velocities in sand stone[J]. Geophysics,1986,51:2093-2107.

[5] Kumar M,Han D H. Pore shape effect on elastic properties of carbonate rocks[C]. 75th SEG Annual Meeting,2005,Expanded Abstracts:1477-1481.

[6] Ruiz F,Dvorkin J. Predicting elasticity in nonclastic rocks with a differential effective medium model [J]. Geophysics,2010,75(1):41-53.

[7] Nur A,Mavko G,Dvorkin J,et al. Critical porosity:the key to relating physical properties to porosity in rocks[C]. 65th Annual International Meeting,1995,SEG,Expanded Abstracts.

[8] Marion D,Mukerji T,Mavko G. Scale effects on velocity dispersion:from ray to effective medium theories in stratified media[J]. Geophysics,1994,59:1613-1619.

[9] Liu Y B,Schmitt D R. The transition between scale domains of ray and effective medium theory and anisotropy:numerical models[J]. Pure and Applied Geophysics,2006,163:1327-1349.

[10] Rathore J S,Fjaer E,Holt R M,et al. P-and S-wave anisotropy of a synthetic sandstone with controlled crack geometry[J]. Geophysical Prospecting,1994,43:711-728.

[11] Shuai D,Wei J,Di B,et al. Experimental study of fracture size effect on elastic-wave velocity dispersion and anisotropy[J]. Geophysics,2018,83(1):49-59.

[12] 李天阳,王子振,王瑞和,等. 含裂缝 VTI 介质的弹性波传播特性研究[J]. 地球物理学进展,2015 (6):2498-2504.

[13] Li T,Wang R,Wang Z,et al. Experimental study on the effects of fractures on elastic wave propagation in synthetic layered rocks[J]. Geophysics,2016,81(4):441-451.

[14] Schmitt D R. Geophysical properties of the near surface earth:seismic properties[G]//Treatise on Geophysics:Second Edition,2015,11:43-87.

[15] Li C F. Rescaled-range and power spectrum analyses on well-logging data[J]. Geophysical Journal International,2003,153(1):201-212.

[16] Huang N E,Wu Z. A review on Hilbert-Huang transform:method and its applications to geophysical studies[J]. Reviews of geophysics,2008,46(2):RG2006.

[17] Fan G, Zhang L M, Zhang J J, et al. Energy-based analysis of mechanisms of earthquake-induced landslide using Hilbert-Huang transform and marginal spectrum[J]. Rock Mechanics and Rock Engineering, 2017, 50(9): 2425-2441.

[18] Bowman D C, Lees J M. The Hilbert-Huang transform: a high resolution spectral method for nonlinear and nonstationary time series[J]. Seismological Research Letters, 2013, 84(6): 1074-1080.

[19] Kuster G T, Toksöz M N. Velocity and attenuation of seismic waves in two-phase media: part Ⅱ. Experimental results[J]. Geophysics, 1974, 39(5): 607-618.

[20] Berryman J G. Single-scattering approximations for coefficients in Biots equations of poroelasticity [J]. The Journal of the Acoustical Society of America, 1992, 91(2): 551-571.

[21] Wyllie M R J, Gregory A R, Gardner G H F. An experimental investigation of factors affecting elastic wave velocities in porous media[J]. Geophysics, 1958, 23(3): 459-493.

[22] Johnston D H, Toksöz M N, Timur A. Attenuation of seismic waves in dry and saturated rocks: Ⅱ. mechanisms[J]. Geophysics, 1979, 44(4): 691-711.

[23] Hardin E L, Cheng C H, Paillet F L, et al. Fracture characterization by means of attenuation and generation of tube waves in fractured crystalline rock at Mirror Lake, New Hampshire[J]. Journal of Geophysical Research, 1987, 92(B8): 7989.

[24] Tang X M, Cheng C H. Borehole Stoneley wave propagation across permeable structures[J]. Geophysical Prospecting, 1993, 41: 165-187.

[25] Shao S, Pyrak-Nolte L J. Wave propagation in isotropic media with two orthogonal fracture sets[J]. Rock Mechanics and Rock Engineering, 2016, 49(10): 4033-4048.

[26] Berryman J G. Mixture theory for rock properties[J]. AGU Handbook of Physical Constants, 1995: 205-228.

[27] Li T, Wang R, Wang Z, et al. Prediction of fracture density using genetic algorithm support vector machine based on acoustic logging data[J]. Geophysics, 2018, 83(2): 49-60.

[28] Wang Z, Schmitt D R, Wang R. Modeling of viscoelastic properties of nonpermeable porous rocks saturated with highly viscous fluid at seismic frequencies at the core scale[J]. Journal of Geophysical Research: Solid Earth, 2017, 122(8): 6067-6086.

[29] Wang Z, Wang R, Wang F, et al. Experiment study of pore structure effects on velocities in synthetic carbonate rocks[J]. Geophysics, 2015, 80(3): 207-219.

[30] Sevostianov I, Kachanov M. Elastic fields generated by inhomogeneities: far-field asymptotics, its shape dependence and relation to the effective elastic properties[J]. International Journal of Solids and Structures, 2011, 48(16-17): 2340-2348.

[31] Ivankina T I, Zel I Y, Lokajicek T, et al. Elastic anisotropy of layered rocks: ultrasonic measurements of plagioclase-biotite-muscovite(sillimanite) gneiss versus texture-based theoretical predictions(effective media modeling)[J]. Tectonophysics, 2017, 712-713: 82-94.

[32] Mavko G M, Nur A. The effect of nonelliptical cracks on the compressibility of rocks[J]. Journal of Geophysical Research Solid Earth, 1978, 83(B9): 4459-4468.

[33] Gassmann F. Über die elastizität poröser medien[J]. Viertel. der Natur. Gessellschaft in Zürich, 1951, 96: 1-23.

[34] Verwer K, Braaksma H, Kenter J A. Acoustic properties of carbonates: effects of rock texture and implications for fluid substitution[J]. Geophysics, 2008, 73(2): 51-65.

[35] Fabricius I, Bächle G T, Eberli G. Elastic moduli of dry and water-saturated carbonates: effect of depositional texture, porosity, and permeability[J]. Geophysics, 2010, 74(3): 65-78.

[36] Adam L,Batzle M,Brevik I. Gassmann's fluid substitution and shear modulus variability in carbonates at laboratory seismic and ultrasonic frequencies[J]. Geophysics,2006,71(6):173-183.

[37] Baechle G T,Eberli G P,Weger R J,et al. Changes in shear moduli of carbonate rocks with fluid substitution[J]. Geophysics,2009,74(3):135-147.

[38] Ass'ad J M,Tatham R H,McDonald J A. A physical model study of microcrack-induced anisotropy [J]. Geophysics,1992,57(12):1562-1570.

[39] Tillotson P,Sothcott J,Best A I,et al. Experimental verification of the fracture density and shear-wave splitting relationship using synthetic silica cemented sandstones with a controlled fracture geometry[J]. Geophysical Prospecting,2012,60:516-525.

[40] 王子振,王瑞和,邱浩,等. 一种多重孔隙结构人造岩心的制备新方法及其应用[J]. 石油物探,2015,54(2):150-156.

[41] Schmitt D R. Geophysical properties of the near surface earth:seismic properties[M]//Schubert G. Treatise on geophysics. 2nd ed. Oxford: Elsevier,2015:43-87.

[42] Lin C C. Elasticity of calcite:thermal evolution[J]. Physics and Chemistry of Minerals,2013,40:157-166.

[43] Sanchez-Valle C,Ghosh,S Rosa A D. Sound velocities of ferromagnesian carbonates and the seismic detection of carbonates in eclogites and the mantle[J]. Geophysical Research Letters, 2011, 38: L24315.

第4章 复杂孔隙结构碳酸盐岩弹性波特性的跨频段数值模拟

目前实验室内测量岩石的声波特性和动态弹性参数以超声频段(约 10^6 Hz)为主,而地震勘探(约 10^2 Hz)、声波测井(约 10^4 Hz)等工程方法都是在较低的频段(图 4-1),建立岩石跨频段弹性波特性之间的关系一直是国际地球物理领域的研究热点。岩石低频动态实验测量难度大,对设备和人员的技术要求高,国内外具备岩石低频动态实验测量能力的实验室较少。碳酸盐岩孔隙结构复杂、非均质性强,孔隙结构和孔隙流体的联合作用使其跨频段弹性波特性关联解释更为复杂、极具挑战。本章将以波动理论、相似原理、岩芯数字图像为基础,建立弹性波在复杂孔隙结构介质中传播的跨频段数值模拟方法(图 4-1),分析不同尺度下复杂孔隙结构碳酸盐岩弹性波传播特性,揭示碳酸盐岩缝洞结构、流体黏度对弹性波频散和衰减的影响规律。

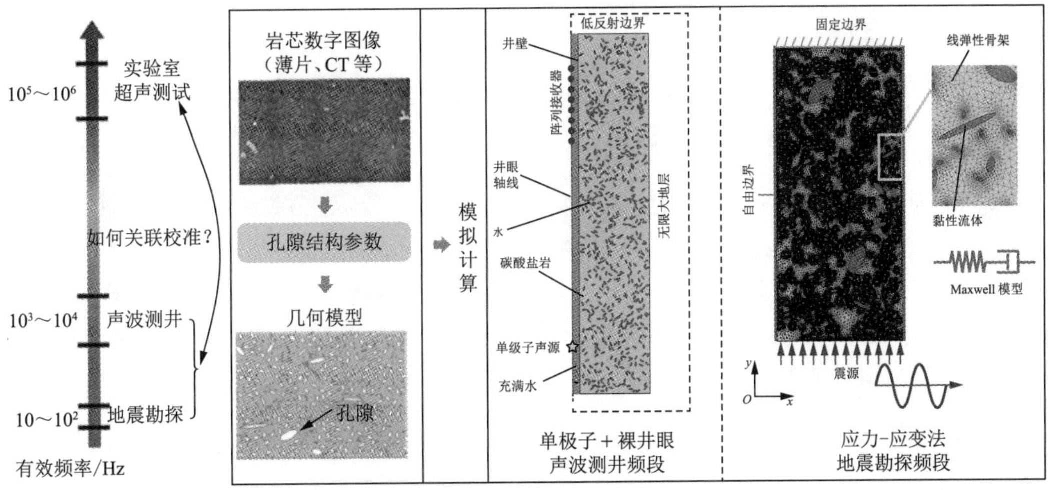

图 4-1 岩石弹性波特性的不同观测频段及复杂孔隙结构介质跨频段数值模拟方法

4.1 弹性波在碳酸盐岩中传播的孔隙尺度数值模拟

4.1.1 相似原理

要进行弹性波传播的孔隙尺度数值模拟，需要先建立包含孔隙的几何模型，并且需要在孔隙中划分一定数量的网格单元，以保证数值模拟结果的可靠性。然而，碳酸盐岩中孔隙形状不规则，平均孔隙尺寸在 10^2 μm 量级，如果按照原始尺寸构建几何模型，网格尺寸将比孔隙尺寸更小，会导致网格单元质量下降、数值计算量增大、动态问题求解不收敛等问题。因此，在构建几何模型时，需要将孔隙尺寸按一定比例放大。这里为实现孔隙尺度数值模拟而进行的等比例放大与地震物理模拟中的等比例缩小具有相同的理论基础，即波动方程的相似原理。

为了使数值模拟结果与实验测量反映的弹性波运动学特征和弹性散射特征相似，应使波长与孔隙尺寸之比相同，几何模型与真实岩芯需满足相似原理。在弹性介质中，波动方程为：

$$\mu\nabla^2\boldsymbol{u}+\left(K+\frac{\mu}{3}\right)\mathrm{grad}(\mathrm{div}\ \boldsymbol{u})=\rho\ \frac{\partial^2\boldsymbol{u}}{\partial t^2} \tag{4-1}$$

式中，K 为介质的体积模量，μ 为介质的剪切模量，ρ 为介质的密度，$\boldsymbol{u}$ 为位移矢量，t 为时间。由式(4-1)可知，为了使模拟介质与实际介质中的波动方程相同，需满足：

$$\frac{\mu}{\mu_{\mathrm{mod}}}=\frac{K}{K_{\mathrm{mod}}}=\frac{\rho}{\rho_{\mathrm{mod}}} \tag{4-2}$$

式中，下标 mod 表示与数值模拟相关的量。当满足式(4-2)时，弹性波在模拟介质中的传播速度 v_{mod} 与在实际岩芯中的传播速度 v 相同，根据几何相似原理应满足：

$$\frac{f}{f_{\mathrm{mod}}}=\frac{\lambda_{\mathrm{mod}}}{\lambda}=\frac{d_{\mathrm{mod}}}{d} \tag{4-3}$$

式中，f，λ 为室内岩芯超声波测试的频率和波长；f_{mod}，λ_{mod} 为数值模拟的频率和波长；d 为岩芯的平均孔隙尺寸；d_{mod} 为几何模型的平均孔隙尺寸。

对于同一块岩芯，测量频率不同，测得的衰减系数也不同。一般随着频率升高，衰减系数增大。在实验室超声脉冲测试条件下，一般波长远大于孔隙尺寸，其散射衰减满足长波长瑞利衰减，散射衰减系数 α_{s} 可表示为：

$$\alpha_{\mathrm{s}}=c_2 d^3 f^4 \quad (\lambda \gg d) \tag{4-4}$$

式中，c_2 为系数。

如果模拟岩芯骨架与实际岩石骨架具有相同的材料属性，则由式(4-3)～式(4-4)可得：

$$\frac{\alpha_{\mathrm{s}}}{\alpha_{\mathrm{s\text{-}mod}}}=\frac{d^3 f^4}{d_{\mathrm{mod}}^3 f_{\mathrm{mod}}^4}=\frac{f}{f_{\mathrm{mod}}} \tag{4-5}$$

根据碳酸盐岩的孔隙结构特征和室内测量岩石声波速度的方法，本节数值模拟中采用的比例因子见表 4-1。

表 4-1　数值模拟的比例因子

参　数	室内岩芯超声波测试	比例因子	数值模拟
速　度	纵波速度 v_p:4 000～6 000 m/s 横波速度 v_s:2 000～3 500 m/s	1∶1	纵波速度 v_p:4 000～6 000 m/s 横波速度 v_s:2 000～3 500 m/s
频　率	纵波频率 f_p:0.5～3 MHz 横波频率 f_s:0.25～1 MHz	10∶1	纵波频率 f_p:0.05～0.3 MHz 横波频率 f_s:0.025～0.1 MHz
波　长	2～10 mm	1∶10	20～100 mm
孔隙纵横比(AR)	AR=0.01～1	1∶1	AR_{mod}=0.01～1
孔隙尺寸	10～10^3 μm	1∶10	0.1～10 mm
波长/孔隙尺寸(λ/d)	一般大于 10	1∶1	20
衰减系数(待求)	α_s	10∶1	$\alpha_{s\text{-}mod}$

注:碳酸盐岩无法获取含大尺寸裂缝、溶洞的代表性岩芯,因此实验室测量的孔隙尺寸范围比实际地层的孔隙尺寸范围小。

4.1.2　二维多孔介质几何模型的构建

1) 基本假设

(1) 天然碳酸盐岩中的孔隙形状不规则,尺寸分布范围大。在几何模型中采用不规则的孔隙形状很可能会导致孔隙尖角、交叉点等位置划分网格单元失败或数值计算出现奇点,需要在数值模拟结果准确性和复杂性之间寻找平衡点。这里采用椭圆形孔代替不同形状的孔隙,通过椭圆的半长轴、纵横比控制孔隙的几何形状与尺寸。

(2) 所有椭圆孔隙在二维空间内互不相交、随机均匀分布,椭圆孔隙长轴方向在[0°,360°]内随机均匀分布。

(3) 为了使数值模拟得到的结果与实际介质中的波动力学特性(振幅及衰减等)相似,遵循几何相似原理和动力学相似性将真实岩芯和孔隙按照适当比例进行放大。

2) 二维区域内生成大量随机孤立椭圆的算法

如图 4-2 所示,对平面内任意椭圆,中心点为(x_0,y_0),半长轴为 a,半短轴为 b,长轴与 x 轴夹角为 θ,与其对应的椭圆方程为:

$$(x-x_0\quad y-y_0)\boldsymbol{ACA}^{\mathrm{T}}\begin{pmatrix}x-x_0\\y-y_0\end{pmatrix}=1 \tag{4-6}$$

式中,$\boldsymbol{A}=\begin{pmatrix}\cos\theta & -\sin\theta\\ \sin\theta & \cos\theta\end{pmatrix}$,$\boldsymbol{C}=\begin{pmatrix}\frac{1}{a^2} & 0\\ 0 & \frac{1}{b^2}\end{pmatrix}$。

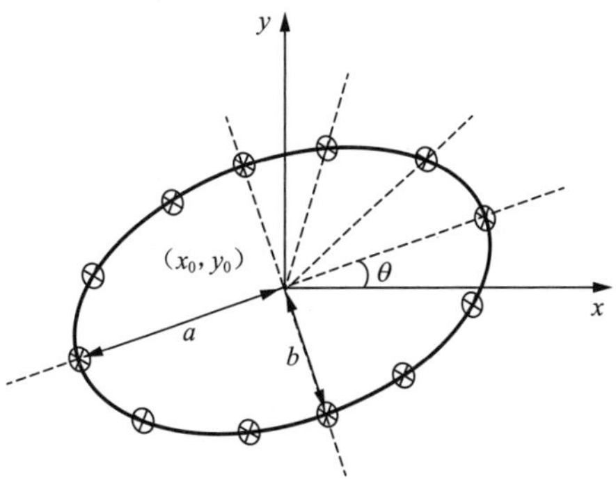

图 4-2　平面内任意椭圆及控制参数示意图

为了构建复杂孔隙结构岩石的几何模型,需要在指定平面区域内生成大量随机分布、互不相交的椭圆,其关键是判断新生成的椭圆是否在所有已经生成椭圆的外部。根据椭圆方程,平面内任一点(x,y)是否在椭圆内判断准则为：

$$\begin{cases}\Omega(x,y)=(x-x_0 \quad y-y_0)\boldsymbol{ACA}^{\mathrm{T}}\begin{pmatrix}x-x_0\\ y-y\end{pmatrix}-1\\ \Omega(x,y)>0, \quad 点(x,y)在椭圆外\\ \Omega(x,y)<0, \quad 点(x,y)在椭圆内\\ \Omega(x,y)=0, \quad 点(x,y)在椭圆上\end{cases} \tag{4-7}$$

根据式(4-6)和式(4-7)设计二维区域内生产大量随机孤立椭圆的算法，并基于AutoCAD软件进行二次开发编写计算机程序，实现计算机画图（图4-3）。程序流程如图4-4所示。

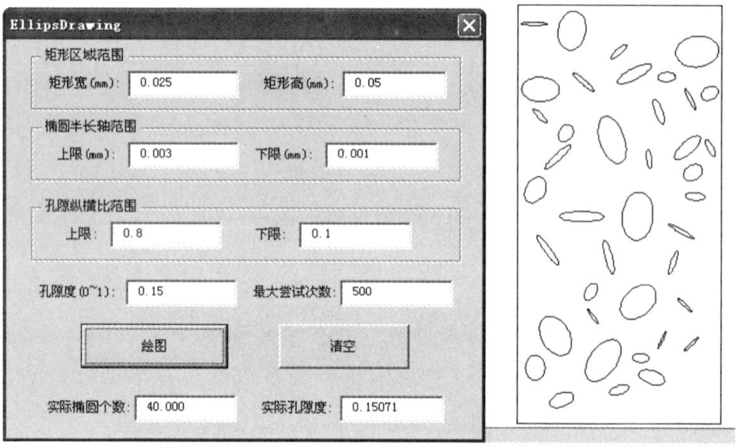

图4-3　基于AutoCAD二次开发的画图程序

3）几何模型构建方法

构建反映天然岩芯孔隙结构特征的二维几何模型，需要以天然岩芯的孔隙结构数据为基础。图4-4中的数据准备主要指孔隙建模数据，包含所有椭圆孔的半长轴和纵横比。获取孔隙建模数据有两种方法。一种方法是通过岩芯数字图像（如CT、SEM、岩芯薄片图像等）提取。根据岩芯数字图像提取椭圆孔参数需要两步完成[1]：

（1）从岩芯数字图像中获取尺寸大于平均值的孔，尺寸按照相似比扩大，纵横比不变。这部分孔隙一般为岩芯中尺寸较大的次生孔隙，如溶孔、铸模孔、裂隙等，是影响岩石声波特性的重要因素。

（2）添加具有平均纵横比、平均尺寸的椭圆孔，再将这些椭圆孔的尺寸按照相似比扩大，控制该类椭圆的数量以满足岩芯孔隙度要求。这部分孔隙反映了岩芯中数量最多的孔隙（一般为原生孔隙）的基本特征。这样得到的几何模型不仅反映了岩芯的整体孔隙结构，也包含了对孔隙度贡献较大的大孔隙信息。

另一种方法是参考毛管压力曲线、岩芯粒度分析、NMR曲线等确定岩芯的孔隙尺寸分布（图4-5），并根据不同的孔隙类型估计其孔隙纵横比。这种方法不会破坏岩芯，在缺少岩芯数字图像的情况下是一种有效的替代方法。

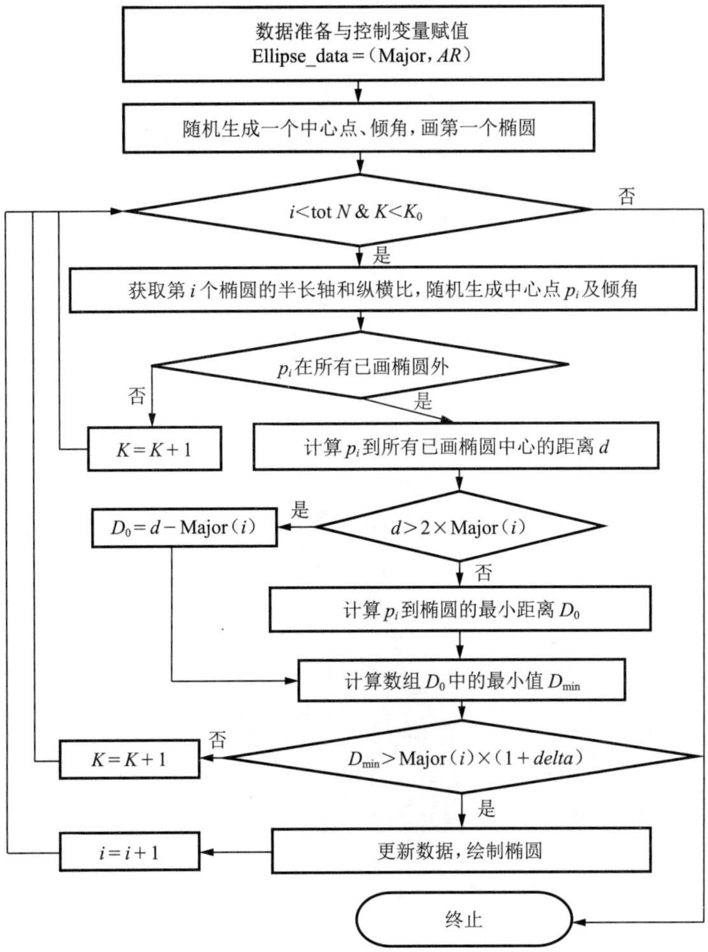

tot N—所需椭圆总数(目标椭圆总数);K—对某一个 p_i 尝试画椭圆的最大次数;*delta*—避免椭圆相交的余量。

图 4-4 二维区域内生成大量随机孤立椭圆的算法流程图

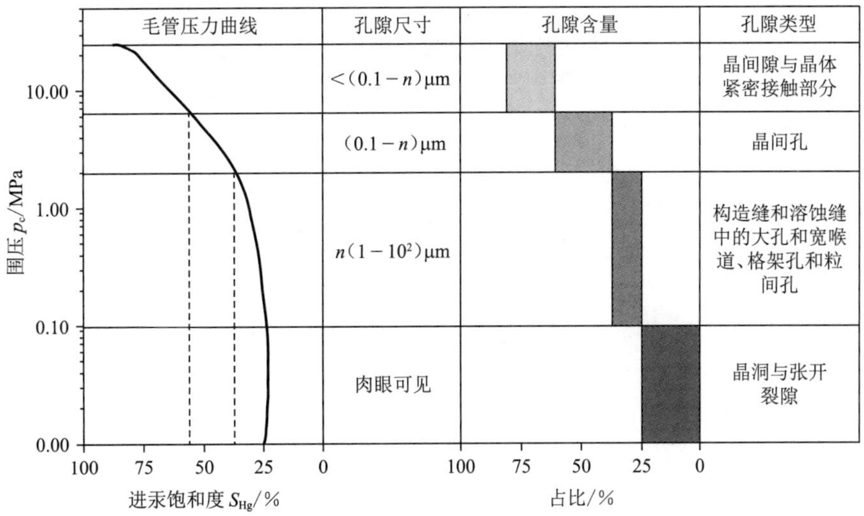

n 代表 1～9 的自然数。

图 4-5 基于毛管压力曲线的孔隙特征分析[2]

两种方法相比较而言,基于岩芯数字图像分析构建的几何模型能获得更可靠的模拟结果。这是因为:

(1) 孔隙纵横比是反映孔隙形状的一个重要参数,但是从毛管压力曲线中无法获得孔隙纵横比信息,需要人为判断可能的孔隙类型,进而对孔隙纵横比赋值,这是造成模拟结果误差和不确定性的重要原因。

(2) 碳酸盐岩岩芯中可能存在一些孤立的孔隙,它们不能通过毛管压力曲线反映出来,但是可以比较容易地从岩芯数字图像中观测到。

基于岩芯数字图像构建的具有代表性的多孔介质二维几何模型如图 4-6 所示,该二维几何模型可基于有限元前处理软件(如 HyperMesh 等)采用三角形网格单元完成网格剖分。在数值模拟计算准确度和计算速度间权衡后,网格数量一般控制在 $10^5 \sim 10^6$ 个。

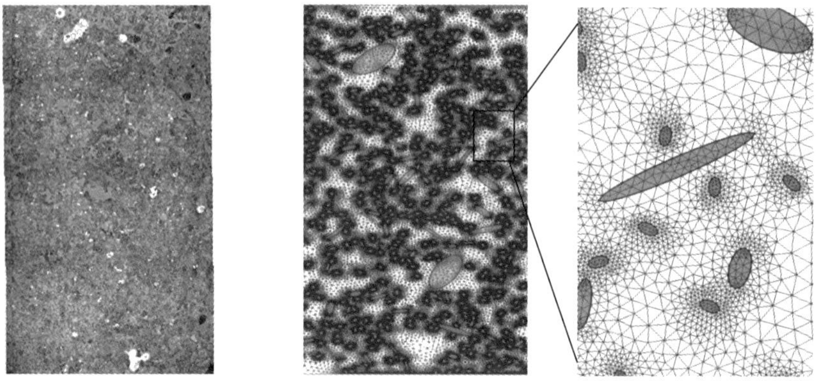

(a) 岩芯薄片图像　　(b) 网格剖分后的二维几何模型

图 4-6　基于岩芯数字图像的多孔介质二维几何模型

4.1.3　孔隙尺度数值模拟方法

1) 数学模型描述

模拟岩芯可以分为固体基质和孔隙流体两部分,固体基质为均匀各向同性弹性材料,孔隙内饱和不可压缩流体。如图 4-7 所示,在模拟岩芯的一端施加脉冲载荷作为震源,其余 3 个边界做低反射处理,并在震源对侧边界等间距设置接收点。为了消除左右边界对接收点信号的影响,最外侧接收点到左右边界的距离大于脉冲信号的 0.5～1 倍波长。

根据弹性力学和牛顿第二定律,固体基质区域的基本方程为:

$$\sigma_{ij} = c_{ijkl}\varepsilon_{kl} \tag{4-8}$$

$$\varepsilon(\boldsymbol{u}) = \frac{1}{2}(\nabla \boldsymbol{u} + \nabla \boldsymbol{u}^{\mathrm{T}}) \tag{4-9}$$

$$\rho_{\mathrm{m}} \frac{\partial \boldsymbol{u}}{\partial t^2} - \nabla \cdot \boldsymbol{\sigma} = \boldsymbol{F} \tag{4-10}$$

式中,σ_{ij} 为应力张量($\boldsymbol{\sigma}$)的元素;ε_{kl} 为应力张量($\boldsymbol{\varepsilon}$)的元素;c_{ijkl} 为基质刚度系数张量;$\boldsymbol{u}(x, y) = (u_x, u_y)$ 是 xOy 平面内的位移;ρ_{m} 为固体基质的密度,$\mathrm{kg/m^3}$;$\boldsymbol{F}$ 为震源施加的应力。

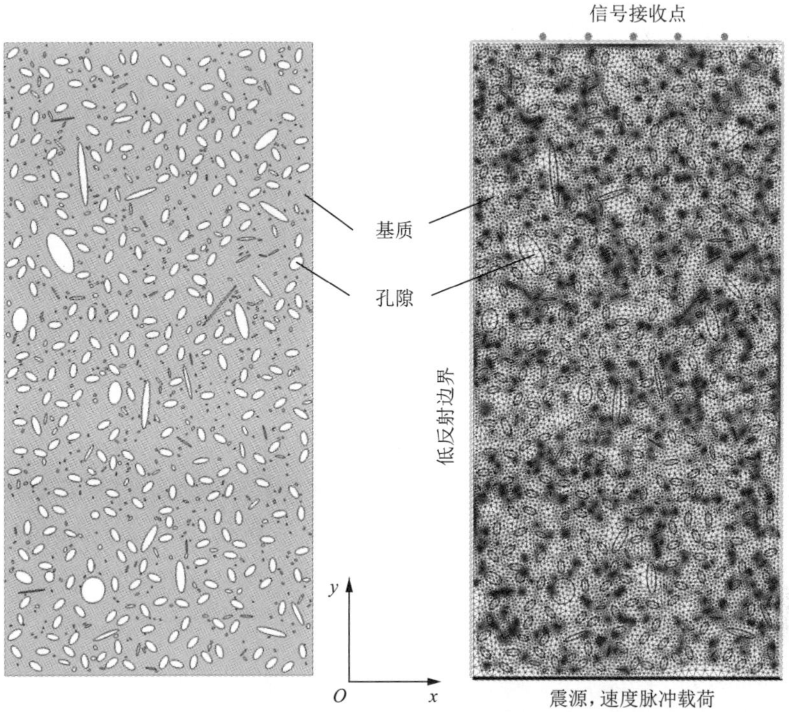

图 4-7　弹性波在二维多孔介质中传播的数值模型

在模拟复杂多孔介质中弹性波速度特性时，孔隙流体区域的运动方程为：

$$\frac{1}{\mu_f}\frac{\partial p_t}{\partial t^2}+\nabla\cdot\left[-\frac{1}{\rho_f}(\nabla p_t-q)\right]=Q \tag{4-11}$$

$$p_t=p+p_b \tag{4-12}$$

式中，ρ_f为孔隙流体的密度，kg/m^3；μ_f为孔隙流体的剪切模量，Pa；p_b为流体区域的背景压力，Pa；p 为弹性波引起的压力波动，Pa；p_t为总压力，Pa；q 为偶极子震源，N/m^3；Q 为单极子震源，1/s^2。在本节数值模拟中，背景压力、偶极子震源和单极子震源均设置为零。

在信号发射端施加频率为 f_{mod}的脉冲激励信号，产生纵波脉冲：

$$\boldsymbol{u}(x,0)=\begin{cases}A_0\sin(2\pi f_{mod}t) & \left(t\leqslant\dfrac{1}{f_{mod}}\right)\\ 0 & \left(t>\dfrac{1}{f_{mod}}\right)\end{cases} \tag{4-13}$$

式中，A_0 为震源脉冲幅值。

在流-固相互作用边界，保持应力连续和加速度连续，将骨架的应力场与流体压力耦合：

$$-\boldsymbol{n}\left[-\frac{1}{\rho}(\nabla p_t-\boldsymbol{q})\right]=-\boldsymbol{n}\frac{\partial^2\boldsymbol{u}}{\partial t^2} \tag{4-14}$$

$$\sigma\boldsymbol{n}=p_t\boldsymbol{n} \tag{4-15}$$

式中，ρ 为模拟岩芯密度，kg/m^3；$\boldsymbol{n}$ 为边界单位法向量。

在低反射边界，根据邻近单元格的数据，施加一个合适的阻抗，使弹性波从模拟区域的边界传播出去而基本无反射：

$$\sigma \boldsymbol{n}=-\rho c_{\mathrm{p}}\left(\frac{\partial \boldsymbol{u}}{\partial t}\boldsymbol{n}\right)\boldsymbol{n}-\rho c_{\mathrm{s}}\left(\frac{\partial \boldsymbol{u}}{\partial t}\boldsymbol{\tau}\right)\boldsymbol{\tau} \tag{4-16}$$

式中，$\boldsymbol{\tau}$ 为边界单位切向量；c_{p}，c_{s}为邻近质点的压缩和剪切振动速度。

数值模拟的初始条件为：

$$\begin{cases}\boldsymbol{u}(x,y)\big|_{t=0}=0\\ \left.\dfrac{\partial \boldsymbol{u}(x,y)}{\partial t}\right|_{t=0}=0\end{cases} \tag{4-17}$$

在多孔介质几何模型的基础上，采用有限元方法对式(4-8)～式(4-17)描述的定解问题进行数值求解。为了加快收敛速度，采用对称连续超松弛迭代法(SSOR)进行预处理，采用广义最小余量法(GMRES)求解线性方程组，迭代收敛准则小于 10^{-4}。为了控制数值计算误差在可接受范围内，时间步长取脉冲信号周期的 1/50～1/25，有限元网格的最大尺寸为波长的 1/8。模型求解时间与网格数量、时间步数、计算机硬件密切相关。对于普通的计算机(i5-2320 处理器，8 GB 内存，64 位处理系统)，求解一个含 10^5 个网格、100 个时间步的模型，需要大约 30 min。求解获得不同时刻模拟岩芯的位移场 $\boldsymbol{u}(x,y)$后，可提取接收点位移、速度随时间变化的数据，即接收信号。

2）数据处理方法

(1) 速度计算方法。

震源脉冲在经过模拟区域时存在衰减，使得接收信号波形发生变化，初至信号波峰起跳缓慢，初至时间具有较强的不确定性，这是影响速度计算精度的主要限制因素。下面采用波形互相关的方法确定接收信号的初至时间，两个波列的互相关函数 $R_{1,2}$ 为：

$$R_{1,2}(t_{\mathrm{s}})=\frac{\int_{t-t_{\mathrm{w}}}^{t+t_{\mathrm{w}}}\boldsymbol{u}_1(t')\boldsymbol{u}_2(t'+t_{\mathrm{s}})\mathrm{d}t'}{\left[\int_{t-t_{\mathrm{w}}}^{t+t_{\mathrm{w}}}\boldsymbol{u}_1^2(t')\mathrm{d}t'\int_{t-t_{\mathrm{w}}}^{t+t_{\mathrm{w}}}\boldsymbol{u}_2^2(t'+t_{\mathrm{s}})\mathrm{d}t'\right]^{0.5}} \tag{4-18}$$

式中，$\boldsymbol{u}_1$，$\boldsymbol{u}_2$为两个波列；$2t_{\mathrm{w}}$为时间窗长度；t 为时间窗的中心位置；t_{s}为互相关计算中用到的时间延迟。

选取 $\boldsymbol{u}_1$为参考信号，其初至时间 $t_{0\text{-ref}}$已知，$\boldsymbol{u}_2$为接收信号。时间窗要包含第一个波峰的上升段。取一系列 t_{s}值，按照式(4-18)分别计算 $R_{1,2}$，使得 $R_{1,2}$取最大值的 t_{s}值为两波列之间的时间延迟 t_{delay}(图 4-8)，即

$$t_{\mathrm{delay}}=\{t_{\mathrm{s}}\mid \max(R_{1,2})\} \tag{4-19}$$

则接收信号的初至时间 t_0 为：

$$t_0=t_{0\text{-ref}}+t_{\mathrm{delay}} \tag{4-20}$$

如果震源的时间延迟为 0，则弹性波在模拟岩芯中的传播速度 v_{mod}为：

$$v_{\mathrm{mod}}=\frac{L}{t_0} \tag{4-21}$$

式中，L 为模拟岩芯的长度，m。

本节数值模拟中，在相同边界条件和初始条件下，将采用相同尺寸和材料参数的无孔隙($\phi=0$)基质模拟得到的接收信号作为参考信号，并以此确定在不同孔隙结构条件下接收信号的初至时间，计算速度。

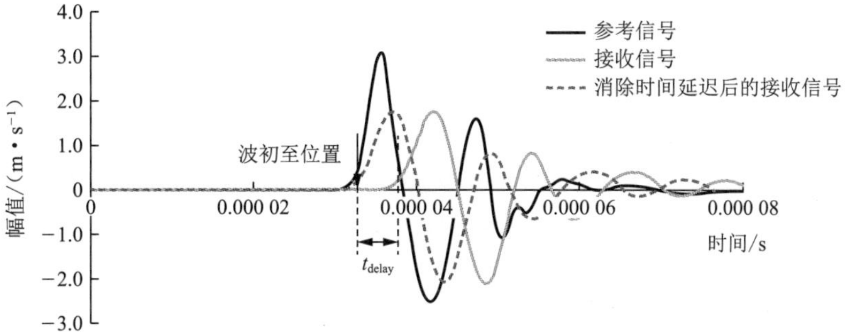

(a) 纵波

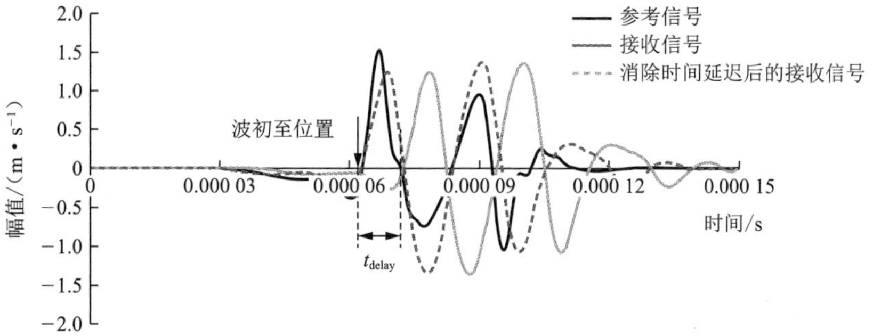

(b) 横波

图 4-8　波形互相关法确定接收信号初至时间

(2) 衰减系数计算方法。

数值模拟(图 4-7)中,采用线震源激发,边界设为低反射边界,因此在岩芯中传播的波可认为是平面波。平面波在传播过程中波阵面没有增大,不需要考虑几何扩散衰减,其振幅随传播距离的变化遵循指数衰减规律,因此模拟岩芯的衰减系数 α_{mod} 为:

$$\alpha_{mod} = \frac{\ln A_0 - \ln A}{l} \tag{4-22}$$

式中,A_0 为激励信号的幅值,m/s;A 为模拟岩芯接收信号的幅值,m/s;l 为岩芯的长度,m。

采用尺寸相同、基质材料相同、边界条件相同的无孔隙岩芯作为参考,则参考岩芯的衰减系数 $\alpha_{ref\text{-}mod}$ 为:

$$\alpha_{ref\text{-}mod} = \frac{\ln A_0 - \ln A_{ref}}{l} \tag{4-23}$$

式中,A_{ref} 为参考岩芯接收信号的幅值,m/s。

式(4-22)减去式(4-23)为单纯由孔隙散射引起的衰减:

$$\alpha_{s\text{-}mod} = \frac{\ln A_{ref} - \ln A}{l} \tag{4-24}$$

由于纵波的衰减,接收信号不再是规则的正弦波,取接收信号的第一个正峰值作为其幅值,按照式(4-24)计算散射衰减系数。

4.1.4 模拟方法的可靠性验证

1）可重复性验证

几何模型构建时，椭圆孔是随机分布的，因此对孔隙结构参数相同的两个模型而言，其模拟结果可能会因椭圆孔空间分布的差异而有所差别。椭圆孔空间分布对模拟结果影响的大小可以通过多次随机模拟实验进行估计。保持椭圆半长轴为 3 mm，纵横比为 0.55，在孔隙度 8%，12%，16%的条件下分别进行 10 次随机建模。其中一个模型（$\phi=12\%$）的接收信号如图 4-9 所示。图中信号 1～10 为孔隙度 12%对应的 10 个随机模型中计算得到的接收信号，信号 0 为参考信号，信号 1～10 峰值时间基本对齐，首波幅值相近，表明模拟结果可重复性好。不同孔隙度条件下 10 次随机模拟计算的纵波速度和散射衰减系数结果如图 4-10 和图 4-11 所示，图中误差线为 5%。

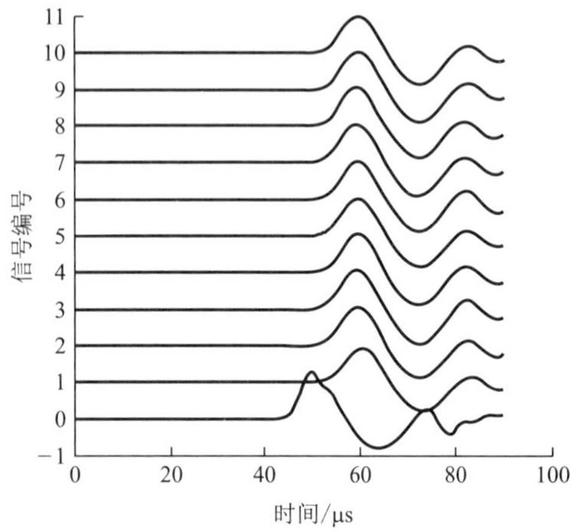

图 4-9 孔隙度 12%时 10 次随机建模的接收信号及参考信号

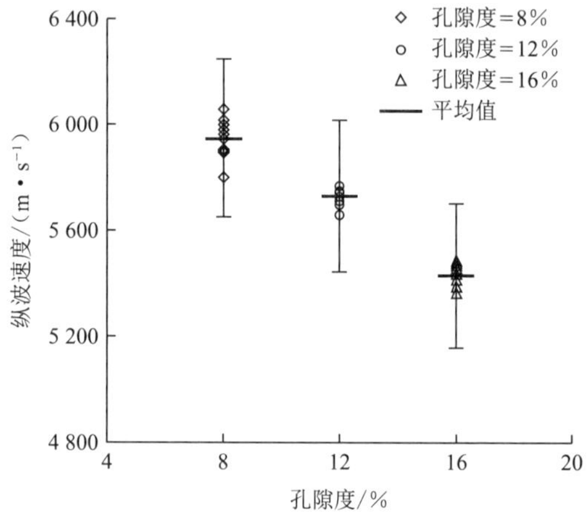

图 4-10 不同孔隙度时重复随机模拟的纵波速度结果

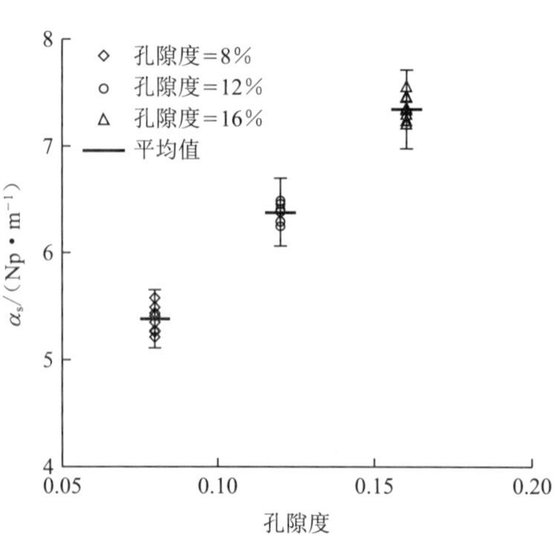

图 4-11 不同孔隙度时重复随机模拟的散射衰减系数结果

从图 4-10 和图 4-11 可以看出，随着孔隙度增大，模拟纵波速度和散射衰减系数的分散性减弱，孔隙空间分布对数值模拟结果的影响变小。在模拟孔隙度范围内，孔隙的空间分布对模拟结果的影响小于 5%。这表明，在孔隙随机均匀分布条件下，岩石衰减系数的数值模拟结果无论在单点还是在整体变化规律上都具有很好的可重复性，这为分析孔隙结构参数对岩石弹性波衰减的影响奠定了基础。

2）准确性验证

Weger 等[3]对已经完成速度测试的 120 块碳酸盐岩岩芯进行了数字图像采集，并基于岩芯数字图像分析计算了一系列孔隙结构参数（如孔隙度、孔隙纵横比、孔隙尺寸、比表面积等），其实验数据可对本书的数值模拟方法进行验证。选取其中矿物组成单一、孔隙形状较简单（$PoA<50\ \mu m^{-1}$）的 7 块岩芯作为数值模拟验证岩芯。这 7 块岩芯的骨架密度为 2.66～2.72 g/cm^3，方解石含量>95%，岩芯直径为 25.4 mm，岩芯长度为 25.4～50.8 mm，其基本测量数据见表 4-2。作为对比，收集 209 块已发表的碳酸盐岩岩芯速度测量数据[4-6]，筛选标准为岩芯骨架方解石含量>90%，得到的速度-孔隙度分布如图 4-12 所示。图 4-12 中五角星所示的数据点来自 7 块验证岩芯。从图中可以看出，用于模型验证的 7 块岩芯的孔隙度和速度相对分散，覆盖了较大范围的碳酸盐岩速度-孔隙度分布区域。

表 4-2　用于模型验证的岩芯测量数据*

岩芯编号	孔隙度 /%	v_p /(m·s^{-1})	v_s /(m·s^{-1})	骨架密度 /(g·cm^{-3})	PoA /μm^{-1}	$DomSize$ /mm	d_{max} /mm	d_{mean} /mm	纵横比
C5-B58	21.79	4 703	2 588	2.72	34.3	0.560	1.890	0.066 6	0.54
C5-B60	25.73	4 555	2 303	2.7	29.9	0.680	2.399	0.071 7	0.53
C5-B72	15.88	4 628	2 587	2.7	41.7	0.519	1.518	0.059 2	0.49
C5-B74	23.57	4 362	2 393	2.7	18.4	1.200	2.239	0.121 5	0.54
C5-L44	21.77	5 407	2 918	2.66	25.6	0.874	2.878	0.092 2	0.53
C5-M66	12.95	5 604	2 903	2.69	36.1	0.521	1.834	0.075 2	0.54
C5-M67	22.54	4 285	2 392	2.71	43	0.685	2.675	0.057 4	0.53

注：速度为水饱和岩芯在 20 MPa 围压下采用中心频率约 1 MHz 超声波测量结果，其中 v_p 为纵波波速，v_s 为横波波速；PoA 为孔隙周长与面积比；$DomSize$ 为累积孔隙面积百分比为 50% 对应的等效孔隙直径；d_{max} 为最大孔隙尺寸；d_{mean} 为平均孔隙尺寸。

用于模型验证的 7 块岩芯的薄片图像如图 4-13 所示，在岩芯数字薄片基础上，提取孔隙结构信息。取相似比为 10，根据相似原理构建的对应模拟岩芯的几何模型如图 4-14 所示，确定几何模型参数与震源频率（表 4-3）。图 4-14 所示模拟岩芯几何模型与图 4-13 对应的真实岩芯薄片图像在表面上看不出明显的相似，但是它们的孔隙度相同，孔隙尺寸和孔隙几何参数（纵横比等）在统计学意义上具有相似性。数值模拟中采用的介质弹性参数见表 4-4。7 块岩芯的模拟速度如图 4-15 所示，图中误差线为 5%。从图 4-15 可以看出，数值模拟得到的岩芯纵、横波速度与实验测量结果吻合良好，最大偏差小于 6%，这说明该数值模拟方法在孔隙形状相对简单的条件下可获得准确可靠的结果。

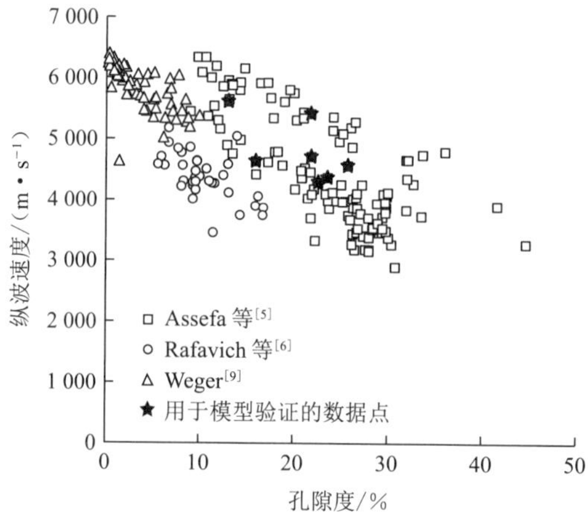

图 4-12 碳酸盐岩(方解石含量>90%)的速度-孔隙度关系

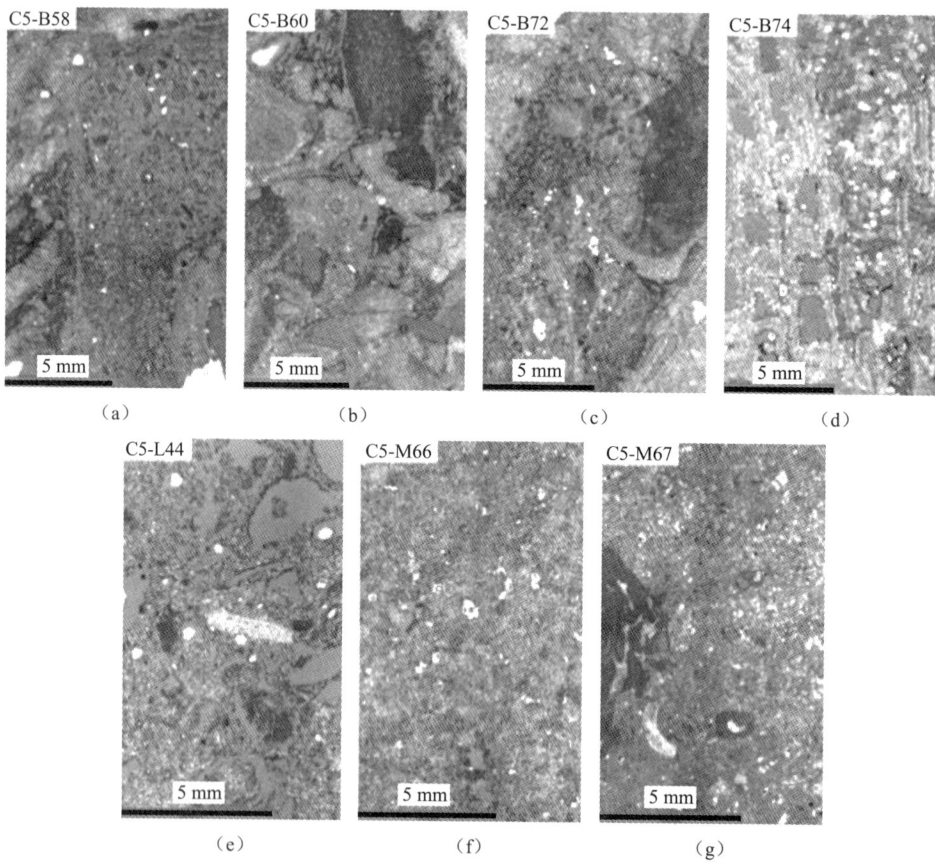

图 4-13 用于模型验证的 7 块岩芯的薄片图像

4.1.5 孔隙结构对碳酸盐岩弹性波速度的影响

在本节中,数值模拟采用的基质和孔隙流体参数见表 4-4。如果没有特别说明,基质纵

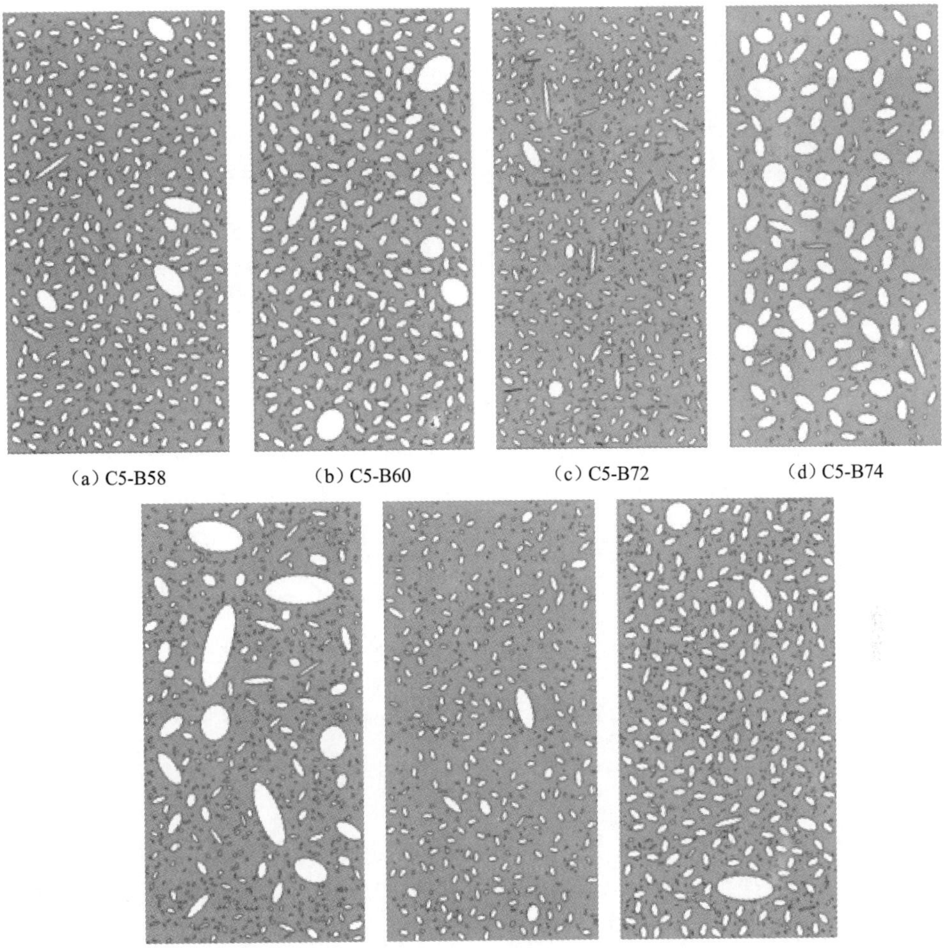

(a) C5-B58　(b) C5-B60　(c) C5-B72　(d) C5-B74

(e) C5-L44　(f) C5-M66　(g) C5-M67

图 4-14　7 块模拟岩芯的几何模型

表 4-3　模拟岩芯的几何参数与震源频率

岩芯编号	模拟区域/mm		椭圆孔半长轴(放大 10 倍)/mm			$f_{p\text{-}mod}$ /MHz	$f_{s\text{-}mod}$ /MHz
	长	宽	最　大	最　小	*DomSize*		
C5-B58	142.5	285	9.451	0.333	2.799	0.040	0.022 3
C5-B60	146.7	293.4	11.994	0.359	3.398	0.033	0.018 4
C5-B72	161.9	323.8	7.588	0.296	2.595	0.043	0.024 00
C5-B74	164.3	328.6	11.196	0.608	5.999	0.018 75	0.010 4
C5-L44	132.0	264.0	14.389	0.461	4.369	0.025 75	0.014 3
C5-M66	153.2	306.4	9.167	0.376	2.607	0.043 15	0.024 0
C5-M67	153.5	307.0	13.373	0.287	3.426	0.032 85	0.018 25

波速度为 6 640 m/s，横波速度为 3 440 m/s；数值模拟中纵波中心频率为 0.035 MHz，横波中心频率为 0.018 MHz；孔隙为水饱和。

表 4-4　数值模拟中采用的介质参数

介　质	体积模量/GPa	剪切模量/GPa	密度/(g·cm^{-3})
固体基质(方解石)	76.8	32	2.71
孔隙流体(水)	2.25	0	1.0

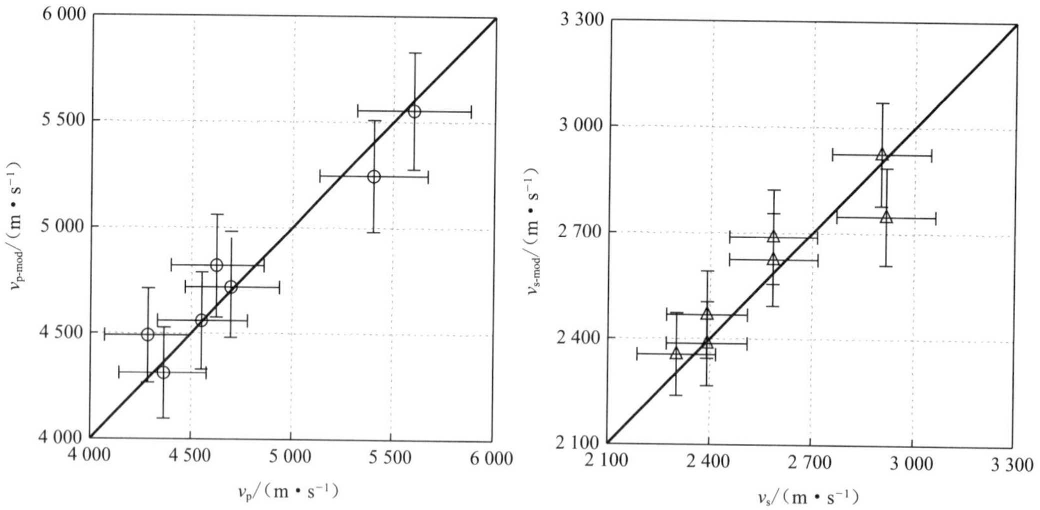

(a) 纵波速度　　(b) 横波速度

图 4-15　模拟结果与实验测量结果对比

1) 孔隙结构与骨架弹性因子的关系

Sun[7,8]提出了骨架弹性因子(γ_k)来描述孔隙结构及孔隙连通性对多孔岩石弹性特性的影响。在此基础上，Weger[9]给出了骨架弹性因子的显式表达形式：

$$\gamma_k=\frac{\ln\dfrac{\phi K(K_f-K_s)-K_f(K-K_s)}{\phi^2(K_s^2-K_fK_s)-\phi(K_s^2-K_fK)-K_f(K-K_s)}}{\ln(1-\phi)}+1 \tag{4-25}$$

式中，K 为等效体积模量，下标 f 代表流体，s 代表固体；ϕ 为孔隙度。

由式(4-25)可知，骨架弹性因子与等效体积模量(K)和孔隙度(ϕ)有关。在骨架矿物组成和孔隙流体一定的情况下，等效体积模量受孔隙结构影响。这里尝试建立骨架弹性因子与孔隙结构参数之间的简单关系，以更为直接的方式理解骨架弹性因子的物理意义。

在孔隙纵横比 $AR=1.0, 0.55, 0.2, 0.08$ 的条件下，保持孔隙长轴尺寸不变($d_{mod}=6$ mm)，分别建立不同孔隙度的几何模型。通过控制几何模型中椭圆形孔隙的数量得到不同的孔隙度，然后采用孔隙尺度数值模拟方法模拟计算对应的纵、横波速度，结果如图 4-16 中散点所示。从图中可以看出，对于不同纵横比的孔隙，模拟岩芯的纵、横波速度都随孔隙度的增大而减小，但是不同纵横比孔隙的速度-孔隙度变化规律差别很大。

在图 4-16 所示数值模拟结果中，波长与孔隙尺寸比(λ_{mod}/d_{mod})为 20～30，因此将数值模拟结果与相同孔隙纵横比和材料属性的 DEM 模型计算结果进行对比。在孔隙纵横比 $AR=1.0, 0.55, 0.2, 0.08$ 时，采用 DEM 模型分别计算不同孔隙度干岩芯的等效体积模量和剪切模量，然后采用 Gassmann 方程计算对应水饱和岩芯的等效弹性模量和速度，结果如

图 4-16 中曲线所示。从图 4-16 可以看出，数值模拟结果与 DEM 模型计算结果吻合良好，两者计算的纵、横波速度之间的偏差小于 4.55%。

采用表 4-4 中基质和孔隙流体的密度，按照体积平均可计算水饱和模拟岩芯的等效密度；再根据数值模拟计算的纵、横波速度，可计算模拟岩芯的等效体积模量，按照式(4-25)可计算模拟岩芯对应的骨架弹性因子(γ_k)。图 4-16 中圆点的直径代表了对应岩芯骨架弹性因子的大小。

如图 4-16 所示，在孔隙度一定的情况下，岩芯的纵、横波速度随孔隙纵横比的增大而增大，随骨架弹性因子的减小而增大，这意味着孔隙纵横比和骨架弹性因子都可以部分解释碳酸盐岩速度-孔隙度关系分散。从图 4-16 可以看出，骨架弹性因子与孔隙纵横比密切相关，但是在孔隙纵横比一定时，骨架弹性因子随孔隙度的增大而减小。因此，骨架弹性因子与孔隙度、孔隙纵横比有关。

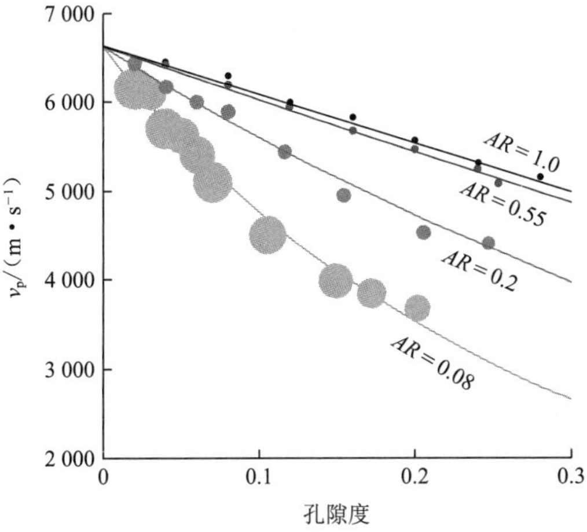

(a) 纵波速度

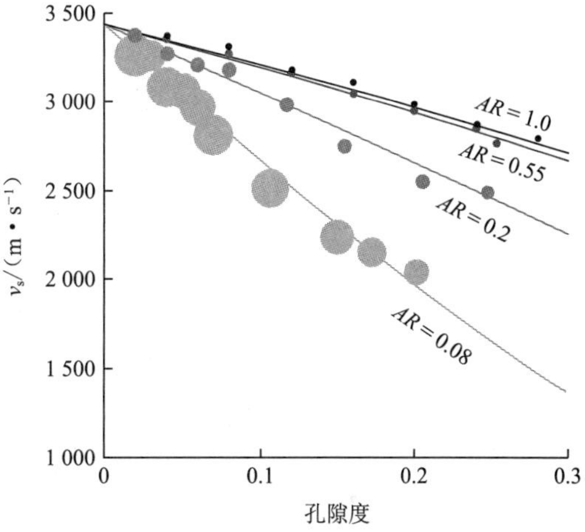

(b) 横波速度

图中散点为数值模拟结果，曲线为 DEM 模型计算结果，圆点直径代表骨架弹性因子的大小；
按照标准模拟的设计，$v_p = v_{p\text{-mod}}$，这里及后面为分析方便，不再强调下标“mod”。

图 4-16　速度与孔隙度的关系

对面积为 S_0 的二维区域，含有 N 个半长轴为 r 的椭圆形孔隙，则其孔隙度可表示为：

$$\phi = \pi \frac{Nr^2}{S_0} AR \tag{4-26}$$

仿照裂隙密度的定义方法，这里定义 $\eta = Nr^2/S_0$ 为二维孔隙密度，并计算图 4-16 中所有数据点对应的孔隙密度。计算结果表明，骨架弹性因子随孔隙纵横比和(或)孔隙密度的减小而增大，骨架弹性因子对孔隙纵横比的敏感性强于孔隙密度，三者之间的关系可表示为：

$$\gamma_k = \frac{a_1 \ln \eta}{\sqrt{AR}} + \frac{a_2}{AR} \tag{4-27}$$

式中，a_1，a_2 为拟合参数。

按照式(4-27)对图 4-16 中所有数据点进行最小二乘法拟合：

$$\gamma_{k}=-\frac{0.3575\ln\eta}{\sqrt{AR}}+\frac{0.7714}{AR},\quad R^{2}=0.953 \tag{4-28}$$

数值模拟计算骨架弹性因子与拟合式(4-28)预测结果的对比如图 4-17 所示。

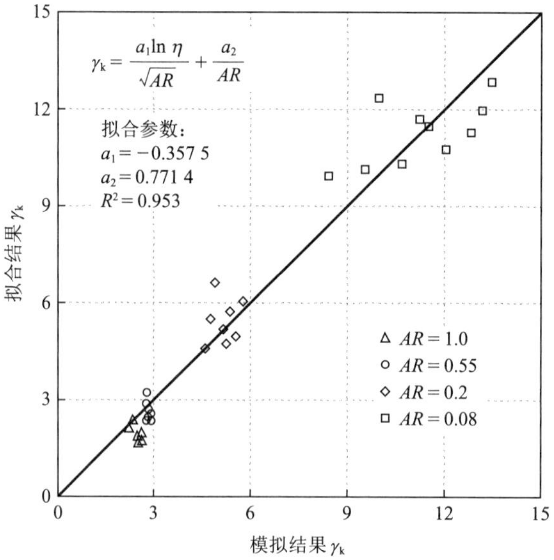

图 4-17 数值模拟计算骨架弹性因子与拟合式(4-28)预测结果对比

2）孔隙纵横比对速度的影响

为了分析孔隙纵横比对纵波速度的影响，在孔隙度 $\phi=4\%,8\%,20\%$时，保持孔隙长轴尺寸不变($d_{\mathrm{mod}}=6$ mm)，分别建立不同孔隙纵横比的几何模型，并模拟计算对应的纵波速度，结果如图 4-18 所示。

从图 4-18 可以看出，在孔隙度一定时，碳酸盐岩的纵波速度随孔隙纵横比的增大呈幂函数规律增大，其纵波速度-孔隙纵横比关系可表示为：

$$v_{\mathrm{p}}=m-\frac{n}{AR^{p}} \tag{4-29}$$

式中，m，n 和 p 为拟合参数。

当孔隙纵横比大于 0.4 后，速度缓慢增加，变化不大。低纵横比(特别是孔隙纵横比小于 0.1)的孔隙使纵波速度显著降低。这是由于低纵横比的孔隙在应力作用下容易变形，对岩石具有软化作用。这种趋势与等效介质理论的计算结果一致。

对比式(4-29)和 3.2.4 小节中式(3-12)和式(3-13)，它们在形式上具有一致性，这说明根据物理模型实验和数值模拟结果建立的纵波速度-孔隙纵横比关系是吻合的，式(4-29)中拟合系数 n 和 p 与孔隙度的关系满足式(3-12)中的线性关系(图 4-19)。图 4-19 所示拟合关系中虽然只有 3 个数据点，但是根据统计理论，对于 3 个数据点，采用含一个自变量的线性关系进行拟合，其 95%置信度时最小相关系数平方 $R^2_{\alpha=0.05}=0.99385$[10]，而图 4-19 中拟合的相关系数均大于 $R^2_{\alpha=0.01}$，这说明式(4-29)中拟合系数与孔隙度之间的线性关系是显著的，拟合结果有意义。这也进一步表明 3.2.4 小节中建立的长波长条件下考虑孔隙纵横比影响的复杂孔隙结构速度模型是可靠的，在长波长条件下纵波速度与孔隙纵横比之间满足幂函数规律。

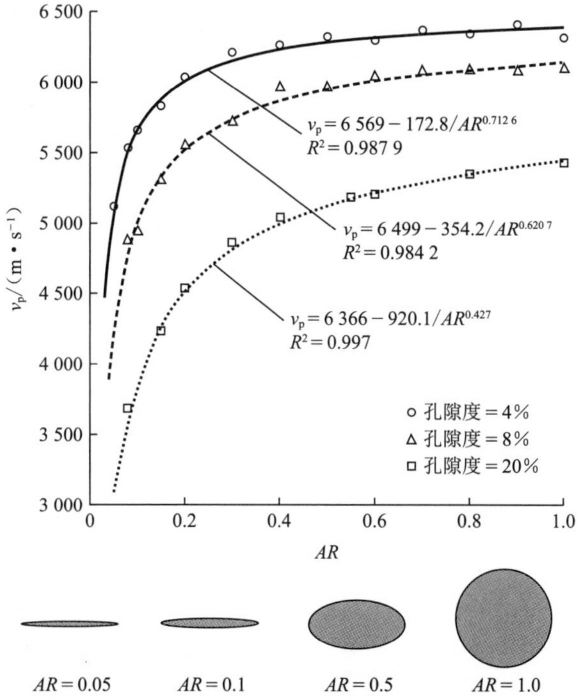

图中散点为不同孔隙度和孔隙纵横比时的数值模拟结果，曲线为式(4-29)的拟合结果。

图 4-18　孔隙纵横比对纵波速度的影响

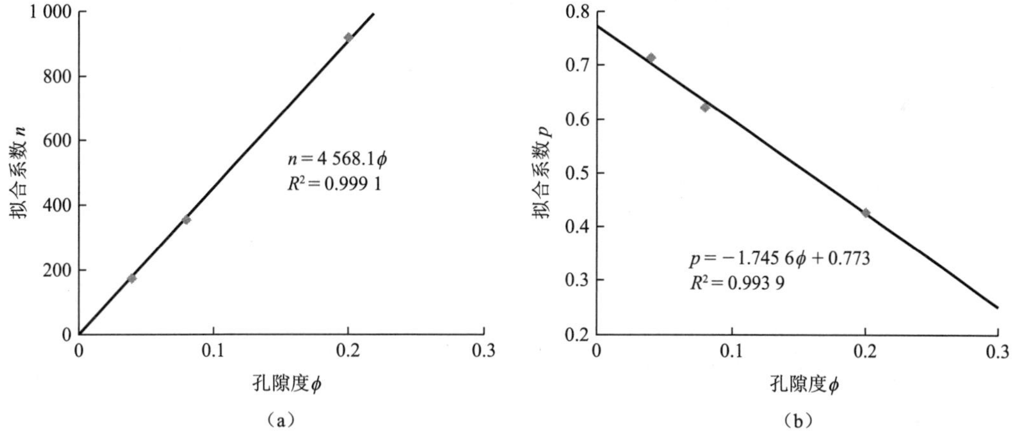

图 4-19　式(4-29)中拟合系数与孔隙度关系

3）孔隙尺寸对速度的影响

Marion 等、Liu 和 Schmitt 讨论了一维层状介质中与尺度有关的速度分散。Marion 等探究了介质组成(钢与塑料)、体积分数、层间距和波长对速度的影响。他们观测到速度从高(射线理论)向低(等效介质理论)转换发生在波长与层间距比等于 10 左右。除了上述因素外，Liu 和 Schmitt 还讨论了周期性页岩/砂岩、页岩/灰岩薄互层的速度分散，并探究了入射角的影响。下面探究垂直入射条件下二维随机孔隙介质中与孔隙尺寸相关的速度分散。为了分析孔隙尺寸对速度的影响，建立不同孔隙度（$\phi=3\%\sim20\%$）、不同孔隙纵横比（$AR=0.08\sim0.5$）的系列模型，每个系列模型中孔隙度和孔隙纵横比保持不变，但是椭圆孔的尺寸变化。对于所有系列模型，孔隙流体设置为空气，模型中震源的中心频率为 0.1 MHz。采用孔隙尺度数值模拟方法计算得到纵波速度，结果如图 4-20 所示。

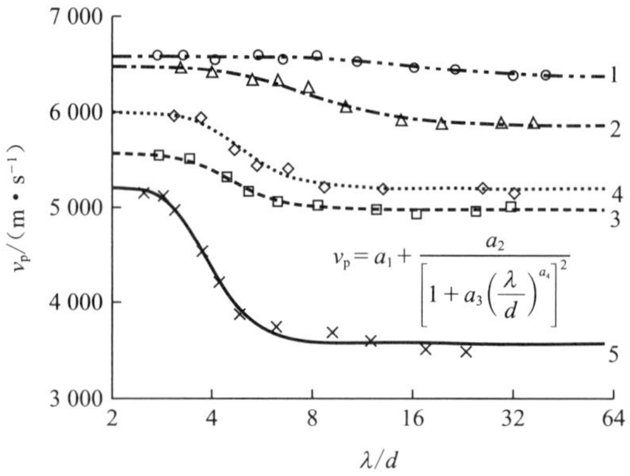

曲线编号	孔隙度/%	AR	a_1	a_2	a_3	a_4	R^2	v_{high}/v_{low}
1	3	0.5	6 584.77	−217.12	730.45	−2.68	0.952	1.033
2	10	0.5	6 485.55	−631.99	135.28	−2.79	0.988	1.107
3	20	0.5	5 559.22	−582.58	1 958.91	−5.50	0.992	1.117
4	10	0.2	5 996.64	−798.26	1 079.26	−4.92	0.979	1.153
5	10	0.08	5 209.24	−1 634.33	1 194.16	−5.80	0.993	1.456

图 4-20　不同孔隙度和孔隙纵横比条件下孔隙尺寸对纵波速度的影响

波长与孔隙尺寸比（λ/d）影响岩芯的弹性波速度。数值模拟得到的速度分散结果与 Marion 等、Liu 和 Schmitt 的结果吻合。以图 4-20 中曲线 2（$\phi=10\%$，$AR=0.5$）为例，当孔隙尺寸远小于波长（λ/d 大于 20）时，速度是非分散的，模拟岩芯可看作均匀介质；随着孔隙尺寸增大，岩芯速度开始分散，特别是当 $\lambda/d<10$ 时，速度迅速增大。当孔隙尺寸接近波长时，速度的增大可以用最快路径理论解释：当波长与孔隙尺寸相当或更小时，弹性波趋向于寻找快的路径和绕过速度慢的孔隙，因而表现出更快的传播速度。数值模拟反映出的孔隙尺寸对速度的影响规律与 3.2.5 小节中讨论的物理模型测量趋势一致。数值模拟中涉及的孔隙度和孔隙纵横比范围比物理模型要更广、更系统。对不同孔隙度和孔隙纵横比的岩芯，其速度频散的 λ/d 敏感区间略有不同。数值模拟结果表明，模拟岩芯孔隙度越高和（或）孔隙纵横比越低，岩芯速度的分散性越强。这种与孔隙尺寸相关的速度分散可以描述为：

$$v_p=a_1+\frac{a_2}{\left[1+a_3\left(\frac{\lambda}{d}\right)^{a_4}\right]^2} \tag{4-30}$$

式中，a_1，a_2，a_3，a_4 与孔隙结构有关，如孔隙度、孔隙纵横比等。

从图 4-20 可以清楚地看出，不管在高或低 λ/d 区间，碳酸盐岩的孔隙结构越复杂（孔隙纵横比低），其弹性波速度越慢。

为了探究与孔隙尺寸相关的速度分散是否与孔隙流体有关，选择图 4-20 中速度分散性最显著的孔隙结构系列(曲线 5，$\phi=10\%$，$AR=0.08$)，分别模拟空气、水饱和条件下对应的速度分散特性，结果如图 4-21 所示。

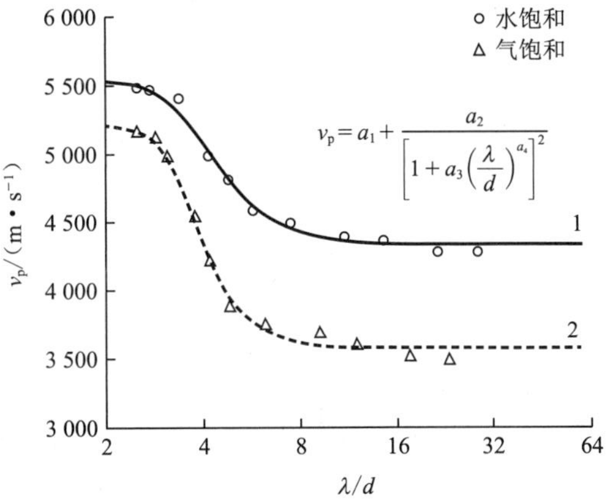

曲线编号	a_1	a_2	a_3	a_4	R^2	v_{high}/v_{low}
1	5 538.04	−1 202.54	309.22	−4.44	0.990	1.276
2	5 209.24	−1 634.33	1 194.16	−5.80	0.993	1.456

图 4-21　孔隙流体(空气和水)对与孔隙尺寸相关的速度分散的影响

从图 4-21 可以看出，与孔隙尺寸相关的速度分散在不同孔隙流体饱和条件下都是存在的。干岩芯的速度分散性比水饱和岩芯更强，这是因为岩芯骨架与空气的纵波阻抗差异大于岩芯骨架与水的纵波阻抗差异。Marion 等、Liu 和 Schmitt 的结果也表明纵波阻抗差异越大，速度分散越显著。这也与 3.2.5 小节中物理模型的测量结果吻合。

对于碳酸盐岩，其孔隙尺寸分布范围较大，一块岩芯中最大孔隙尺寸能达到平均孔隙尺寸的 20～30 倍(表 4-2)，因此在实验室采用某特定频段进行测试时，相同孔隙度条件下，含较多大尺寸孔隙的岩芯很可能具有更快的速度。对于碳酸盐岩，特别是气饱和碳酸盐岩，在将实验室超声波测量数据与测井、地震数据对比关联时，与孔隙尺寸相关的速度分散不可忽略。

4.1.6　孔隙结构对干碳酸盐岩弹性波散射衰减的影响

弹性波在岩石中的衰减包含扩散衰减、吸收衰减和散射衰减，通常所说的岩石衰减指吸收衰减和散射衰减。吸收衰减与岩石内摩擦、流体的相互作用等有关，将弹性波的机械能转化为热能；散射衰减与岩石自身的非均质性、裂纹、孔隙结构等有关。

这里需要说明的是：由于几何模型中椭圆形孔隙是相互孤立、不连通的，在分析孔隙结构对弹性波衰减影响的数值模拟中，将孔隙做“挖空处理”，即孔隙中不含流体，孔隙边界为自由边界，相当于干岩芯或气饱和岩芯，因此数值模拟结果能反映孔隙结构对弹性波散射衰减特性的影响。

1）孔隙空间分布方式对散射衰减的影响

保持模拟频率、孔隙尺寸、孔隙数目不变（$f_{\text{mod}}=0.1$ MHz，$d_{\text{mod}}=3$ mm，$n=800$），模拟孔隙规则均匀分布、随机均匀分布两种条件下弹性波在模拟岩芯中的传播。图 4-22 为孔隙纵横比 $AR=1$ 时不同时刻的波场快照，图 4-23 为孔隙纵横比 $AR=0.1$ 时不同时刻的波场快照。

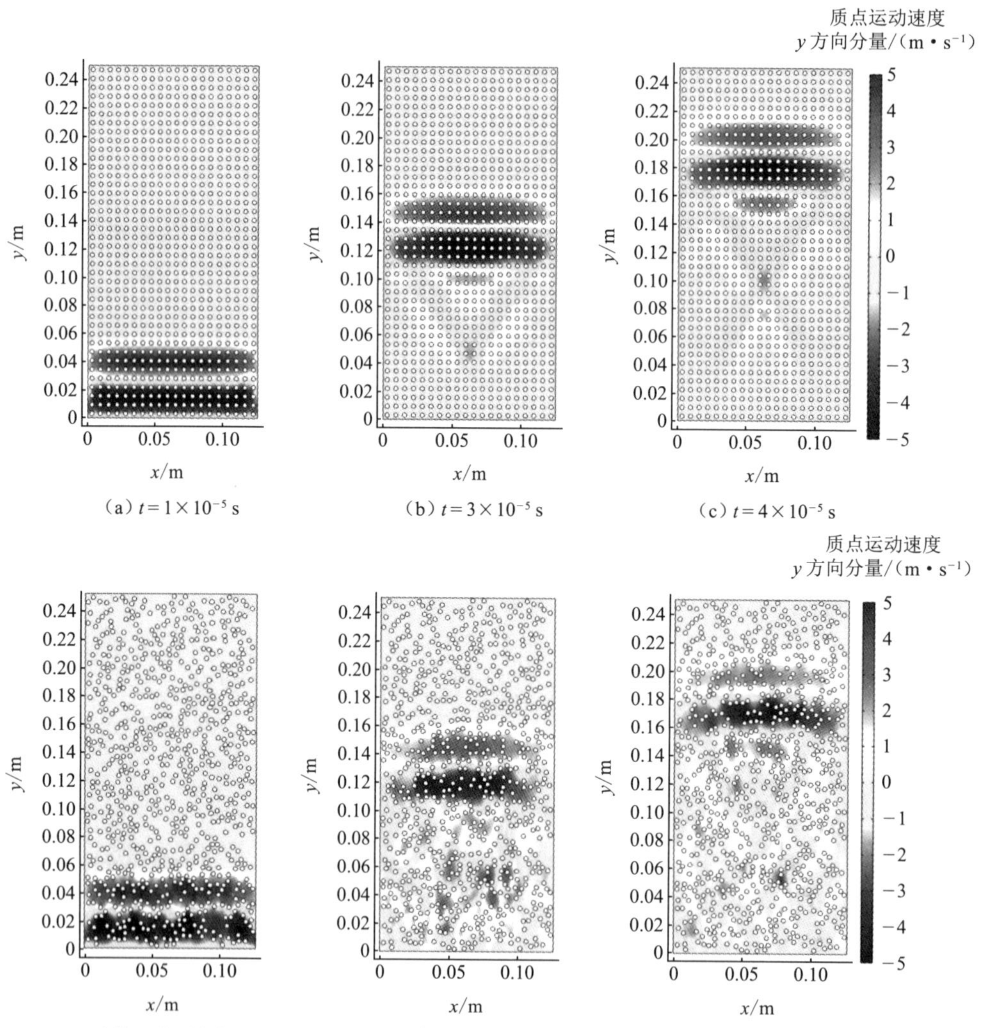

图 4-22　$AR=1$ 时质点 y 方向速度的波场快照

（a）～（c）为孔隙规则分布；（d）～（f）为孔隙随机分布

纵横比 $AR=1$ 的孔为圆形孔，对应铸模孔、溶孔等孔隙类型，而纵横比 $AR=0.1$ 的孔隙呈扁平状，对应粒间孔、喉道、张开的微裂隙等孔隙类型，在二维平面内具有各向异性。与孔隙规则均匀分布（图 4-22a～c，图 4-23a～f）相比，孔隙随机均匀分布（图 4-22d～f，图 4-23g～i）引起的弹性波散射更复杂、更不规则。对于扁平孔，从图 4-23(a)～(f)可以看出，

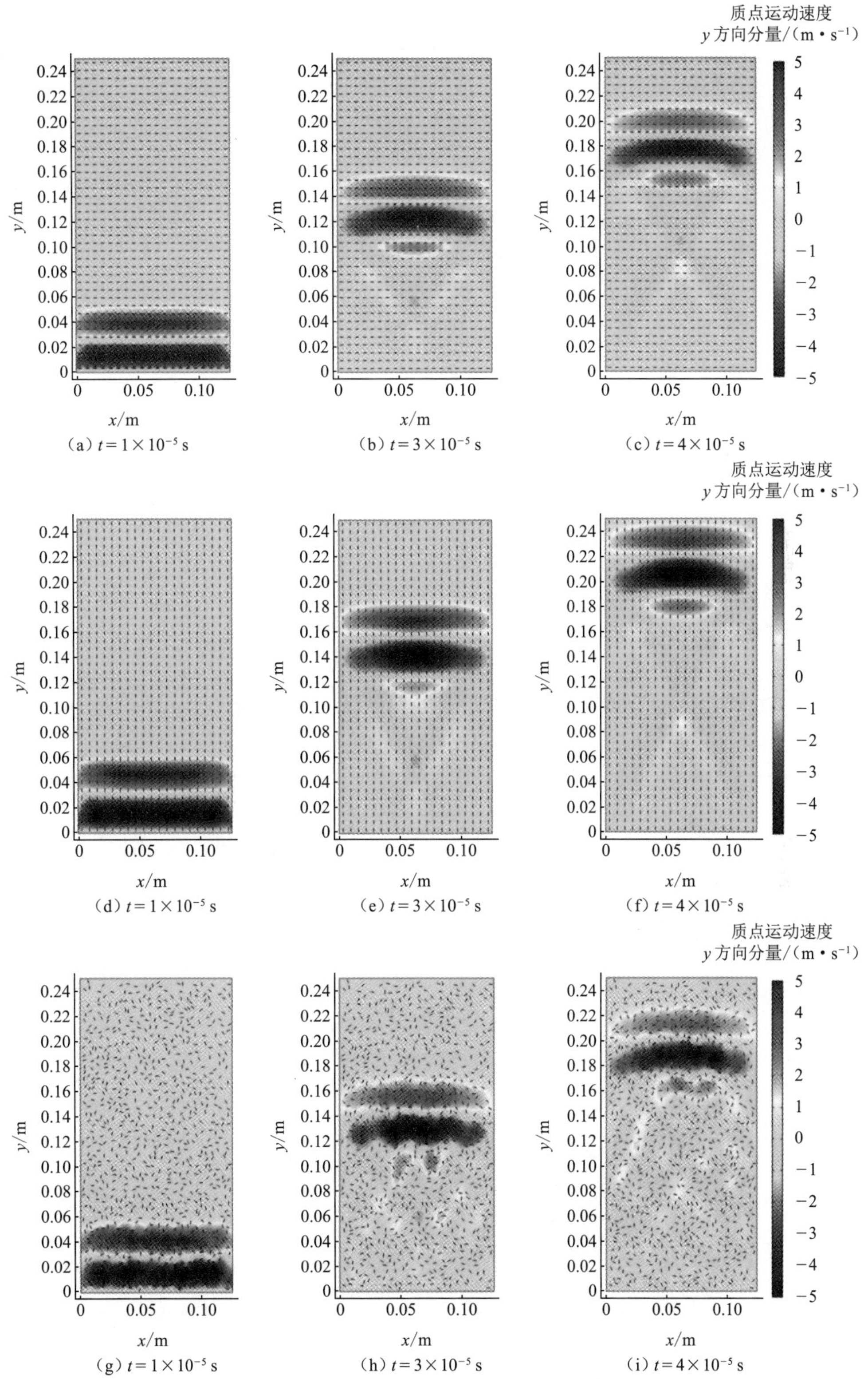

图 4-23　$AR=0.1$ 时质点 y 方向速度的波场快照

(a)～(c)为孔隙规则分布，孔隙长轴与波传播方向夹角为 90°；(d)～(f)为孔隙规则分布，夹角为 0°；(g)～(i)为孔隙随机分布孔隙长轴与波传播方向夹角对弹性波传播的速度、衰减均会产生影响。对比 90°夹角(图 4-23a～c)与 0°夹角(图 4-23d～f)相同时刻对应的波场快照,90°夹角时弹性波传播速度更慢,质点振动速度的幅值更小,衰减更大。而孔隙夹角随机取值(图 4-23g～i)时,弹性波在模拟岩芯中的传播速度、衰减介于 0°和 90°两种情况之间[11]。

2) 孔隙尺寸对散射衰减的影响

为了分析孔隙尺寸对干岩芯纵波散射的影响,保持孔隙纵横比、孔隙数目不变(AR_{mod} = 0.55,n = 300),在入射波中心频率 f_{mod} 分别为 0.1 MHz,0.03 MHz 下,对一系列不同孔隙尺寸的模拟岩芯进行计算。相同入射波经过不同孔隙尺寸干岩芯后,接收纵波的波形与频谱如图 4-24 所示。

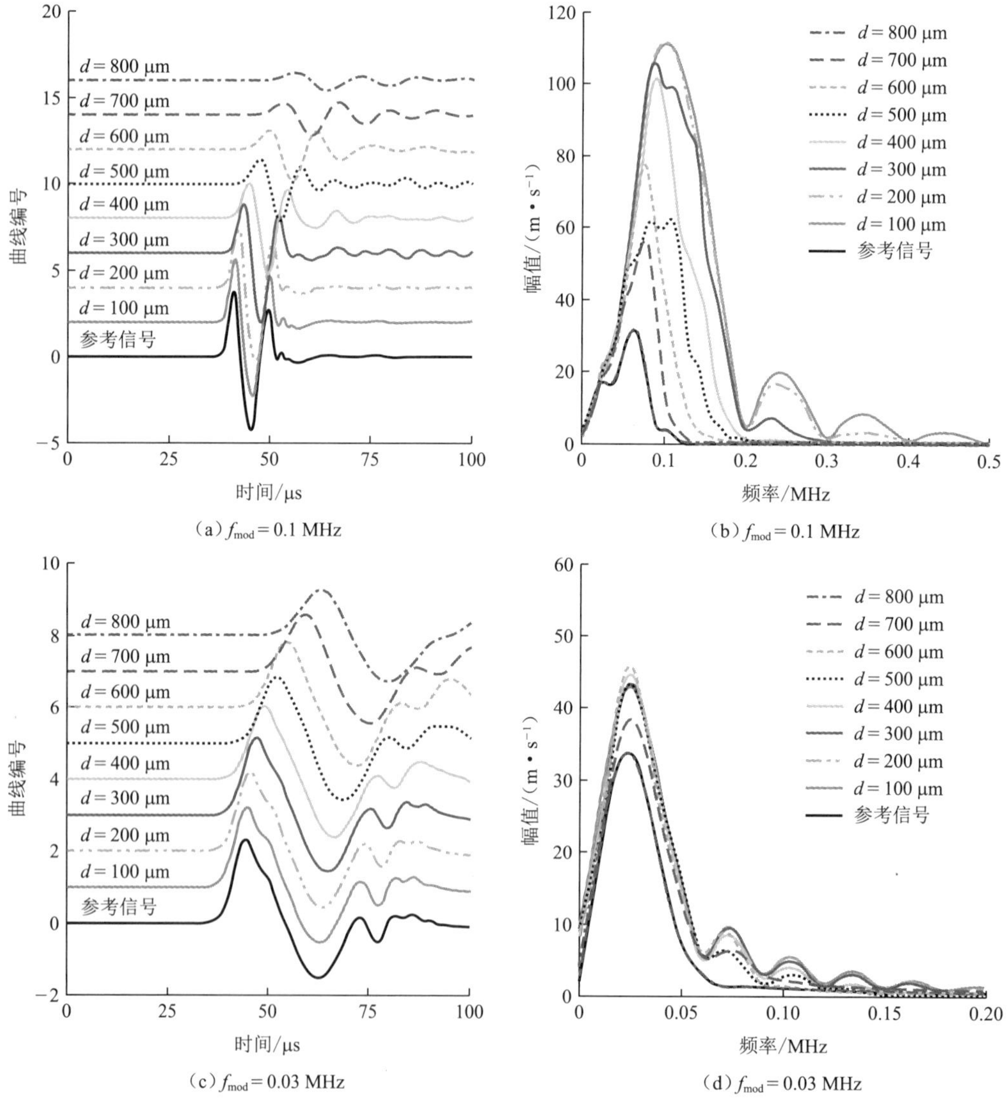

(a) f_{mod} = 0.1 MHz　(b) f_{mod} = 0.1 MHz

(c) f_{mod} = 0.03 MHz　(d) f_{mod} = 0.03 MHz

图 4-24　不同孔隙尺寸模型数值模拟计算的接收信号和频谱分布

从图 4-24 可以看出，孔隙尺寸不同，纵波的散射衰减也不同。当模拟频率为 0.1 MHz 时，接收信号波长在 60～80 mm 之间，波长与孔隙尺寸比为 9～60。随着孔隙尺寸增大，接收信号的幅值显著减小，主频率明显降低，纵波衰减增大。当模拟频率为 0.03 MHz 时，接收信号波长在 140～210 mm 之间，波长与孔隙尺寸比为 18～210。随着孔隙尺寸增大，接收信号的幅值略有减小，主频率基本不变，纵波衰减较小。这是因为孔隙尺寸越大，对频率高的纵波散射作用越强，引起的散射衰减越大。

根据式(4-24)计算对应的散射衰减系数，结果如图 4-25 中散点所示，图中颜色条表示不同的波长与孔隙尺寸比(λ/d)，图中曲线为根据式(4-24)计算的结果。由图可以看出，随着孔隙尺寸增大，散射衰减系数增大。在孔隙尺寸相同时，0.1 MHz 入射波的散射衰减系数大于 0.03 MHz 入射波的结果。式(4-4)表明当波长远远大于孔隙尺寸时，散射衰减系数与孔隙尺寸的 3 次方成正比，但它并没有明确“远远大于”的具体含义。当 λ/d 大于 20 时，数值模拟结果与式(4-4)描述规律吻合；当 λ/d 小于 15 时，散射衰减系数大于式(4-4)的预测结果，散射衰减显著增强。从散射衰减的角度，比较保守的估计是当 λ/d 大于 15 时，非均质多孔介质可按均质的等效介质处理。

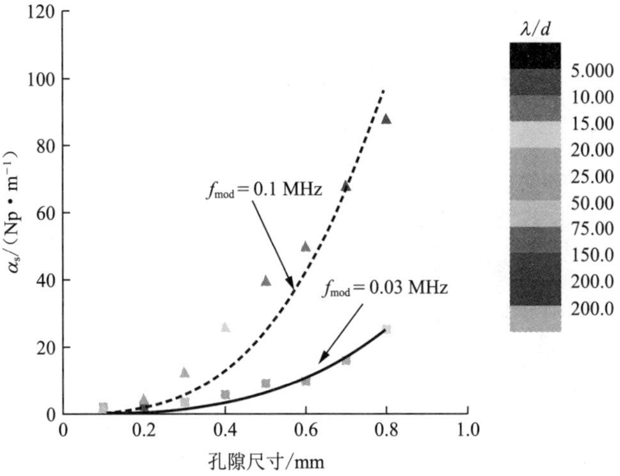

图 4-25　孔隙尺寸对散射衰减系数的影响

3) 孔隙数目对散射衰减的影响

为了分析孔隙数目对干岩芯纵波散射的影响，保持孔隙纵横比、孔隙尺寸、入射波频率不变($AR=0.55$，$d_{mod}=3$ mm，$f_{mod}=0.1$ MHz)，对一系列不同孔隙数目的模拟岩芯进行计算。相同入射波经过不同孔隙数目的干岩芯后，接收纵波的波形与频谱如图 4-26 所示。

从图 4-26 可以看出，孔隙数目不同，纵波的散射和衰减也不同。随着孔隙数目增大，接收信号的幅值减小，主频率略有降低，纵波衰减增大。接收信号波长在 50～63 mm 之间，波长与孔隙尺寸比为 17～21 时，可认为波长远大于孔隙尺寸，因此接收信号中心频率基本不变，而散射衰减增大主要是因为岩芯内散射体数量增多，纵波传播过程中反射、折射次数增加。根据式(4-24)计算对应的散射衰减系数，结果如图 4-27 所示。在长波长条件下，随着

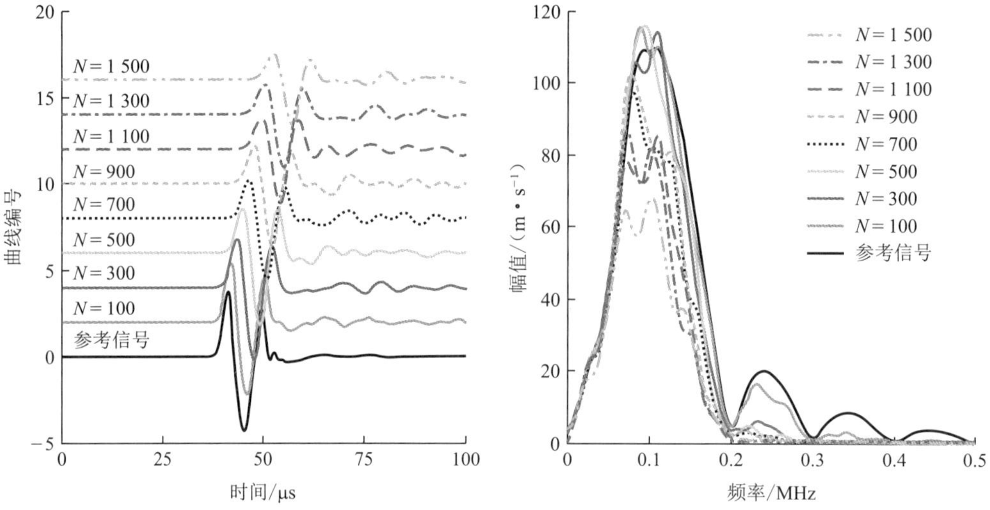

(a)　　　　　　　　　　　　(b)

图 4-26　不同孔隙数目模型数值模拟计算的接收信号和频谱分布

孔隙数目增多，散射衰减系数呈幂函数规律增大：

$$\alpha_s = a_1 N^{a_2} \tag{4-31}$$

式中，N 为孔隙数目；a_1，a_2 为拟合系数，与孔隙形状有关。

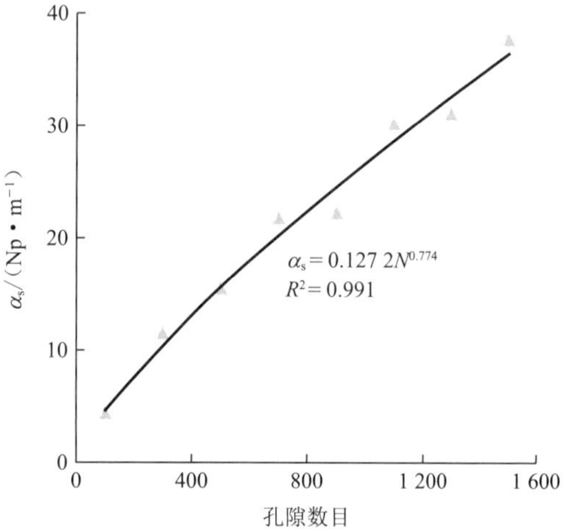

图 4-27　孔隙数目对散射衰减系数的影响

4）孔隙纵横比对散射衰减的影响

保持孔隙尺寸、入射波频率不变（$d_{mod}=3$ mm，$f_{mod}=0.1$ MHz），在孔隙数目 $N=300$，800，1 200 下，分别模拟不同孔隙纵横比情况下纵波的传播并计算衰减系数，结果如图 4-28 所示。接收信号波长在 48～61 mm 之间，波长与孔隙尺寸比值为 16～20。

图 4-28 中，实心圆点为通过数值模拟计算的数据点，实线为根据对应的数值模拟数据点采用最小二乘法得到的拟合曲线。从图 4-28 可以看出，在孔隙尺寸不变的条件下，散射衰减系数随纵横比的增大呈指数规律增大，其关系可表示为：

$$\alpha_s = p_1 + p_2 e^{p_3 AR} \tag{4-32}$$

式中，p_1，p_2，p_3 为系数。

在孔隙数目、孔隙尺寸保持不变时，散射衰减系数与等效无因次柔量随孔隙纵横比的变化趋势[12,13]基本吻合：当孔隙纵横比小于 0.2 时，散射衰减系数与等效无因次柔量均对孔隙纵横比的变化不敏感；随着孔隙纵横比增大，特别是孔隙纵横比大于 0.5 后，岩石孔隙度增大，其等效无因次柔量显著增大（或等效弹性模量减小），散射衰减系数迅速增大。这种相关性表明孔隙纵横比影响岩石的等效无因次柔量是影响纵波散射衰减的内在机制之一[11]。

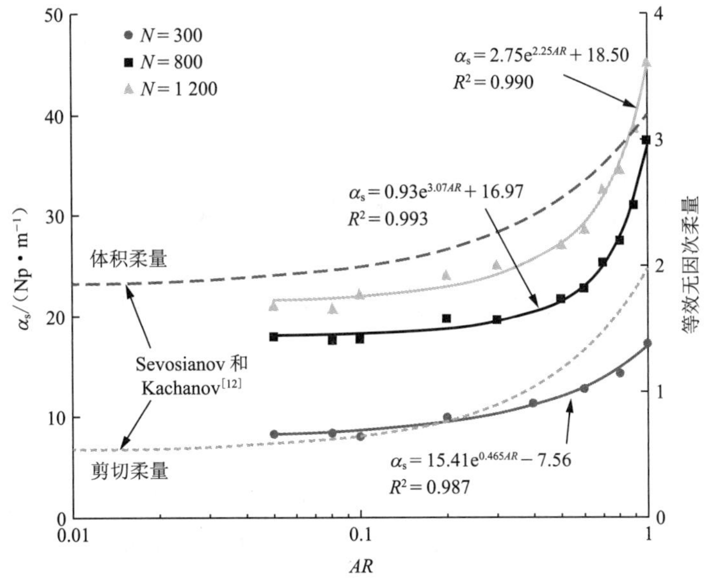

图 4-28　孔隙纵横比对散射衰减系数的影响

5）孔隙度对散射衰减的影响

已有的实验结果[14,15]表明，随着孔隙度的增大，弹性波在岩石中传播的衰减增大。但孔隙度受孔隙尺寸、形状和数目的控制（式 4-26），因此孔隙结构不同会引起散射衰减系数-孔隙度关系的分散。

将 $f_{\text{mod}}=0.1$ MHz 时的数值模拟结果汇总，如图 4-29 所示。图中实心圆点表示 $\lambda/d>15$ 时的结果，三角形数据点表示不同孔隙尺寸的结果。

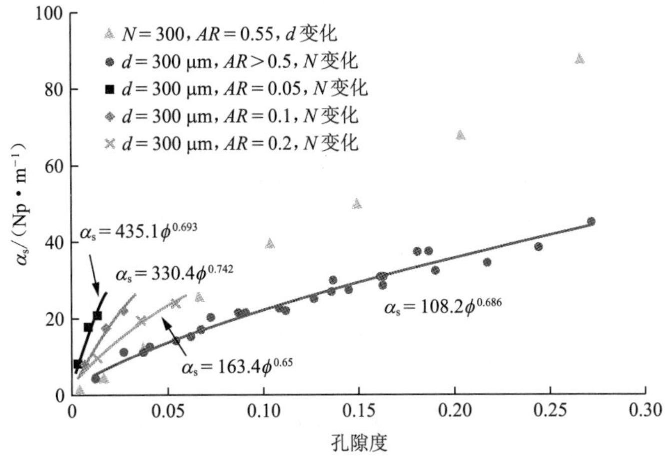

图 4-29　孔隙度对散射衰减系数的影响

从图 4-29 可以看出，对于复杂孔隙结构岩石，散射衰减系数-孔隙度关系分散的主要因素是孔隙尺寸和孔隙形状（孔隙纵横比）。相同孔隙度时，孔隙纵横比越小，散射衰减越强；孔隙尺寸越大，散射衰减越强。在孔隙纵横比一定、长波长条件（$\lambda/d>15$）下，散射衰减系数与孔隙度呈幂函数规律增大：

$$\alpha_s = b_1 \phi^{b_2} \tag{4-33}$$

式中，b_1，b_2为拟合系数，与孔隙纵横比有关。需要特别指出的是，当 $AR<0.2$ 时，系数 b_1，b_2对 AR 很敏感；当 $AR>0.5$ 时，系数 b_1，b_2基本不变。

4.2 不同孔隙结构的碳酸盐岩声波测井数值模拟方法

4.2.1 不同孔隙结构碳酸盐岩地层井筒几何模型

1）数学模型描述

Wang 等[16]针对碳酸盐岩中弹性波传播问题建立了孔隙尺度数值模拟方法，将真实孔隙形态简化成不同孔隙纵横比和孔隙尺寸的随机分布的椭圆。在其基础上，本小节将岩石物理尺度模型扩展到测井尺度下。模型由充满水的井筒、碳酸盐岩属性的地层和不同形状的孔隙构成，基质设定为均匀各向同性线弹性材料，孔隙内饱和不可压缩流体。其中，孔隙内流体的控制方程[17]为：

$$\frac{1}{\rho_f c^2}\frac{\partial^2 p_t}{\partial t^2} + \nabla\cdot\left\{-\frac{1}{\rho_f}\left[\nabla(p+p_b) - \overline{q}\right]\right\} = Q_m \tag{4-34}$$

$$p_t = p + p_b \tag{4-35}$$

式中，$\overline{q}$ 为偶极子震源，N/m^3；c 为流体中弹性波的速度，m/s；Q_m为单极子震源，$1/s^2$；ρ_f为孔隙中流体密度，kg/m^3；p_t为总压力，Pa；p_b为模型背景压力，Pa；p 为波动压力，Pa。

在小应力条件下，岩石可近似认为具有线弹性属性，因此模型中基质采用各向同性的线弹性材料，指定体积模量和剪切模量，并遵循 Duhamel-Hooke 定律，其控制方程如下：

$$\rho\frac{\partial^2 \boldsymbol{u}}{\partial t^2} - \nabla\cdot\sigma = \boldsymbol{F}_v \tag{4-36}$$

$$\sigma = s_0 + C(K,G) : (\boldsymbol{\varepsilon} - \boldsymbol{\varepsilon}_0) \tag{4-37}$$

$$\boldsymbol{\varepsilon} = \frac{1}{2}\left[(\nabla\boldsymbol{u})^{T} + \nabla\boldsymbol{u}\right] \tag{4-38}$$

式中，$\boldsymbol{u}(x,y)$为二维空间的位移矢量，ρ 为岩石密度，σ 为应力张量，$\boldsymbol{F}_v$ 为激发源应力矢量，$C(K,G)$为包含体积模量和剪切模量的四阶弹性张量，“：”表示双点张量积（收缩积），s_0和$\boldsymbol{\varepsilon}_0$为初始应力和应变，$\boldsymbol{\varepsilon}$ 为总应变张量。

假设模型中流体和基质边界处应力和加速度是连续的，即

$$-\boldsymbol{n}\left[-\frac{1}{\rho_f}(\nabla p_t - q)\right] = -\boldsymbol{n}\frac{\partial^2 \boldsymbol{u}}{\partial t^2} \tag{4-39}$$

$$\sigma\boldsymbol{n} = p_t\boldsymbol{n} \tag{4-40}$$

式中，$\boldsymbol{n}$ 为边界处的单位法向量。

在井下声学测量中通常使用两种类型的声源。一种是通过在井眼中产生轴对称的压力脉冲测量纵波和横波速度的单极子源。单极子源的工作频率通常在 8 kHz 左右，并在井筒环境中激励出纵波、横波和沿井壁传播的斯通利波。另一种是用于测量剪切波的偶极子源。与单极子源相比，偶极子源通过产生反对称流体运动而激发沿井壁的弯曲波，在低频范围内，以地层横波速度传播。偶极子源的工作频率为 3～4 kHz。这里采用主频为 8 kHz 雷克

子波的单极子源作为激发源，该单极子源在所有方向上具有均匀和相同的强度：

$$\frac{1}{\rho_{\mathrm{f}}c^2}\frac{\partial^2 p_{\mathrm{t}}}{\partial t^2}+\nabla\cdot\left\{-\frac{1}{\rho_{\mathrm{f}}}\left[\nabla(p+p_{\mathrm{b}})-q\right]\right\}=\delta(\boldsymbol{x}-\boldsymbol{x}_0)\frac{\partial Q_{\mathrm{m}}}{\partial t} \tag{4-41}$$

$$Q_{\mathrm{m}}=\begin{cases}\left\{1-2\times\left[\pi f\left(t-\dfrac{1}{f}\right)\right]^2\right\}\times\exp\left\{-\left[\pi f\left(t-\dfrac{1}{f}\right)\right]^2\right\} & \left(t\leqslant\dfrac{2}{f}\right)\\ 0 \quad \left(t>\dfrac{2}{f}\right)\end{cases} \tag{4-42}$$

式中，$\boldsymbol{x}_0$ 为激发源位置，$\boldsymbol{x}$ 为位置变量，f 为激发源主频。

为了消除计算过程中边界对内部波场的影响。采用低反射边界，通常可使入射波反射系数降为零，这样可以最大限度地减少声波反射的影响：

$$\sigma\boldsymbol{n}=-\rho\,\frac{v_{\mathrm{p}}+v_{\mathrm{s}}}{2}\frac{\partial\boldsymbol{u}}{\partial t} \tag{4-43}$$

在建立含不同孔隙结构的井筒几何模型的基础上，采用有限元方法对上述公式描述的声场传播问题进行求解。网格划分在保证每个波长含有 10～12 个自由度的基础上，对孔隙内部及其周围部分进行局部加密，单个模型总网格数为 10^6～10^8 个。时间步长为激发信号周期的 1/50，即 1.25×10^{-6} s，计算 5 000 个时间步，得到各个接收器声压 $p(x,y)$ 随时间变化的离散数据作为接收信号。采用 24 线程 Intel(R) Xeon(R) E5-2620 CPU，64 GB 内存的计算机进行求解，一个模型的计算时间为 1～36 h。

2）模型参数设定

天然碳酸盐岩中孔隙形状千差万别，不同学者采用多种方法来表征孔隙形状[3,18]。然而，为了实现定量分析孔隙结构对井筒声波的影响，本节采用不同尺寸和纵横比的椭圆表征不同形状的孔隙。由于在较高的频率下，孔隙中的流体没有足够的时间达到压力平衡，因此模型中所有的孔隙互不连通且随机分布。同时，互不连通的孔隙也避免了计算过程中交叉点和网格质量差导致的计算不收敛问题。二维轴对称井筒模型如图 4-30 所示。模型置于无限大地层中，井筒半径为 0.1 m，在 1 m 宽、5 m 高的地层中随机分布着不同尺寸、纵横比和数量的孔隙。本模型里碳酸盐岩层基本矿物设定为方解石，其弹性参数参见[19]，孔隙中充填水。在此基础上，计算对应的弹性波传播波场。模型材料基本参数见表 4-5。为了使数值模拟结果与 3.4 节所介绍的物理模型在声波运动学特征上具有可比性，应使两种模型中波长与孔隙尺寸比相近。数值模拟模型参数与井筒模型参数的比例因子见表 4-6。

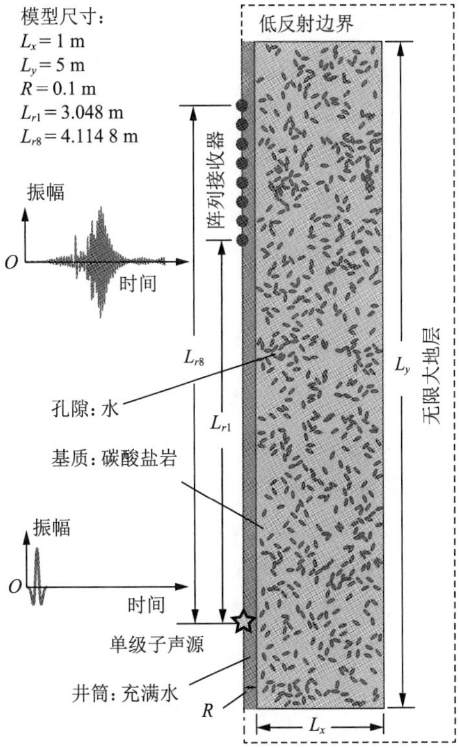

图 4-30　含孔隙的井筒模型多孔介质中弹性波传播的几何模型示意图

表 4-5　模型材料基本参数

地层模型	密度/($kg \cdot m^{-3}$)	v_p/($m \cdot s^{-1}$)	v_s/($m \cdot s^{-1}$)	体积模量 K_g /GPa	剪切模量 μ_g /GPa
碳酸盐岩层	2 710	6 640	3 340	79.2	30.2
孔隙流体	1 000	1 480	0	2.6	—

表 4-6　数值模拟模型参数与井筒模型参数的比例因子

参　数	井筒模型	数值模型	比例因子
波　速	v_p:3 000～5 000 m/s	v_p:4 000～6 500 m/s	1∶1.5
	v_s:1 500～2 500 m/s	v_s:2 000～3 500 m/s	
频率 f	30 kHz	8 kHz	4∶1
波长 λ	100～200 mm	500～800 mm	1∶4
孔隙尺寸 d	10～50 mm	30～240 mm	1∶4
λ/d	3～15	2～20	1∶1

3）数据处理方法

当信号质量较差时，很难精确地提取初至波时差。此外，由于数值模型中孔隙是随机分布在地层中的，因此孔隙之间的散射可能会对接收器产生一定的影响。为了准确获取低信噪比环境下信号的初至波时差，通常使用基于波形相似的阵列波形相干叠加法，通过充分利用阵列数据的相关性，有效提高慢度（波速）估计的精度和可靠性。使用该方法在二维空间（时间和慢度）对某一时间窗 T_w 内的波形数据进行搜索，当阵列波形的相关函数取得极值时，即可求得到时及慢度。阵列波形相干叠加法可表示为：

$$\rho(s,T)=\frac{\sum_{t=T}^{T+T_w}\left\{\sum_{m=1}^{M}r_m\left[t+s(Z_m-Z_1)\right]\right\}^2}{M\sum_{m=1}^{M}\sum_{t=T}^{T+T_w}r_m^2\left[t+s(Z_m-Z_1)\right]} \tag{4-44}$$

式中，ρ 为波形相干系数，T_w 为时间窗宽度，T 为所要求取的波相的到时，s 为波相的时差，r_m 为第 m 个接收器记录的波形数据，Z_m 为第 m 个接收器与激发端的距离，M 为波形道数。

式(4-44)的含义是对如图 4-31 所示的平行四边形线框所包含 8 条波形进行叠加并归一化，当时间窗内所有波形的相位一致时，波形的相似度达到最大，波形得到加强，相关系数最大。通过移动时间窗起始时间 T 和斜率（慢度）s，可计算得到时间-慢度二维等值线，进而得到各个波相的波速，如图 4-32 所示。

分形几何学在地球科学领域主要是对一些非均质性、突变性、差异性和间断性事件进行分析。经过漫长地质年代中的多次地质作用，地下岩石物性、孔隙度、渗透率等表现出很强的非均质性及各向异性，因此都适合用分形技术进行研究。声波测井系统接收到的信号为时间序列，因此可利用傅里叶变换求取其表示信号功率随频率变化的功率谱，进而可以得到

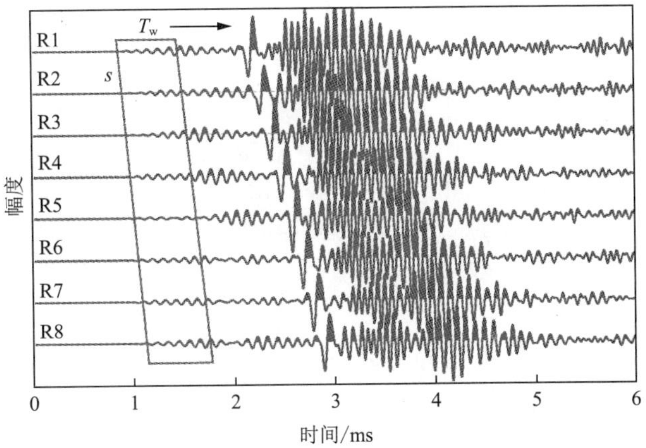

该模型的孔隙度为 10%，孔隙纵横比为 0.5；平行四边形线框为计算时所选择的时间窗口长度 T_w；线框的斜率为对应波相的慢度。

图 4-31　井筒模型接收波形示意图

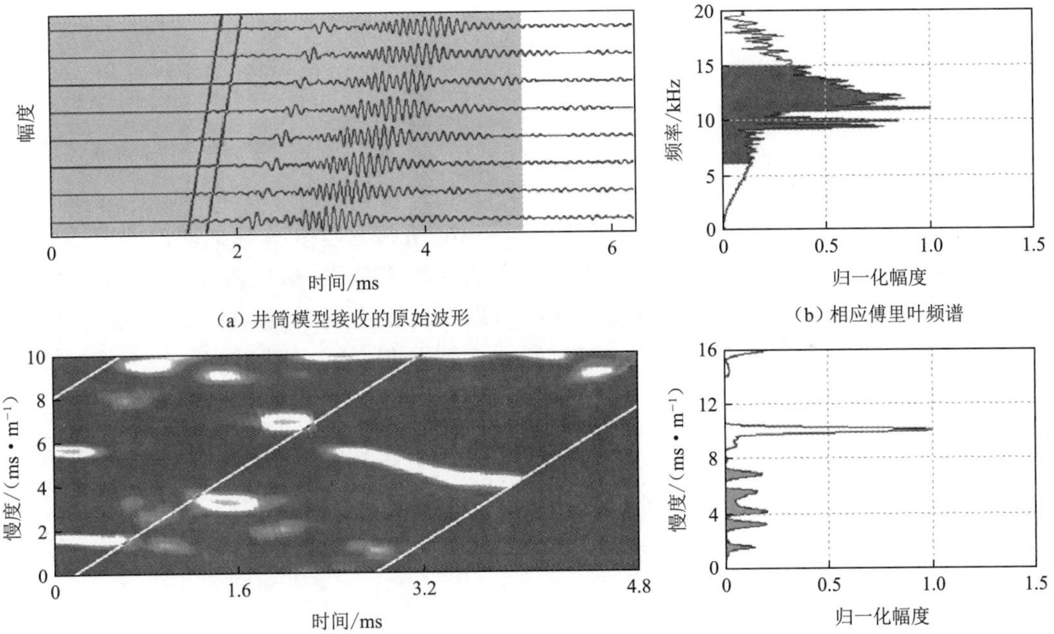

(a) 井筒模型接收的原始波形　(b) 相应傅里叶频谱

(c) 时间-慢度相关系数二维图　(d) 归一化后的累积能量图

图 4-32　采用多道波形相似方法计算纵横波及斯通利波波速

全域标度指数(H)，最终得到时间序列的分形维数。由于功率谱反映的是时间序列的整体信息，因此求得的分形维数是一种对时间序列特征复杂性的度量。本节选用分辨率较高的 Burg 算法求取接收信号的功率谱 $S(f)$。Burg 算法是一种在 Levinson-Durbin 递归约束的前提下，使向前和向后预测误差能量之和为最小的自回归功率谱估计方法，能够在低噪声的信号中分辨出类似正弦分布的信号，进而使用较少的数据对原始信号进行估计。对于任何时间序列 $F(t)$，有：

$$F(\sigma t)=\sigma^{H}F(t) \tag{4-45}$$

式中，σ 为尺度因子。

全域标度指数 $H\in[-3,3]$时，$F(t)$的功率谱 $S(f)$可用关于 f 的幂指数关系表示：

$$S(f)\propto f^{-\beta} \tag{4-46}$$

公式两边取对数可得：

$$\lg[S(f)]=-\beta\lg f \tag{4-47}$$

因此，β 为 lg S-lg f 关系的负斜率，可通过线性回归计算得到。进而求得功率谱维数 D：

$$D=\frac{5-\beta}{2} \tag{4-48}$$

求取功率谱维数的过程中，如何确定 lg S-lg f 关系的负斜率是关键的一步，不同的确定方法得到不同的功率谱维数。因此，相比于维数的数值，维数的变化趋势对于分析结果更为重要。本节中，所有模型都使用最小二乘法确定负斜率，进而分析孔隙结构对功率谱维数的影响。

4）模型可重复性测试

在室内岩芯尺度下，随机分布的孔隙对速度结果的影响是稳定的，并且对于单一孔隙度的模型可以很好地进行重复[1]。然而，在本研究的数值模型中，不同的测量方式可能会造成建模结果的不稳定性。对面积为 S 的轴对称二维矩形区域，含有 N 个半长轴为 R_a、纵横比为 AR 的椭圆形孔隙，则其地层总孔隙度为：

$$\phi=\pi\frac{NR_a^2}{S}AR \tag{4-49}$$

分别在 10%，15%，20%的孔隙度下计算具有相同孔隙尺寸和孔隙纵横比的 10 组随机分布孔隙模型的波场，并通过阵列波形相干叠加法计算模型纵、横波波速（图 4-33）。数值模拟的基本物理特性在表 4-5 中给出。从图中可以看出，随着孔隙度的增加，波速的分散性逐渐减小，随机分布对数值模拟的影响降低，这表明随机分布的孔隙对波速的影响较小（<5%），尤其是在较高的孔隙度下。随着孔隙度的增加，数据更加稳定，为后续的数据分析提供可靠的依据。

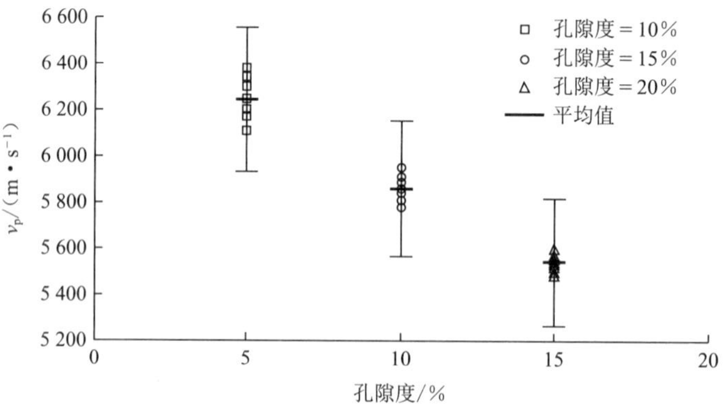

(a)

误差棒表示误差为平均波速的 5%。

图 4-33　随机粗分布孔隙可靠性分析

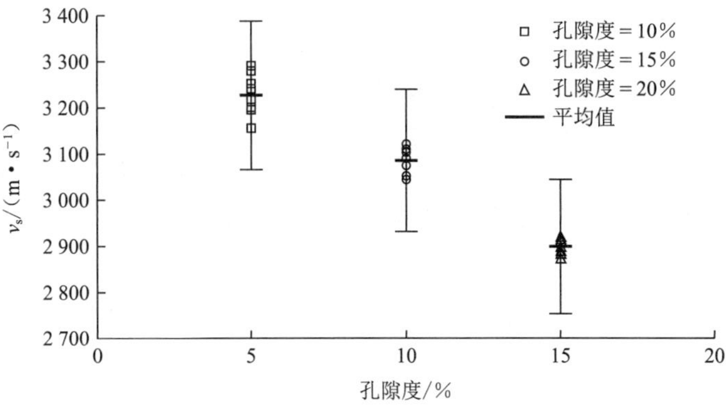

(b)

误差棒表示误差为平均波速的 5%。

图 4-33(续)　随机粗分布孔隙可靠性分析

4.2.2　模型参数对波速的影响

图 4-34 为无孔隙井筒模型与孔隙度为 10%的井筒模型接收信号对比图。在相同的几何模型和地层性质的条件下,可以直观地观察到孔隙对测井声波传播的显著影响。随着孔隙的加入,声波整体幅值降低,说明孔隙的存在加快了声波能量的衰减,相比于纵、横波等体波,斯通利波波幅变化最大,说明斯通利波能量对于孔隙更为敏感。井筒环境使得声波传播不同于脉冲透射法岩芯声速测试,主要能量沿着井壁传播,同时地层孔隙的加入会造成很多散射衰减,进而产生较为复杂的尾波。

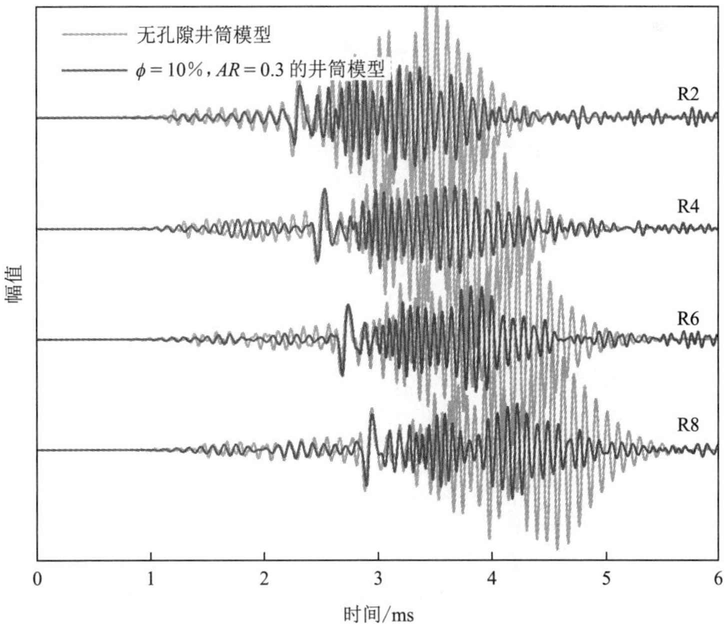

图 4-34　无孔隙和含孔隙井筒模型的不同接收器接收波形

1）孔隙纵横比对波速的影响

为了研究孔隙纵横比对井筒模型声波的影响，在保持模型材料参数（表 4-5）不变的情况下，建立孔隙度为 0～30%的不同孔隙纵横比井筒模型。纵横比为 0.8 的孔隙对应于铸模孔、溶孔等孔隙类型，而纵横比小于 0.1 的孔隙呈“硬币”扁平状，对应于裂缝、张开的微裂隙等孔隙类型。在每个模型中，孔隙尺寸（主轴）为 60 mm。同时将相同参数下的数值模拟结果与 KT 模型和 DEM 模型计算结果进行比较。不同孔隙度下各波波速与孔隙纵横比的关系如图 4-35 所示。

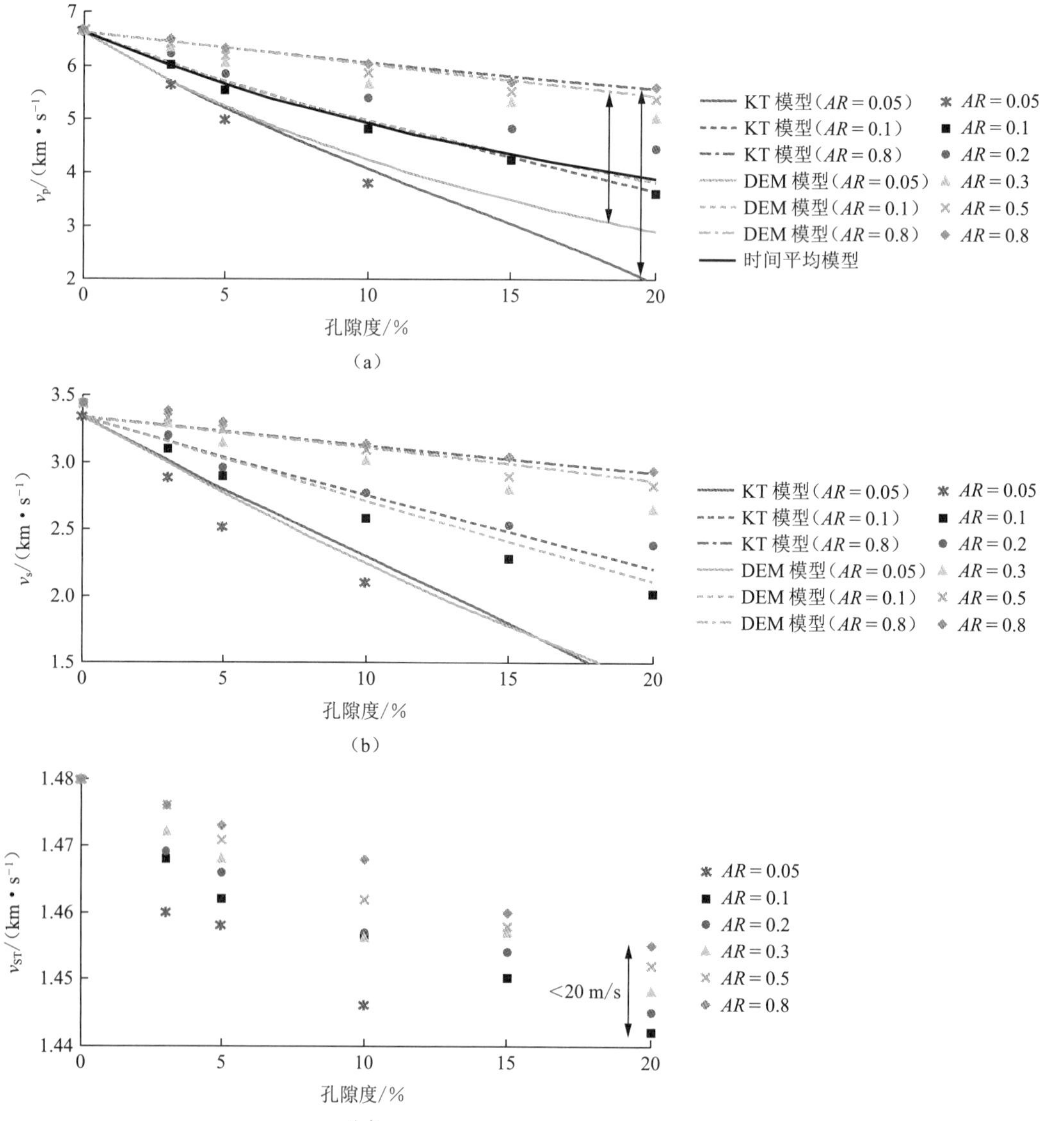

图 4-35　不同孔隙度下 AR 对 v_p，v_s 和 v_{ST} 的影响

从图 4-35 可以看到，在相同孔隙度下，模型的纵、横波速度随孔隙纵横比的增大而增大，当孔隙度为 10%时，孔隙纵横比（从 0.05 到 0.8）引起的纵波速度变化超过 2 000 m/s。

通过对比 KT 模型和 DEM 模型以及地震勘探中常用的时间平均模型的结果可以看出，在相同孔隙度下，采用时间平均模型计算出的 v_p 和 v_s 略大于孔隙纵横比为 0.1 的井筒模型模拟得到的波速。相比于数值模型计算的结果，理论模型得到的 v_p 和 v_s 较大，并且随着孔隙度的增加，KT 模型和 DEM 模型计算的波速偏差也变大。相比之下，DEM 模型能够更好地描述了井筒模型中的声波速度，尤其当孔隙纵横比较大时，与数值模型结果吻合较好。随着孔隙度从 0 增加到 20%，v_{ST}（斯通利波速度）没有显示出明显的下降，而 v_s 和 v_p 显著降低，如在孔隙纵横比为 0.1 时，v_p 下降约 3 000 m/s，下降幅度达 45%，而 v_s 下降约 1 400 m/s，下降幅度为 41%。这是由于在数值模拟中，当声波波长远远大于孔隙尺寸时，孔隙体积的增加将会引起更多的声波散射，因此孔隙度主要是通过改变地层整体弹性性质来改变声波波速的。

图 4-36 描述了波速与孔隙纵横比的关系。当孔隙度不变时，井筒模型的纵、横波波速随孔隙纵横比的增大呈幂函数规律增大，其声波速度 v 与孔隙纵横比的关系可表示为：

$$v = a(AR - b)^c \tag{4-50}$$

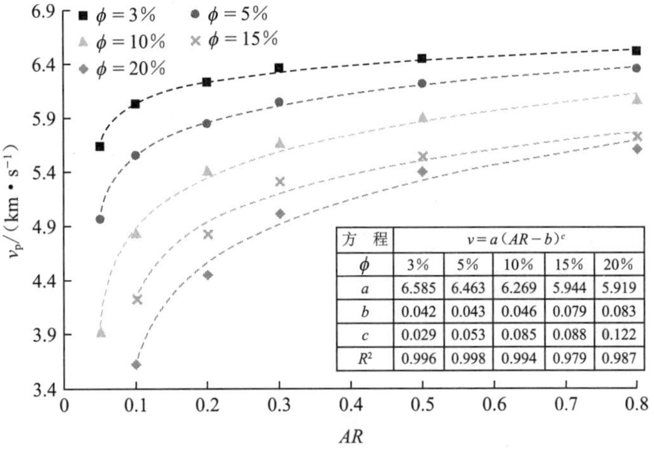

方 程	$v=a(AR-b)^c$				
ϕ	3%	5%	10%	15%	20%
a	6.585	6.463	6.269	5.944	5.919
b	0.042	0.043	0.046	0.079	0.083
c	0.029	0.053	0.085	0.088	0.122
R^2	0.996	0.998	0.994	0.979	0.987

（a）

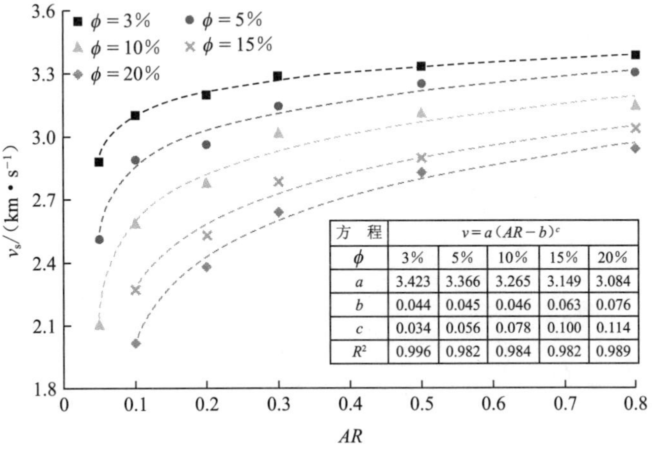

方 程	$v=a(AR-b)^c$				
ϕ	3%	5%	10%	15%	20%
a	3.423	3.366	3.265	3.149	3.084
b	0.044	0.045	0.046	0.063	0.076
c	0.034	0.056	0.078	0.100	0.114
R^2	0.996	0.982	0.984	0.982	0.989

（b）

图 4-36　波速与孔隙纵横比的关系

式中，a，b 和 c 为拟合参数。

波速变化主要存在于小孔隙纵横比情况下（尤其当 $AR<0.1$ 时），而当 AR 大于 0.3 以后，波速增加变缓。这是由于低纵横比的孔隙或裂缝对声波传播影响更敏感，对岩石整体产生“软化”作用[16]，并与实验及理论模型的计算结果一致[20,21]。同时，数值模型得到的声波速度-孔隙纵横比关系与井筒实验得到的结果是吻合的。高的拟合度（$R^2>0.9$）表明本节建立的长波长条件下不同孔隙纵横比的井筒模型是可靠的，波速与孔隙纵横比之间可用幂函数进行描述。而对于斯通利波，其波速在孔隙纵横比从 0.05 到 0.8 的递增过程中，只有极小的增大现象（小于 20 m/s），说明 v_{ST} 对孔隙纵横比不敏感。

2）孔隙尺寸对波速的影响

地层中孔隙尺寸与波长的比值会影响测量得到的波速。在本节介绍的数值模型中，声波波长可由激发频率和地层速度计算得到。为了分析孔隙尺寸对测井声波的影响，建立孔隙度为 3%～20%、孔隙尺寸为 30～240 mm 的数值模型。模型中孔隙纵横比均为 0.1，其他参数与上文一致。

采用井筒尺度数值模拟方法计算得到的波速如图 4-37 所示，横坐标为波长与孔隙尺寸的比值（λ/d）。由图可以看出，当孔隙尺寸远小于传播波长（$\lambda/d>15$）时，纵、横波波速变化不大；而随着孔隙尺寸增大，波速增大，尤其当 $\lambda/d<10$ 时，波速增大明显。当孔隙度较低（3%）时，孔隙尺寸引起的 v_p 变化约为 450 m/s，v_s 变化约为 340 m/s。随着孔隙度的增大，孔隙尺寸引起的波速变化也相应增大，在孔隙度为 10% 时，v_p 相差约 880 m/s，v_s 相差约 550 m/s。孔隙尺寸对波速变化的影响在孔隙度为 10%、孔隙纵横比为 0.1 的条件下可达到约 20%。综合以上结果可以得出：在孔隙度和孔隙纵横比一定的情况下，孔隙尺寸较大的地层具有更快的纵、横波速度。岩石物理实验表明，当波长与孔隙尺寸相当或更小时，声波会沿着速度快的路径并绕过速度慢的介质，因而表现出更快的地层传播速度。另外，井筒数值模拟得到的孔隙尺寸与波速的关系与上一章中讨论的物理模型测量趋势吻合，而数值模拟相比于物理模型具有更大的参数变化范围（孔隙度和孔隙纵横比等）。模拟结果显示，可用简单的幂函数对波速与孔隙尺寸之间的关系进行描述。

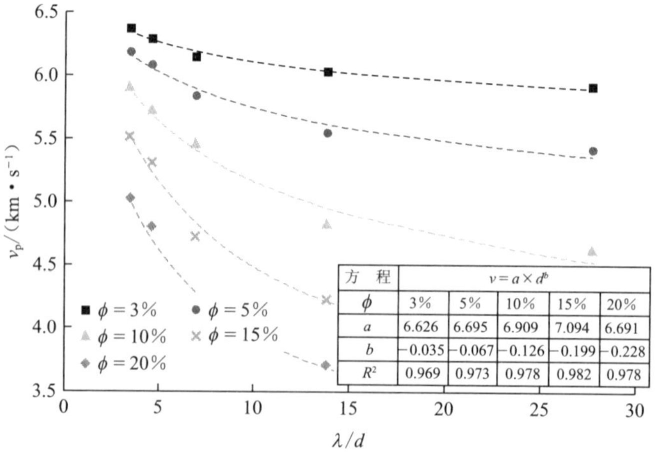

(a)

图 4-37　波速与孔隙尺寸的关系

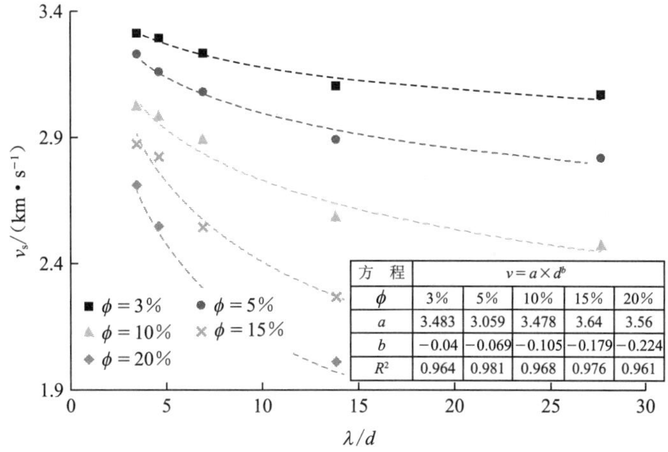

(b)

图 4-37(续)　波速与孔隙尺寸的关系

3) 声波频率对波速的影响

值得注意的是，本研究是在基于具有孤立硬币状孔隙的理想模型中测量的。该模型的一个关键特征是通过假设孔隙网络之间不存在流体交换，模拟饱和流体孤立孔隙的情况，这在高频率范围中是适用的。Biot 理论是预测非均匀材料中弹性波传播的经典模型，并已广泛应用于流体饱和多孔岩石物理测试中。该理论假定岩石是均匀且各向异性的，其中饱和相对于岩石骨架可自由流动的可压缩黏性流体。该模型认为孔隙流体对弹性波产生的影响是由于流体相对于岩石骨架运动时的黏度或惯性引起了能量损失，因此该模型预测的两相介质中的波速和衰减取决于弹性波频率、材料的弹性性质、孔隙度、渗透率、曲折度和有效应力等。Biot 理论是 Gassmann 方程在高频条件下的推广，William 等给出了 Biot 理论所需参数值(骨架的曲率、渗透性和水的黏度)。干岩石骨架的体积(K_{dry})和剪切模量(μ_{dry})与单矿物颗粒的弹性模量(K_m和 μ_m)不同，并与孔隙结构有关。由前文可知，DEM 模型可更好地描述井筒尺度下孔隙结构与声波波速的关系，因此本节使用 DEM 模型计算 K_{dry}和 μ_{dry}，然后应用 Biot 理论来考虑模型中的流体效应，这里将以上流程称为 DEM_Biot 模型。该模型的其他参数与上述数值模型的参数一致。图 4-38 是由 DEM_Biot 模型计算的纵波波速。模型中 $AR=0.2$，$d=0.06$ m，频率范围为 10 Hz～10 MHz。

从图 4-38 可以看到，不同频率下 v_p发生变化，在较低的频率范围内(如地震勘探频率下)，波速频散现象更为严重，且随着孔隙度的增加频散加剧。声波测井的频率范围为 5～50 kHz，由此得到的波速与超声岩石物理测试的波速差异较小。相对而言，对于频率范围为 100～1 000 Hz 的地震勘探，其波速度将会产生较大偏差。然而，即使孔隙度达到 30%时，频散仅能造成不到 100 m/s 速度偏差，远小于孔隙结构对于声波波速的影响(图 4-38d)。上述关系是在孔隙度为 10%～30%时计算的波速，而碳酸盐岩储层的孔隙度通常较小。目前研究主要关注不同频率下声波的传播特性，本节计算结果表明在实际数据处理时，孔隙结构的影响不容忽视。

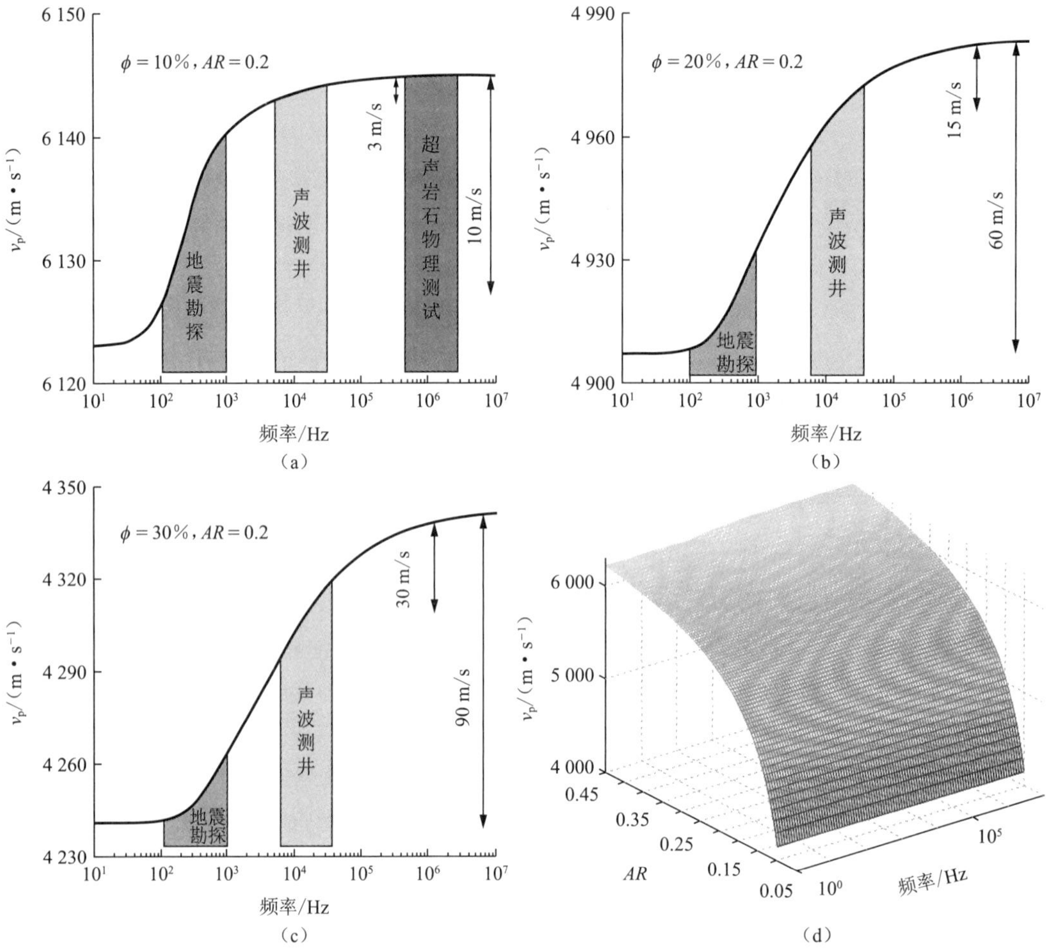

图 4-38　通过 DEM_Biot 模型计算的速度频散分布

4.2.3　孔隙结构对波形的影响

1）孔隙结构对频率信息的影响

岩石中孔隙的存在可以引起频域内声波信号的变化，可以通过对其 Hilbert 谱进行积分获得相应的边际谱。当孔隙度为 10%时，具有不同孔隙纵横比的井筒模型的声波信号的前 4 个 IMF 分量计算的边际谱及相应的累积能量如图 4-39 所示。由图可以看出，在频域范围内，能量的衰减随着孔隙纵横比的减小而增加。随着孔隙纵横比的增大，主频的幅值大大减小并向低频方向移动。这是因为当孔隙度一定时，孔隙纵横比降低，孔隙数目增大，将会造成更多的界面反射和衍射，从而导致频域内更强的散射衰减。主要的能量衰减范围(图 4-39b 中灰色阴影部分)为 10～13 kHz。低孔隙纵横比(AR=0.1)模型的累积能量仅为高孔隙纵横比(AR=0.5)模型的 21.33%。

不同孔隙尺寸的井筒模型接收波形的边际谱及相应的累积能量如图 4-40 所示。由图可以看出，孔隙尺寸不同，频域上的衰减也不同。随着孔隙尺寸的减小，接收信号的主频能量明显下降，总能量也随之降低。主要的能量衰减范围(图 4-40b 中灰色阴影部分)为 10～

15 kHz。小孔隙尺寸(d =0.06 m)模型的累积能量仅为大孔隙尺寸(d =0.24 m)模型的 16%,说明相比于孔隙纵横比,孔隙尺寸对弹性波传播的影响更大。

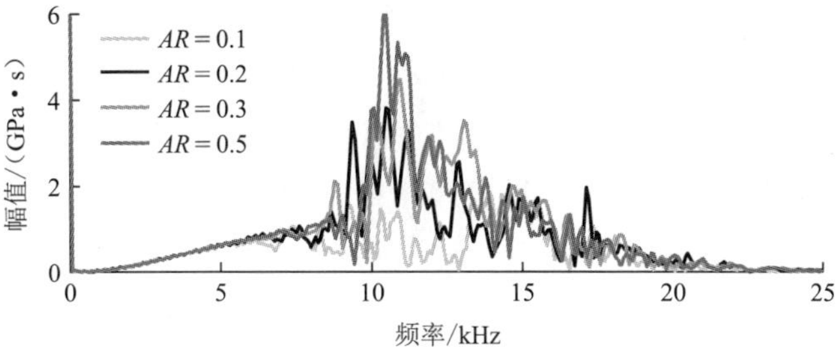

(a)

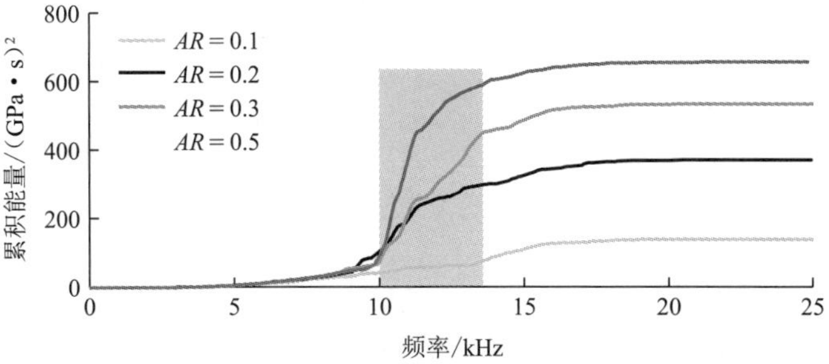

(b)

图 4-39　不同孔隙纵横比的井筒模型 R1 接收器波形的边际谱

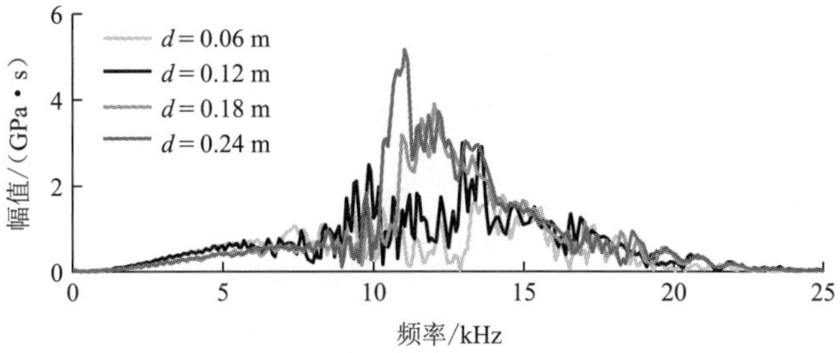

(a)

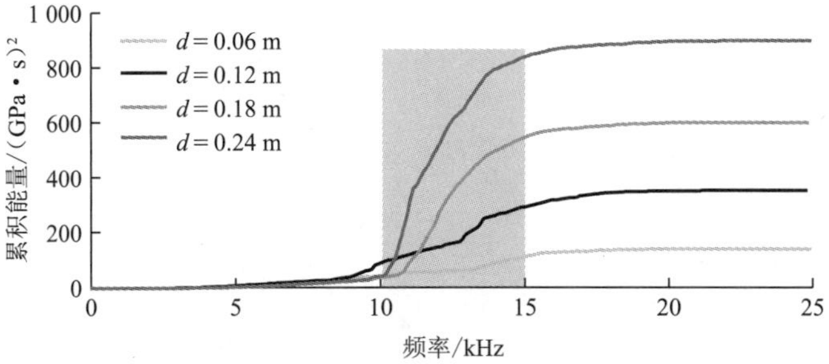

(b)

图 4-40　不同孔隙尺寸的井筒模型 R1 接收器波形的边际谱

2) 孔隙结构对分形维数的影响

由上述分析可知,孔隙结构严重影响井筒内声波的传播特性。分形维数是一种描述信号复杂度和不规则程度的方法。目前已有许多研究结果[22]证实,受地层参数影响的弹性波具有分形特征,因此本节计算不同孔隙结构模型接收信号的功率谱维数,利用声波信号整体信息分析地层内部变化。相比于井筒模型实验,数值模拟不仅对实验研究方法进行了扩展补充,而且其高精确性使得波形信息更能反映孔隙结构的影响。图 4-41 为不同孔隙度和孔隙纵横比井筒模型接收信号的功率谱分形维数。由图可以看出,接收信号的功率谱分形维数(D)随着孔隙度的增加而增大。同时随着孔隙纵横比的降低,功率谱分形维数显著增大,说明接收信号的波形变得更为复杂。结合图 4-39 中频率谱可知,孔隙纵横比的增加将导致接收波形主频的降低,幂函数可以较好地描述两者之间的关系。

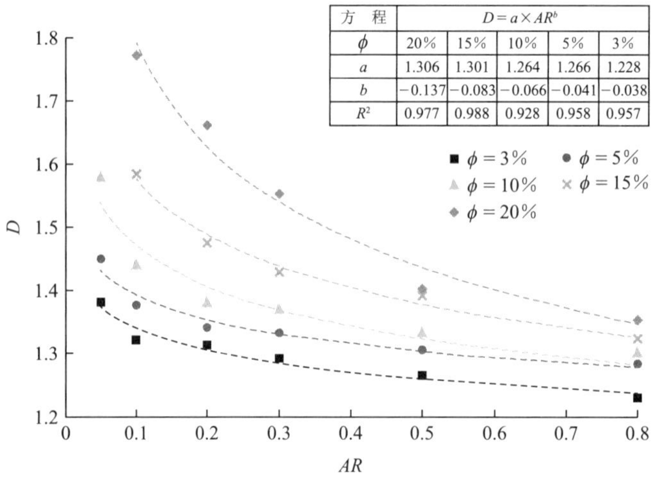

图 4-41 功率谱分形维数与孔隙纵横比之间的关系

由上文的波速的分析可知,孔隙尺寸对波速的影响机制与孔隙纵横比相似,幂函数也可以很好地描述表示信号复杂程度的分形维数和孔隙尺寸之间的关系(图 4-42)。随着孔隙

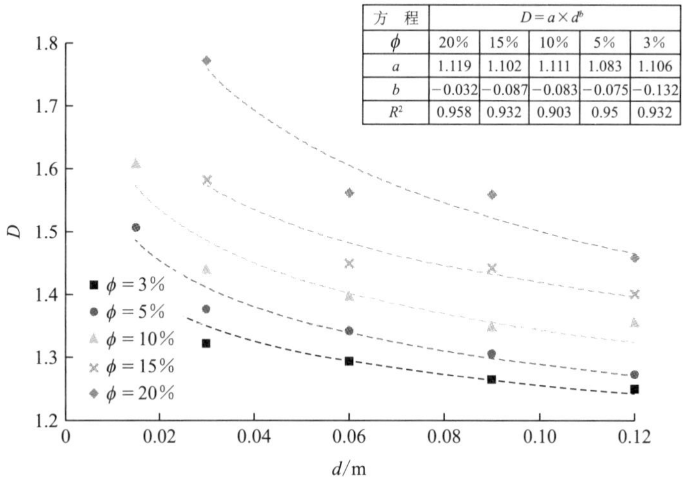

图 4-42 功率谱分形维数与孔隙尺寸之间的关系

尺寸的增加，接收信号的功率谱分形维数降低。同时，孔隙度越大，孔隙数量的增多也将导致更多的散射，因此接收信号变得更为复杂。综上，与利用波速评价孔隙结构的方法相比，分形维数利用了整道波形的全部信息，不需要精确提取波速，从而避免了人工拾取的误差，可以提高地层孔隙结构分析的准确性。

4.3　黏性流体饱和碳酸盐岩的低频动态弹性特性

流体饱和沉积岩，特别是黏性流体(如重油)饱和时其波速(弹性模量)和衰减是频散的。近几年的实验室测试结果表明，重油及其饱和岩石表现出黏弹性特征。波速和衰减是油气地震勘探的最基本属性，但是实验室内对岩石声学性质的测量基本都是在超声高频(10^5～10^6 Hz)条件下进行的，而地震勘探频率(10～10^2 Hz)要低很多。因此，在比较现场和实验室测量数据时，需要考虑饱和岩石动态弹性模量频散的影响。研究黏性流体饱和岩石在低频条件下的黏弹性特征对于油藏描述和动态监测非常重要。

实际上，学者们一直尝试在实验室测量低频条件下岩石的动态弹性模量，并为此设计了多种测量装置。Spencer[23]基于应力-应变法设计了一种测量岩石动态杨氏模量的方法，通过施加单轴波动应力载荷，记录对应的应变响应。之后，Adam 等[24]、Mikhaltsevitch 等[25]及 Madonna 和 Tisato[26]基于应力-应变法对岩芯的动态杨氏模量和衰减进行了低频实验测量。采用类似方法，Jackson 和 Paterson[27]实现了剪切应力波动下的动态剪切模量测量。对于动态体积模量，通过控制围压波动，一些学者通过测量岩芯的体积应变[28-30]进行计算。Jackson 等[31]设计了能同时测量扭转(torsional)和弯曲(flexural oscillation)波动应力的低频动态模量实验装置。目前，应力-应变法仍是采用最多的方法，可以实现不同频率(10^{-3}～10^3 Hz)和压力(0～100 MPa)范围的动态模量测试。从概念上看，应力-应变法实验测试是简单的，但是从技术上讲却很难实施，因为：① 为了使实验能模拟地震勘探频率下的应力波传播，要使测试样品的应变在 10^{-6}；② 对于流体饱和岩石，需要测量分辨 10^{-3} 弧度的相位差[13]。因此，低频条件下岩石动态弹性模量的测量需要精密复杂的实验设备和经验丰富的实验技师，这极大地阻碍了相关实验研究的大量开展。

重油在地震低频下也会有一定的剪切模量，因此重油饱和岩石不适合用 Gassmann 方程和 Biot 理论来描述。目前，关于重油饱和岩石物理性质的数值模拟较少，多采用黏弹性模型(如 Cole-Cole 模型、麦克斯韦模型等)描述重油剪切模量的频散规律，应用等效介质模型(如相干势近似-CPA)计算饱和岩石的等效模量。加拿大 Grosmont 层碳酸盐岩为稠油-沥青储层，笔者在国际合作研究中针对该目标区碳酸盐岩开展了低频动态弹性特性的数值模拟，探究了频率、流体黏度、岩石骨架(孔隙度、孔隙纵横比、孔隙尺寸)对岩石动态模量的影响规律，可为低频条件下岩石动态模量的实验研究提供一个重要补充。

4.3.1　低频动态数值模拟方法

1) 线黏弹性模型

对于线黏弹性材料制成的圆柱形样品，假设将其一端固定，在另一端施加一个按正弦规律随时间变化的应力载荷，则由此产生的应变也按正弦规律变化，但应变会滞后于应力一个相位差 δ：

$$\delta = 2\pi f \Delta t \tag{4-51}$$

式中，f 为正弦应力载荷的频率，Δt 为时间延迟。

由于延迟相位角的存在，相应的应力-应变 Lissajous 交汇图为椭圆形，如图 4-43 所示，样品的动态杨氏模量 E^* 可用复数表示为：

$$E^* = E' + \mathrm{i}E'' \tag{4-52}$$

式中，实部 E' 为储能杨氏模量，虚部 E'' 为损耗杨氏模量。

相位差的正切值等于 E'' 与 E' 的比值（图 4-43b），代表了样品的拉伸衰减：

$$Q_{\mathrm{E}}^{-1} = \frac{E''}{E'} = \tan\delta \tag{4-53}$$

式中，Q_{E} 为品质因子。当延迟相位角 δ 很小时，Q_{E}^{-1} 可近似等于 δ。

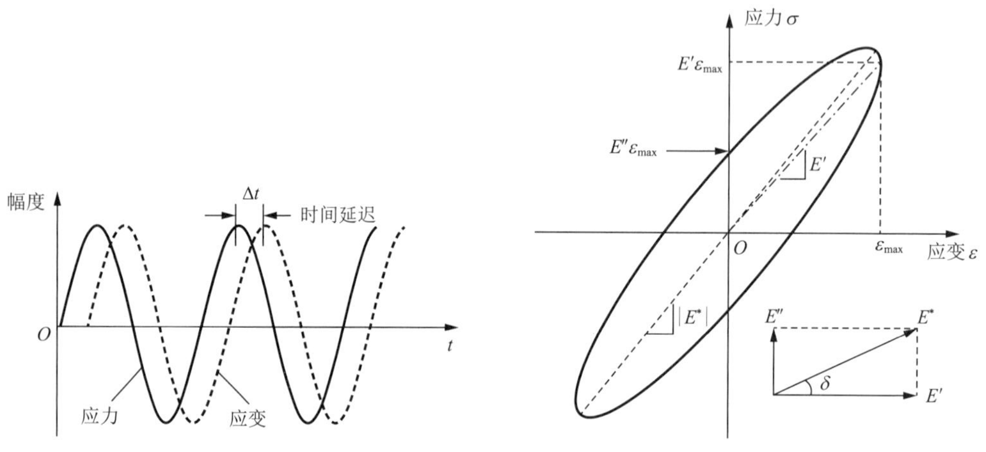

（a）应力、应变随时间的变化　　（b）应力-应变椭圆交汇图

图 4-43　线性黏弹性材料在周期动载荷作用下的应力-应变响应［据［32］重绘］

在黏性流体饱和的情况下，假设岩石骨架是弹性的，黏性流体由麦克斯韦模型描述。作为一个整体，饱和岩石的杨氏模量 E 可表示为：

$$E(t) = E_1 \mathrm{e}^{-t/\tau} + E_2 \tag{4-54}$$

式中，τ 为特征松弛时间，取决于孔隙流体的黏度：

$$\tau = \frac{\eta}{\mu_\infty} \tag{4-55}$$

式中，μ_∞ 为孔隙流体在极高频率下的剪切模量，η 为流体黏度。

对式(4-54)进行傅里叶变换，并与式(4-52)进行比较得：

$$E'(\omega) = E_2 + E_1 \frac{\omega^2\tau^2}{1+\omega^2\tau^2} \tag{4-56}$$

$$E''(\omega) = E_1 \frac{\omega\tau}{1+\omega^2\tau^2} \tag{4-57}$$

式中，ω 为载荷的角频率（$\omega = 2\pi f$）。

图 4-44 为 $E_1=E_2=1,\tau=0.001$ s 条件下 E'和 E''随频率变化的一个简单示例，E''随频率变化的曲线被称为 Debye 峰曲线，$\tan\delta$ 是向较低频率移动的 Debye 峰。由式(4-57)可知，在数学意义上，τ 与 ω 对 E''变化的影响是相同的，当 $\omega\tau=1$ 时，损耗杨氏模量 E''达到最大值。

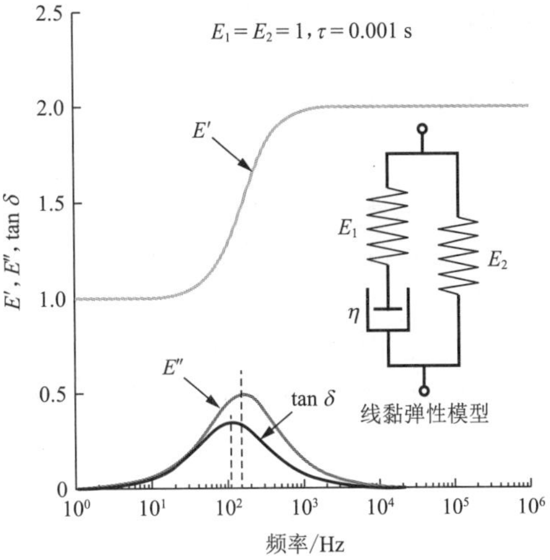

图 4-44　标准线黏弹性固体的储能模量和损耗模量的频散特性

2）模型描述

模型假设如下：

(1) 孔隙系统简化为孤立的、规则的椭圆形孔隙，椭圆孔的中心位置、长轴方向都是随机分布的。

(2) 固体基质是各向同性的线弹性材料。

(3) 孔隙流体为黏弹性流体，采用麦克斯韦活塞-弹簧模型描述。

为模拟岩芯尺度多孔岩石，构建 $l_x=10$ cm，$l_y=20$ cm 的二维几何模型，内部包含随机分布的不同尺寸、纵横比的椭圆孔，代表天然岩芯中的不规则孔隙。椭圆孔半长轴长度为 2～28 mm，椭圆孔数量一般为 10～10^3，与模拟的孔隙度和孔隙尺寸有关。椭圆孔被动态剪切模量为 μ_f的黏性流体完全饱和，以此模拟沥青饱和的缝洞型碳酸盐岩岩芯。模型的边界条件如图 4-45 所示。在模型的下边界施加平行于 y 轴的法向应力，有：

$$\begin{cases}\sigma_x\,|_{y=0}=0\\ \sigma_y\,|_{y=0}=A_0\sin(2\pi ft),\quad 0\leqslant t\leqslant 40/f\end{cases}\tag{4-58}$$

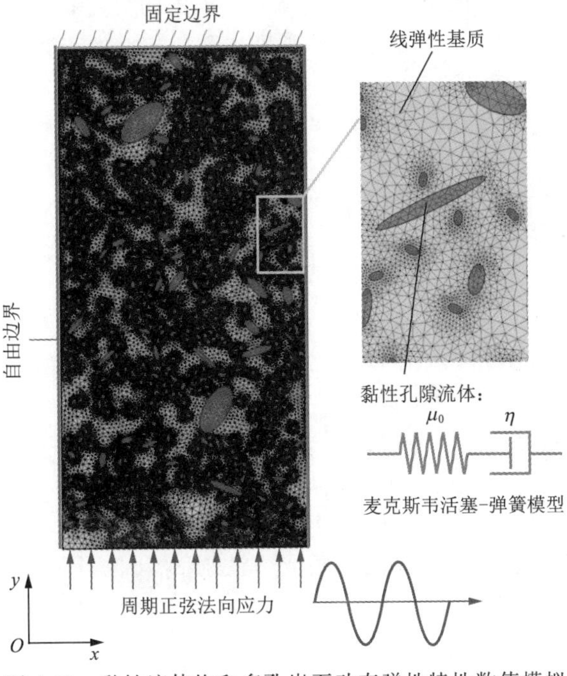

图 4-45　黏性流体饱和多孔岩石动态弹性特性数值模拟

式中，σ_x 为 x 方向上的应力，σ_y 为 y 方向上的应力，A_0 为正弦法向应力的幅值，f 为谐波载荷的频率。

模型的上边界为固定边界，有：

$$\boldsymbol{u}(y=l_y)=\boldsymbol{0} \tag{4-59}$$

模型的两侧边界为自由边界，无约束。模型中固体基质和孔隙流体的运动[33]可表示为：

$$\rho\frac{\partial^2\boldsymbol{u}}{\partial t^2}-\nabla\boldsymbol{\sigma}=\boldsymbol{F} \tag{4-60}$$

式中，ρ 为介质密度，$\boldsymbol{\sigma}=(\sigma_{ij})$ 为应力张量，$\boldsymbol{F}$ 为外力引起的应力矢量。

对于线弹性固体材料，其应力-应变关系为：

$$\begin{cases}\boldsymbol{\varepsilon}=\dfrac{1}{2}(\nabla\boldsymbol{u}+\nabla\boldsymbol{u}^{\mathrm{T}})\\ \sigma_{ij}=\left(K_{\mathrm{m}}-\dfrac{2}{3}\mu_{\mathrm{m}}\right)\mathrm{trace}(\boldsymbol{\varepsilon})\delta_{ij}+2\mu_{\mathrm{m}}\varepsilon_{ij}\end{cases} \tag{4-61}$$

式中，$\boldsymbol{\varepsilon}=(\varepsilon_{ij})$ 为应变张量，K_{m} 和 μ_{m} 分别为固相基质的体积模量和剪切模量，δ_{ij} 为 Kronecker 符号。

对于线黏弹性流体，其应力-应变关系为：

$$\begin{cases}\boldsymbol{\sigma}=J^{-1}\boldsymbol{ZSZ}^{\mathrm{T}}\\ \boldsymbol{Z}=\boldsymbol{I}+\nabla\boldsymbol{u},\quad J=\det(\boldsymbol{Z})\\ \boldsymbol{S}=K_{\mathrm{f}}\mathrm{trace}(\boldsymbol{\varepsilon})\boldsymbol{I}+2\mu_{\mathrm{f}}\boldsymbol{q}\\ \dfrac{\partial\boldsymbol{q}}{\partial t}+\dfrac{1}{\tau}\boldsymbol{q}=\dfrac{\partial}{\partial t}\left[\boldsymbol{\varepsilon}-\dfrac{1}{3}\mathrm{trace}(\boldsymbol{\varepsilon})\boldsymbol{I}\right]\end{cases} \tag{4-62}$$

式中，K_{f} 为孔隙流体的体积模量；μ_{f} 为孔隙流体的动态剪切模量；$\boldsymbol{I}$ 为单位矩阵；$\boldsymbol{Z},\boldsymbol{S},\boldsymbol{q}$ 为中间变量；τ 为孔隙流体的特征松弛时间，与式(4-55)中的流体黏度有关。

对于黏性流体，其动态剪切模量是流体黏度和载荷频率的函数，这里采用麦克斯韦的标准弹簧-活塞模型来描述：

$$\mu_{\mathrm{f}}=\mu_{\infty}\exp\left(-\frac{t}{\tau}\right) \tag{4-63}$$

式(4-63)在频率域中可表示为：

$$\mu_{\mathrm{f}}=\mu_{\infty}\frac{1}{\dfrac{1}{-\mathrm{i}\omega\tau}+1} \tag{4-64}$$

在孔隙边界，固体基质和孔隙流体相互耦合，应力连续。初始时刻，岩石内任何质点都没有位移和速度：

$$\begin{cases}\boldsymbol{u}(x,y)\big|_{t=0}=0\\ \dfrac{\partial\boldsymbol{u}(x,y)}{\partial t}\bigg|_{t=0}=0\end{cases} \tag{4-65}$$

在多孔介质几何模型基础上，采用有限元方法对式(4-58)～式(4-65)描述的定解问题进行求解计算。为了保证数值计算的收敛性和准确性，时间步长为应力载荷周期的 1/25～1/20，有限元网格的最大尺寸为最小孔隙尺寸的 1/10～1/5。在获得不同时刻的位移场后，可计算岩芯加载端($y=0$)沿 y 方向的应变和应力、两侧边界($x=0,x=l_x$)在 x 方向的应变，为基于应力-应变法原理计算模拟岩芯的动态弹性模量做数据准备。

3）数据处理方法

根据应力-应变法原理，数值模拟完成后数据处理步骤如下：

(1) 根据计算得到的位移场，计算岩芯加载端（$y=0$）沿 y 方向的应变 ε_y 和两侧边界（$x=0, x=l_x$）沿 x 方向的应变 ε_z：

$$\varepsilon_y = \frac{u_y(y=0)}{l_y} \tag{4-66}$$

$$\varepsilon_x = \frac{u_x(x=l_x) - u_x(x=0)}{l_x} \tag{4-67}$$

式中，u_x，u_y 分别为 x，y 方向上的位移。

(2) 计算 y 方向应力和应变之间的相位差（图 4-43a）：

$$\begin{cases} \delta = 2\pi f_0 \left| t_1 - t_2 \right| \\ t_1 = \{ t \mid \varepsilon_y(t) = \varepsilon_{y\text{-max}} \} \\ t_2 = \{ t \mid \sigma_y(t) = \sigma_{y\text{-max}} \} \end{cases} \tag{4-68}$$

式中，f_0 为初始频率，t_i 为 y 方向上最大应变 $\varepsilon_{y\text{-max}}$ 对应的时间，t_2 为 y 方向上最大应力 $\sigma_{y\text{-max}}$ 对应的时间。

(3) 计算储能杨氏模量、损耗杨氏模量和泊松比：

$$E' = \frac{\sigma_y(t_1)}{\varepsilon_{y\text{-max}}}, \quad t_1 = \{ t \mid \varepsilon_y(t) = \varepsilon_{y\text{-max}} \} \tag{4-69}$$

$$E'' = E' \tan\delta \tag{4-70}$$

$$\gamma = \frac{\varepsilon_{x\text{-max}}}{\varepsilon_{y\text{-max}}} \tag{4-71}$$

式中，γ 为泊松比，$\varepsilon_{x\text{-max}}$ 为 x 方向上的最大应变。

4.3.2 数值模拟实验设计

为探究不同因素对黏性流体饱和多孔岩石低频动态弹性特性的影响，根据控制变量法原理，设计 5 组数值模拟实验，数值实验模型参数见表 4-7。所有数值模拟中采用的固相基质、孔隙流体的密度和弹性模量见表 4-8。线黏弹性流体的动态弹性模量是频散的。在表 4-7 和表 4-8 所述数值模拟参数范围内，按照式(4-64)计算的不同黏度流体的剪切模量随频率的变化规律如图 4-46 所示。

表 4-7　数值实验设计表

系　列	变　量	固定参数
1	频率 f(Hz) $f=\{5,50,100,200,500\}$	$\phi=0.25, \alpha=0.5, d=4$ mm, $\eta=10^6$ Pa·s
2	黏度 η(Pa·s) $\eta=\{10,100,10^3,10^4,10^5,10^6,10^7\}$	$\phi=0.25, \alpha=0.5, d=4$ mm, $f=50$ Hz, 200 Hz

续表

系列	变量		固定参数
3	骨架刚度	孔隙度 ϕ $\phi=\{0.05,0.1,0.15,0.2,0.25,0.3\}$	$\alpha=0.5,d=4$ mm, $f=50$ Hz, $\eta=10^5$ Pa·s
4		孔隙尺寸 d(mm) $d=\{2,3,4,5,6,7,8,10,20,28\}$	$\phi=0.25,\alpha=0.5,f=50$ Hz, $\eta=10^5$ Pa·s
5		孔隙纵横比 α $\alpha=\{0.1,0.2,0.3,0.4,0.5,0.7,0.9,1.0\}$	$\phi=0.1,d=4$ mm, $f=50$ Hz, $\eta=10^5$ Pa·s

表 4-8 数值模拟中基质与流体参数设置

材料	密度	体积模量	剪切模量
固相基质(方解石)	$\rho_s=2\ 710$ kg/m^3	$K_s=70$ GPa	$\mu_s=32$ GPa
孔隙流体(沥青)	$\rho_f=900$ kg/m^3	$K_f=2.25$ GPa	$f=0$ Hz: $\mu=0$ GPa; 极高频: $\mu_\infty=1.02$ GPa

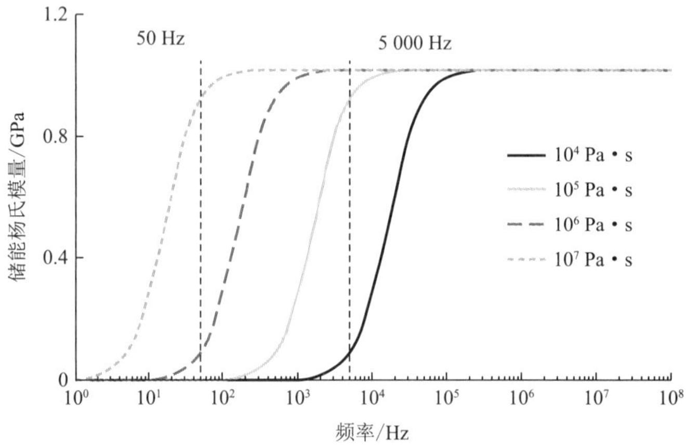

(a)

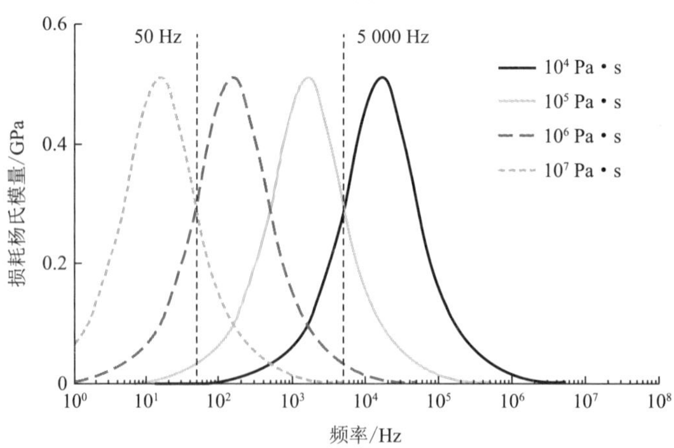

(b)

图 4-46 基于麦克斯韦模型计算的不同黏度流体的视剪切模量随频率的变化($\mu_\infty=1.02$ GPa)

4.3.3　影响因素分析

表 4-7 中的 5 个模拟实验系列计算得到的 40 个载荷周期内典型的应力、应变曲线如图 4-47 所示。图 4-47(c)为截取的第 40 个周期内的应力、应变响应,可以看出,应力、应变响应之间具有明显的相位差。在此基础上,可根据式(4-66)～式(4-71)计算岩芯的动态弹性模量

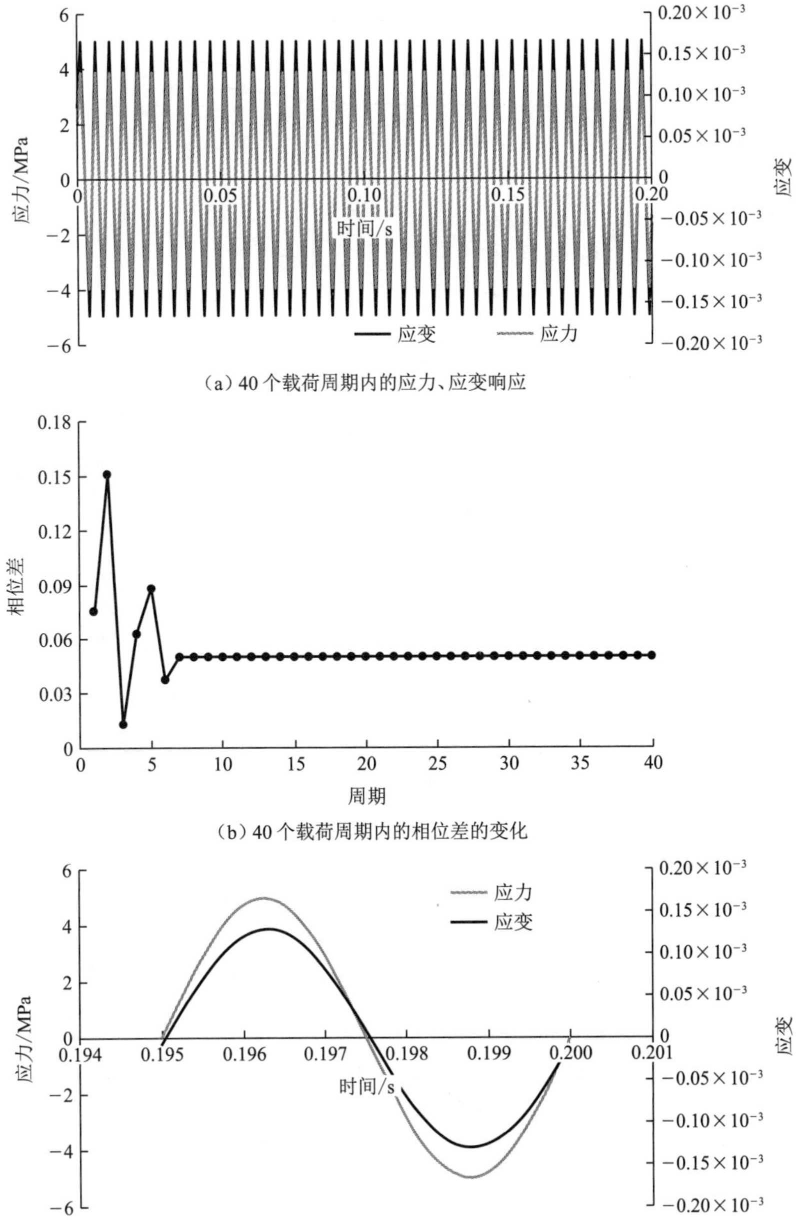

(a) 40 个载荷周期内的应力、应变响应

(b) 40 个载荷周期内的相位差的变化

(c) 第 40 个周期内的应力、应变响应

$\phi=0.25$,$AR=0.5$,$d=4$ mm,$f=200$ Hz,$\eta=10^6$ Pa·s。

图 4-47　数值模拟计算得到的应力、应变响应曲线

和相位差。为便于数值模拟结果分析，在每种模拟条件下，分别计算对应的 Hashin-Shtrikman 上下限和自洽模型预测结果，并与数值模拟结果进行对比。

1）激振频率的影响

随着频率的增加，岩芯储能杨氏模量逐渐增大并趋于一个稳定值（图 4-48a），增加幅度约为 11.4%。虽然流体黏度为 10^6 Pa・s 时，流体的动态模量在 50～5 000 Hz 范围内变化

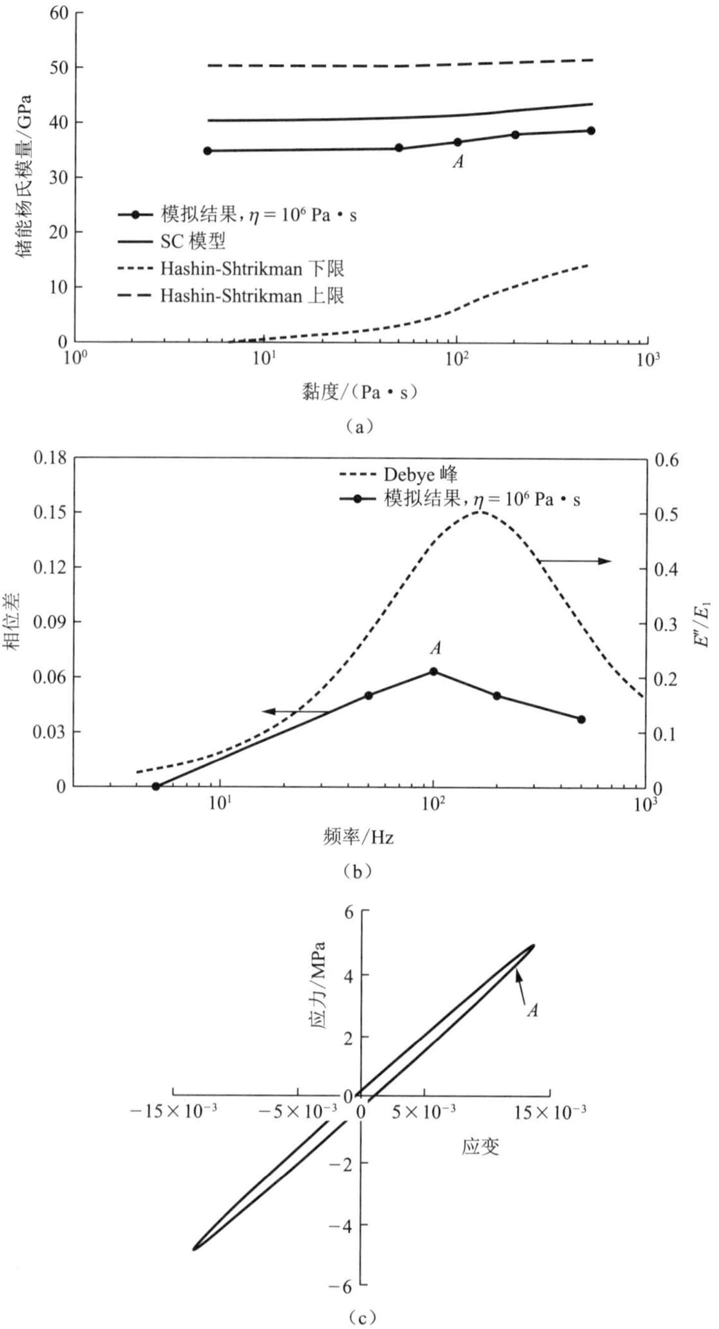

图 4-48　激振频率对储能杨氏模量和相位差的影响

显著(图 4-46),但孔隙流体与岩石骨架的刚性差别较大,黏性流体因频率增大而引起的动态模量增大对饱和岩芯等效动态模量的影响并不显著。随着频率增加,饱和岩芯的相位差增大到峰值后快速降低(图 4-48b)。当频率为 100 Hz 时(图 4-48 中 A 点),岩芯的应力-应变关系已呈比较明显的椭圆形(图 4-48c),即岩芯应力、应变已有明显相位差。需要注意的是,这里相位差呈现的峰值特性与共振无关,而是反映了黏性流体饱和岩芯的固有特性。根据式(4-57),损耗杨氏模量在 $\omega\tau=1$ 时达到最大值,因此图 4-48 所示模拟中损耗杨氏模量取得最大值时的激振频率 $f_D=\mu_\infty/(2\pi\eta)=162.3$ Hz。由图 4-44 可知,对应的相位差取得最大值时的频率应略低于此值,这与模拟结果中 100 Hz 时的相位差大于 200 Hz 时的相位差是吻合的。

数值模拟计算的饱和岩芯在低频条件下的储能杨氏模量处于 Hashin-Shtrikman 上下限之间,略低于自洽模型预测结果(图 4-48a)。虽然数值模拟几何模型中椭圆孔是相互孤立的,孔隙流体无法流动,但是模拟中采用的应力载荷频率(5～500 Hz)较低,并且计算等效动态模量采用的应力-应变法也属于低频方法,因此数值模拟结果略低于自洽模型预测结果。

2) 流体黏度的影响

如图 4-49 所示,在流体黏度相同的情况下,200 Hz 时模拟计算的储能杨氏模量均略高于 50 Hz 时的结果,差异值在 0.2%～7.2%之间。在频率一定的条件下,随着孔隙流体黏度增加,饱和岩芯的储能杨氏模量、相位差一开始基本不变;当流体黏度增大到一定值后,储能杨氏模量逐渐增大并趋于一个稳定值,增加幅度约为 13.2%。在图 4-49 中模拟参数下,储能杨氏模量松弛过渡区的黏度范围为 10^5～10^7 Pa・s,这与图 4-46 中黏性流体动态剪切模量的频散过渡区吻合。这表明饱和岩芯储能杨氏模量的松弛特性与黏性流体动态剪切模量的变化密切相关。数值模拟计算的饱和岩芯在低频条件下的储能杨氏模量处于 Hashin-Shtrikman 上下限之间,略低于自洽模型预测结果。

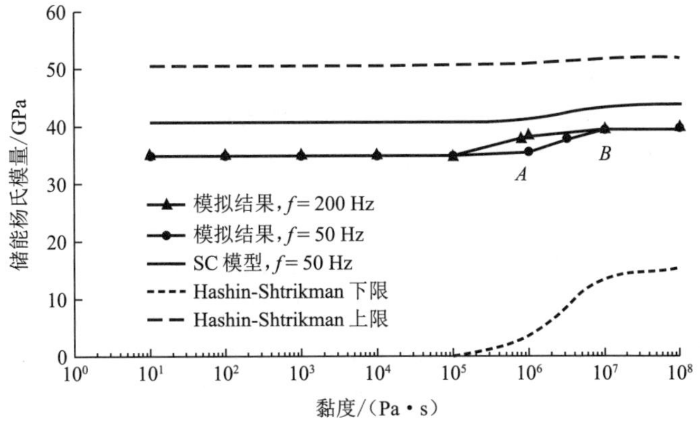

(a)

图 4-49　流体黏度对储能杨氏模量和相位差的影响

随着流体黏度增加,饱和岩芯的相位差增大到峰值后快速降低。储能杨氏模量随流体黏度增大而增大,相位差随流体黏度增大先增大后减小。在该系列数值实验中,角频率不变,流体的特征松弛时间随黏度变化,相位差随黏度的变化与 Debye 峰特征吻合。根据式

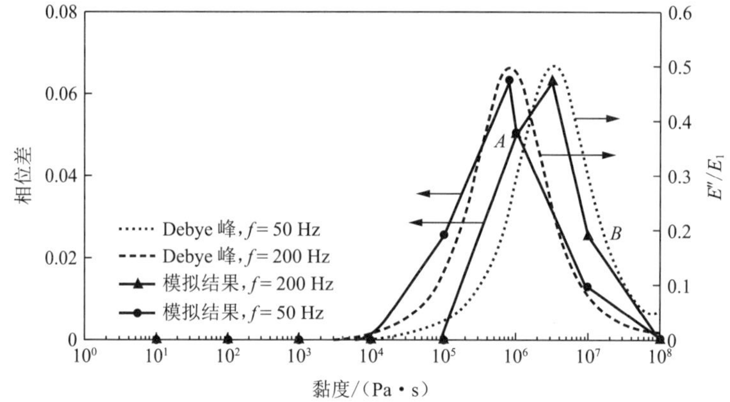

(b)

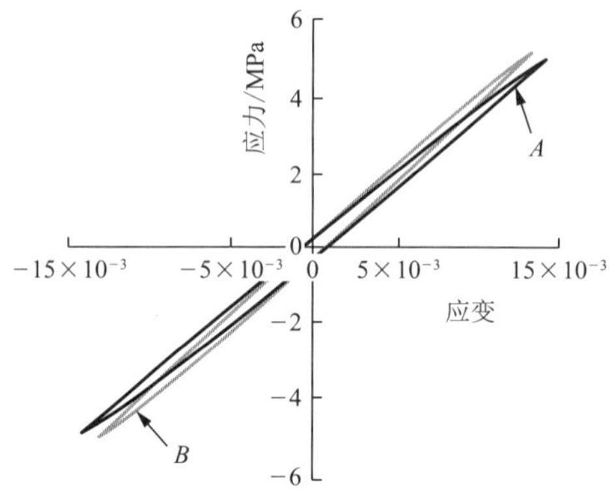

(c)

图 4-49(续) 流体黏度对储能杨氏模量和相位差的影响

(4-57)计算，50 Hz 和 200 Hz 条件下损耗杨氏模量取最大值时的流体黏度分别为 $f_{D1}=3.2\times10^6$ Pa·s 和 $f_{D2}=8.17\times10^5$ Pa·s。在这两组频率-黏度组合下，数值模拟得到的相位差也对应处于峰值(图 4-49)。图 4-49 中 A 点(50 Hz，10^6 Pa·s)的相位差大于 B 点(100 Hz，200 Hz，10^7 Pa·s)的，在应力-应变图中 A 点对应的椭圆宽度大于 B 点的，这是因为 A 点的黏度值更靠近 50 Hz 条件下 Debye 峰的黏度点。

3) 骨架刚度的影响

岩石骨架的刚度主要受矿物组成、孔隙度和孔隙结构的控制。对于碳酸盐岩，这里主要探究孔隙度(表 4-7 中系列 3)和孔隙结构(孔隙纵横比、孔隙尺寸，表 4-7 中系列 4，5)对黏性流体饱和岩芯动态模量的影响。

(1) 孔隙度的影响。

随着孔隙度的增加，饱和岩芯的储能杨氏模量降低；数值模拟计算的储能杨氏模量处于 Hashin-Shtrikman 上下限之间，略低于自洽模型的预测结果(图 4-50a)。虽然 $\eta=10^5$ Pa·s 的流体在 $f=50$ Hz 时剪切储能杨氏模量很低(图 4-49)，但当孔隙度增大到一定程度后，饱和岩芯的应力、应变响应之间的相位差会显著增大(图 4-50b)。与频率、流体黏度的影响相比，孔隙度增大引起的相位差较小，应力-应变图需要局部放大才能看出椭圆特征(图 4-50c)。

这表明在孔隙结构一定的情况下，孔隙度是影响岩芯波速度的重要因素，但对衰减的影响较小。

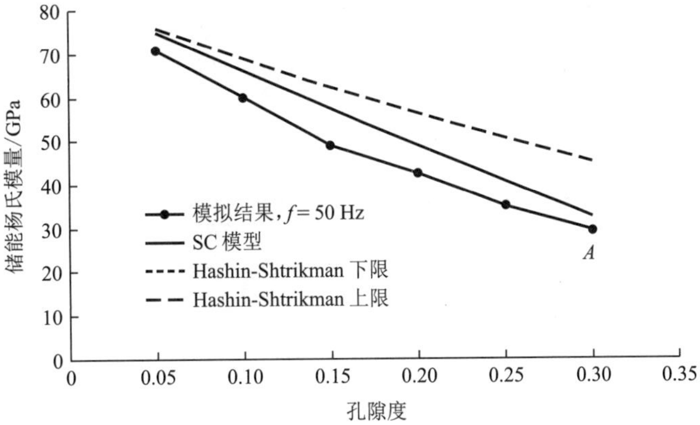

（a）

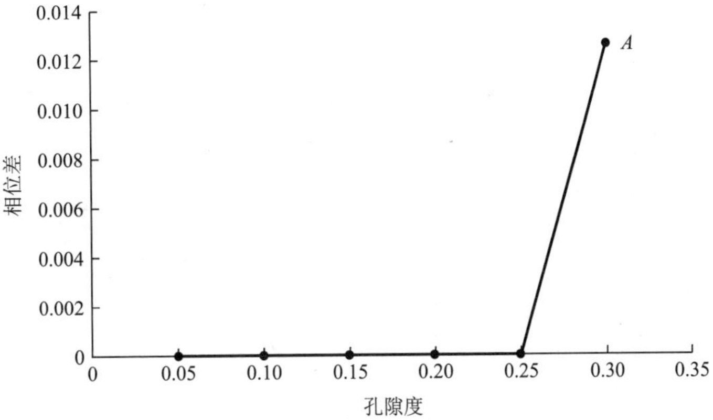

（b）

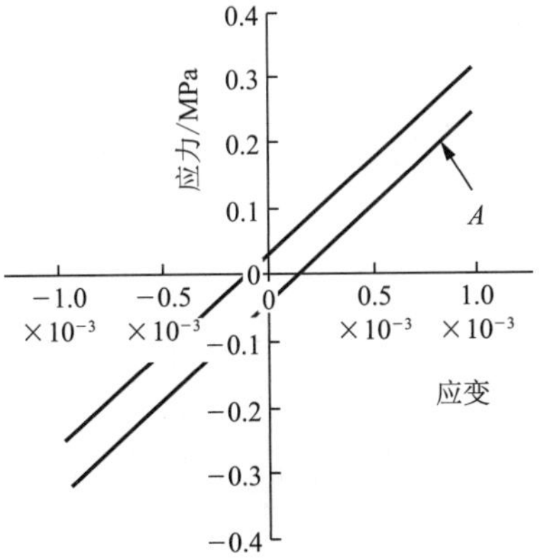

（c）

图 4-50　孔隙度对储能杨氏模量和相位差的影响

（2）孔隙尺寸的影响。

自洽模型中没有考虑孔隙尺寸的影响，因此这里没有提供自洽模型预测结果与数值模拟结果的对比；数值模拟计算的储能杨氏模量处于 Hashin-Shtrikman 上下限之间。在该系列的数值模拟中，波长为 76～90 m，远大于孔隙尺寸（d =2～28 mm）和模拟岩芯尺寸（l_x = 10 cm，l_y =20 cm）。当孔隙尺寸较小（$d \ll l_x \ll \lambda$）时，孔隙尺寸变化对饱和岩芯的储能杨氏模量和相位差基本没有影响（图 4-51）。这是因为在有足够多的小孔隙的情况下可将岩芯看作一个代表性的整体，当孔隙尺寸变大并与岩芯尺寸接近时（$d \sim < l_x \ll \lambda$），达到预定孔隙度需要的椭圆孔数量变少。例如，当 d =20 mm 时，只需要 8 个纵横比为 0.5 的椭圆孔就

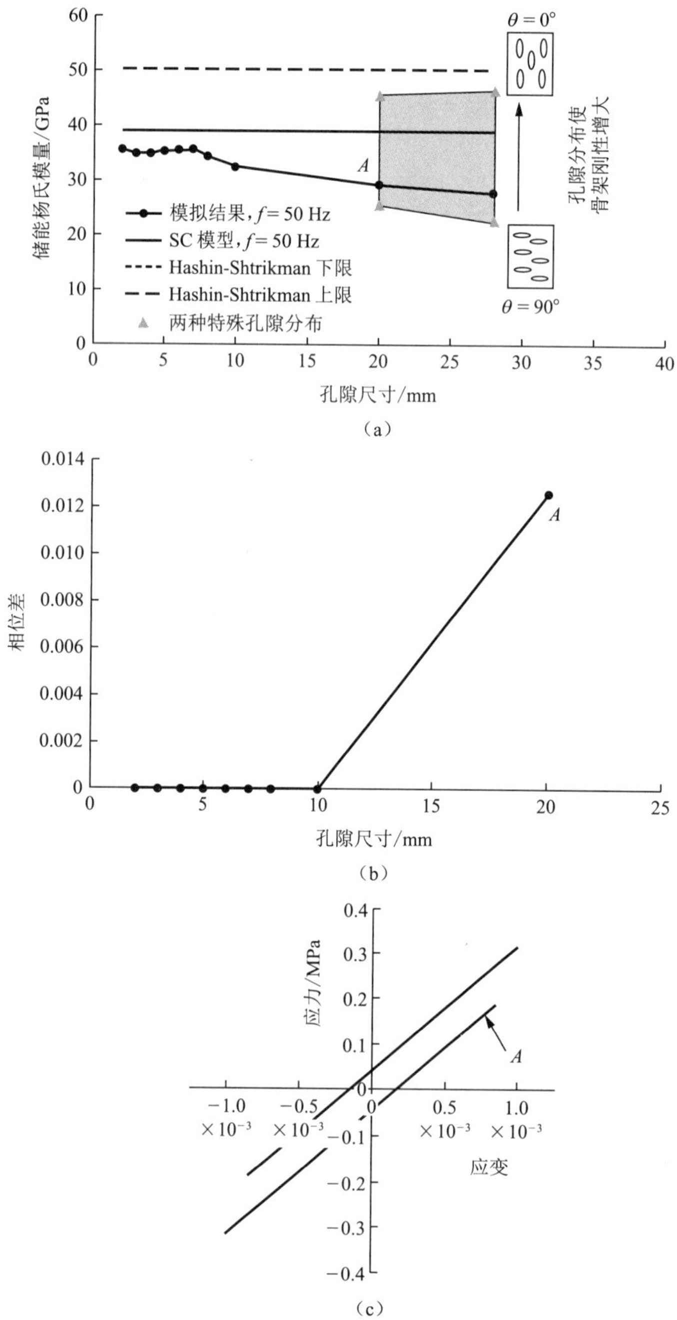

图 4-51　孔隙尺寸对储能杨氏模量和相位差的影响

可以达到 0.25 的孔隙度。虽然几何模型构建时椭圆孔的长轴方向是随机分布的，但椭圆孔数量太少，使其在统计意义上不具有代表性，孔隙分布的影响不能被忽略。为了估计孔隙分布影响的上下界，在 $d=20$ mm，28 mm 时分布模拟两种极端情况，即所有椭圆孔定向分布 $\theta=0°, 90°$，结果如图 4-51(a)所示。$d=20$ mm 时储能杨氏模量显著降低、相位角显著增大是孔隙尺寸和孔隙分布联合作用的结果，但孔隙尺寸增大引起的相位差增大较小，岩芯的应力-应变图需局部放大才能看出椭圆特征(图 4-51c)。这意味着该系列数值模拟实验需注意确保几何模型具有代表性。

(3) 孔隙纵横比的影响。

如图 4-52 所示，饱和岩芯的储能杨氏模量随孔隙纵横比的增大而增大，孔隙纵横比大于 0.7 后，储能杨氏模量基本不再增大，这种变化趋势与自洽模型预测趋势吻合，但略低于自洽模型预测结果(图 4-52a)。数值模拟计算的储能杨氏模量和自洽模型预测结果均处于 Hashin-Shtrikman 上下限之间。相位差随孔隙纵横比增大而迅速减小(图 4-52b)，表明应力波的衰减显著减弱。当 $AR=0.1$ 时，岩芯表现出显著的应力-应变相位差，其应力-应变关系的椭圆特征显著(图 4-52c)。

利用数值模拟计算的 E'，γ 和 δ 可进一步计算纵波波速(v_p)、横波波速(v_s)和衰减因子(Q^{-1})：

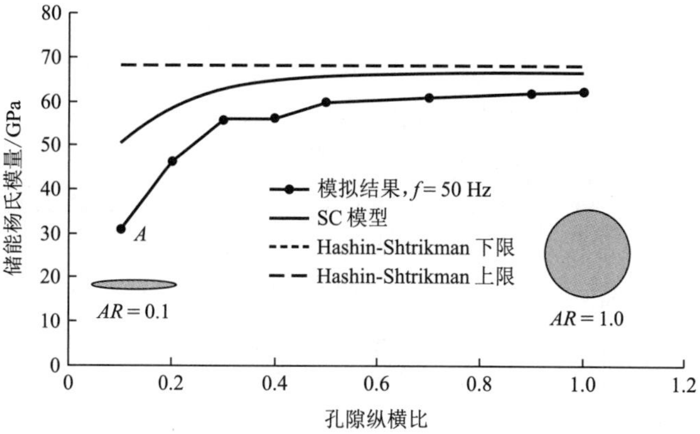

(a)

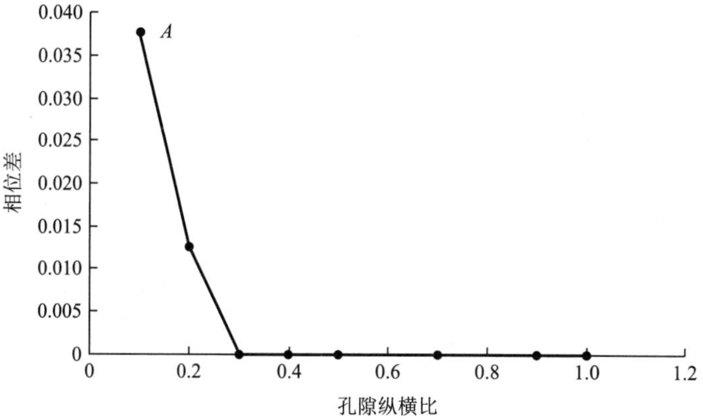

(b)

图 4-52　孔隙纵横比对储能杨氏模量和相位差的影响

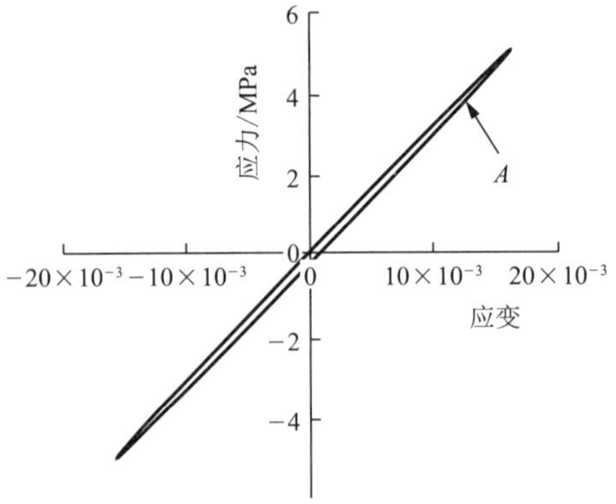

（c）

图 4-52(续)　孔隙纵横比对储能杨氏模量和相位差的影响

$$\begin{cases} v_{\mathrm{p}} = \sqrt{(K + 4\mu/3)/\rho} \\ v_{\mathrm{s}} = \sqrt{\mu/\rho} \\ \rho = \rho_{\mathrm{m}}(1-\phi) + \rho_{\mathrm{f}}\phi \\ K = E'/[3(1-2\gamma)] \\ \mu = E'/[2(1+\gamma)] \\ Q^{-1} = \tan\delta \end{cases} \tag{4-72}$$

其中，固体基质密度 $\rho_{\mathrm{m}}=2.71\ \mathrm{g/cm^3}$，孔隙流体密度 $\rho_{\mathrm{f}}=0.9\ \mathrm{g/cm^3}$。结果（图 4-53）表明，对于黏性流体饱和岩石，即使在较低的频段，速度频散也可达到 5%～6%，工作频率为 10 kHz 的声波测井技术在流体黏度较高时可能处于高频机制，不适合作为地震频段数据的参考。在稠油热采中，黏度对地震监测结果的影响至关重要，稠油黏度随温度升高会显著降低，单纯流体黏性耦合作用可对地震波速度降低贡献超过 5%。在影响岩石骨架刚性的因素中，孔隙度是影响波速的最重要因素；在低频条件下，孔隙尺寸和非均质特征尺度远小于波长，不是影响波速和衰减系数的主控因素；低孔隙纵横比岩芯具有更低的波速和更高的衰减系数。总体上看，孔隙结构对波速的影响更大，而频率、黏度对衰减的影响更显著。

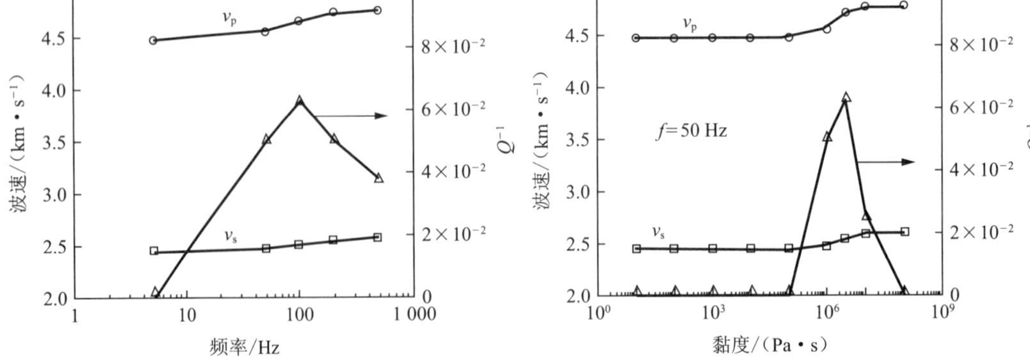

（a）　　　　　　　　　　　　（b）

图 4-53　基于数值模拟实验的波速与衰减变化规律

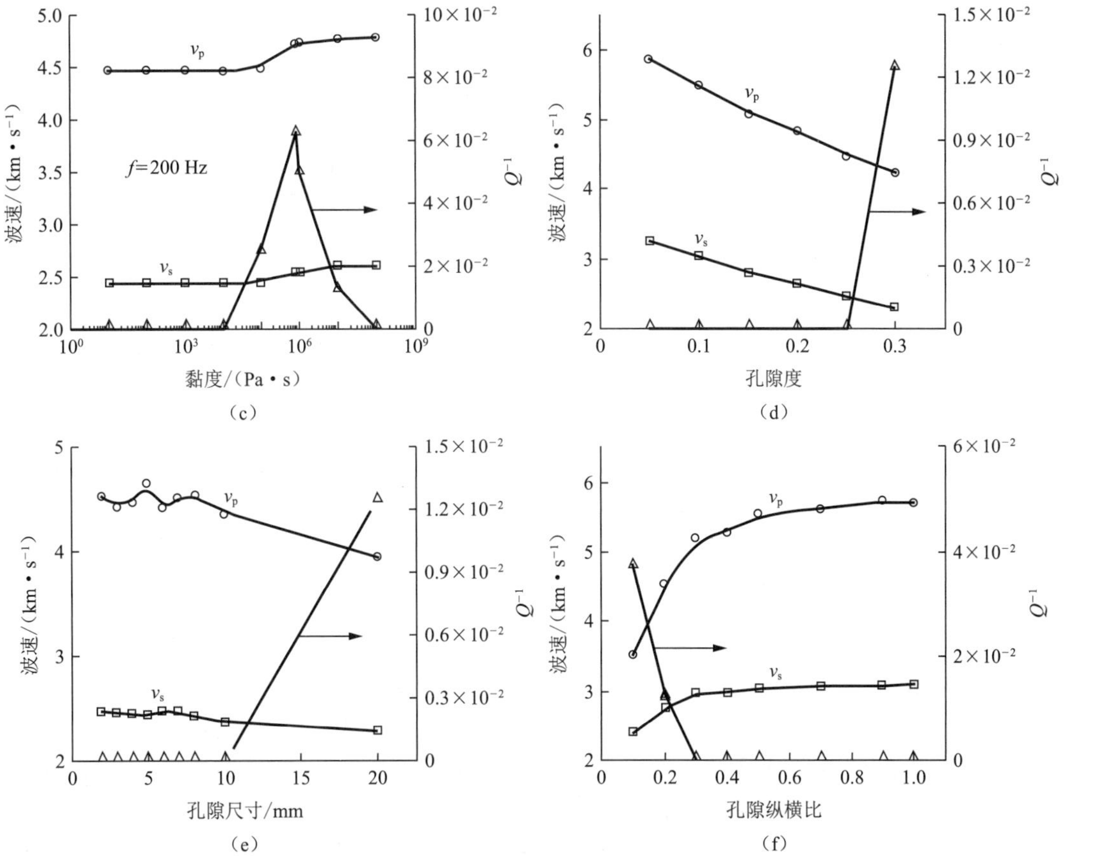

图 4-53(续)　基于数值模拟实验的波速与衰减变化规律

参考文献

[1] Wang Z, Wang R, Weger R J, et al. Pore-scale modeling of elastic wave propagation in carbonate rocks[J]. Geophysics, 2015, 80(1): 51-63.

[2] 罗蛰潭，王允诚，邓恂康，等. 我国主要碳酸盐岩油气储层孔隙结构的研究及进展[J]. 石油勘探与开发，1981，5：40-51.

[3] Weger R J, Eberli G P, Baechle G T, et al. Quantification of pore structure and its effect on sonic velocity and permeability in carbonates[J]. AAPG bulletin, 2009, 93: 1297-1317.

[4] Mindlin R D. Compliance of elastic bodies in contact[J]. Journal of Applied Mechanics, 1949, 16: 259-268.

[5] Assefa S, McCann C, Sothcott J. Velocities of compressional and shear waves in limestones[J]. Geophysical Prospecting, 2003, 51: 1-13.

[6] Rafavich F, Kendall C, Todd T P. The relationship between acoustic properties and the petrographic character of carbonate rocks[J]. Geophysics, 1984, 49(10): 1622-1636.

[7] Sun Y F. On the foundations of the dynamical theory of fractured porous media and the gravity variations caused by dilatancies[D]. New York: Columbia University, 1994.

[8] Sun Y F. Pore structure effects on elastic wave propagation in rocks:AVO modeling[J]. Journal of Geophysics and Engineering,2004,1:268-276.

[9] Weger R J. Quantitative pore/rock type parameters in carbonates and their relationship to velocity deviation[D]. Miami:University of Miami,2006.

[10] Rice J A. Mathematical statistics and data analysis[M]. Toronto:Duxbury Press,2006.

[11] 王子振,王瑞和,李天阳,等. 孔隙结构对干岩石弹性波衰减影响的数值模拟研究[J]. 地球物理学进展,2014,29(6):2766-2773.

[12] Sevostianov I, Kachanov M. Elastic fields generated by inhomogeneities: far-field asymptotics, its shape dependence and relation to the effective elastic properties[J]. International Journal of Solids and Structures,2011,48(16):2340-2348.

[13] Vernik L,Kachanov M. On some controversial issues in rock physics[J]. The Leading Edge,2012,31(6):636-642.

[14] Klimentos T,McCann C. Relationships among compressional wave attenuation,porosity,clay content,and permeability in sandstones[J]. Geophysics,1990,55(8):998-1014.

[15] 徐果明,孙新蕾,肖翔,等. 温压条件下水饱和砂岩岩样纵波波速和衰减的测量与规律[J]. 石油地球物理勘探,2002,37(1):39-43.

[16] Wang Z,Wang R,Li T,et al. Pore-scale modeling of pore structure effects on P-wave scattering attenuation in dry rocks[J]. PLoS ONE,2015,10(5):e0126941.

[17] Rice J R,Cleary M P. Some basic stress diffusion solutions for fluid-saturated elastic porous media with compressible constituents[J]. Reviews of Geophysics,1976,14(2):227.

[18] Li T,Wang R,Wang Z. A method of rough pore surface model and application in elastic wave propagation[J]. Applied Acoustics,2019,143:100-111.

[19] Mavke G,Mukerji T,Dvorkin T. The rock phgsics handbook:tool for seisinic analysis of porens media[M]. Cambridge:Cambridge University Press,2009:183-194.

[20] Li T,Wang R,Wang Z,et al. Experimental study on the effects of fractures on elastic wave propagation in synthetic layered rocks[J]. Geophysics,2016,81(4):441-451.

[21] Wang Z,Wang R,Wang F,et al. Experiment study of pore structure effects on velocities in synthetic carbonate rocks[J]. Geophysics,2015,80(3):207-219.

[22] Shapiro S A. Elastic waves scattering and radiation by fractal inhomogeneity of a medium[J]. Geophysical Journal International,1992,110(3):591-600.

[23] Spencer Jr J W. Stress relaxations at low frequencies in fluid-saturated rocks:Attenuation and modulus dispersion[J]. Journal of Geophysical Research:Solid Earth,1981,86(B3):1803-1812.

[24] Adam L,Batzle M,Lewallen K T,et al. Seismic wave attenuation in carbonates[J]. Journal of Geophysical Research:Solid Earth,2009,114:B06208.

[25] Mikhaltsevitch V,Lebedev M,Gurevich B. A low-frequency apparatus for characterizing the mechanical properties of rocks[C]. 73rd EAGE Conference and Exhibition incorporating SPE EUROPEC, 2011.

[26] Madonna C,Tisato N. A new seismic wave attenuation module to experimentally measure low-frequency attenuation in extensional mode[J]. Geophysical Prospecting,2013,61(2):302-314.

[27] Jackson I,Paterson M S. Shear modulus and internal friction of calcite rocks at seismic frequencies: pressure,frequency and grain size dependence[J]. Physics of the Earth and Planetary Interiors,1987, 45(4):349-367.

[28] Adelinet M,Fortin J,Guéguen Y,et al. Frequency and fluid effects on elastic properties of basalt:ex-

perimental investigations[J]. Geophysical Research Letters,2010,37(2):L02303.

[29] David E C,Fortin J,Schubnel A,et al. Laboratory measurements of low-and high-frequency elastic moduli in Fontainebleau sandstone[J]. Geophysics,2013,78(5):369-379.

[30] Fortin J,Pimienta L,Guéguen Y,et al. Experimental results on the combined effects of frequency and pressure on the dispersion of elastic waves in porous rocks[J]. The Leading Edge,2014,33(6):648-654.

[31] Jackson I,Schijns H,Schmitt D R,et al. A versatile facility for laboratory studies of viscoelastic and poroelastic behaviour of rocks[J]. Review of Scientific Instruments,2011,82(6):064501.

[32] Lakes R. Viscoelastic Materials[M]. Cambridge:Cambridge University Press,2009.

[33] Reddy J N. An Introduction to Continuum Mechanics[M]. Cambridge:Cambridge University Press,2008.

第 5 章
复杂孔隙结构碳酸盐岩弹性波速度的应力敏感性

多孔岩石在地下处于原地温压(地应力、孔隙压力和温度)环境中,其物理力学特性受外部环境的影响。对于复杂孔隙结构碳酸盐岩,由于裂隙、溶孔等次生孔隙的刚性差异显著,碳酸盐岩的速度-有效应力关系表现出很强的分散性。特别是“软”裂隙在有效应力变化下的变形规律,对提高碳酸盐岩层裂缝预测解释的可靠性具有重要的指导意义。本章通过理论分析、实验测试和数值模拟相结合的方法,探究碳酸盐岩中裂隙的变形闭合规律,讨论速度、纵横波速度关系和纵横波速比的应力敏感性及其与孔隙结构的关联性,旨在为碳酸盐岩层裂缝预测和地层压力预测奠定基础[1]。

5.1 单轴压力作用下裂缝闭合压力及影响因素的实验分析

5.1.1 基于纵波波速响应的裂缝闭合压力确定

采用相同基质材料配方和制作工艺,制作孔隙类型分别为溶孔状孔隙和裂缝孔隙两种类型的碳酸盐岩岩芯物理模型,其中溶孔状孔隙的孔隙度为 5%,裂缝孔隙的孔隙度为 0.104%,然后进行不同轴压条件下纵波波速测量,如图 5-1 所示的波速曲线。

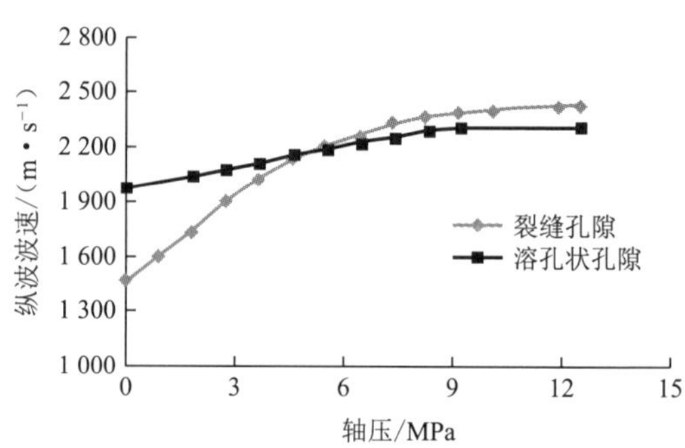

图 5-1 不同孔隙类型人造岩芯纵波波速随轴压变化的曲线图

从图中曲线可看出,随着轴压的逐渐增大,裂缝孔隙对应岩芯的纵波波速增加显著($\Delta v_p = 961$ m/s);而溶孔状孔隙对应岩芯的纵波波速增加较少($\Delta v_p = 331$ m/s),且增加的这小部分波速主要由于岩芯基质骨架的压实作用造成。从而说明裂缝孔隙对应力的敏感程度较大,而溶孔状孔隙对应力作用不敏感。何健等[2]通过实验验证了裂缝-孔隙型储层岩样的应力敏感系数要远大于孔隙型岩样的应力敏感系数,即随着有效应力增大,裂缝很容易发生压缩变形或闭合。当轴压从零开始逐渐增加时,纵波波速首先增加,然后增加趋势变缓,最后趋于一个稳定值,对应着岩芯内部裂缝张开度变小直至裂缝完全闭合的一个过程,这是基于岩石速度-有效应力响应曲线计算裂缝闭合压力的基础。

假设岩石基质是均匀的线性弹性体,内部含有一个干燥的硬币状椭球体空腔,初始半径分别为 $a_0 \ll b_0 = c_0$,裂缝初始纵横比 $AR_0 = c_0/a_0$。在相对无穷远处施加均匀压应力 σ 作用在裂隙面的垂直方向,两个裂隙面就会产生相对的垂向位移 $U(r)$,且为径向对称分布[3]:

$$U(r) = \frac{4(1-\nu_s^2)c_0\sqrt{1-\left(\frac{r}{c_0}\right)^2}}{3\pi K_s(1-2\nu_s)}\sigma \tag{5-1}$$

式中,r 为距离裂隙轴的径向距离,K_s为基质体积模量,ν_s为基质泊松比。

随着施加的压应力 σ 逐渐增大,椭圆形裂隙长轴(c_0)不变、短轴(a_0)逐渐变小,如图 5-2 所示。因此,裂缝的闭合过程对应着裂缝纵横比的逐渐减小过程。当裂缝纵横比 $AR=0$ 时,裂缝完全闭合。

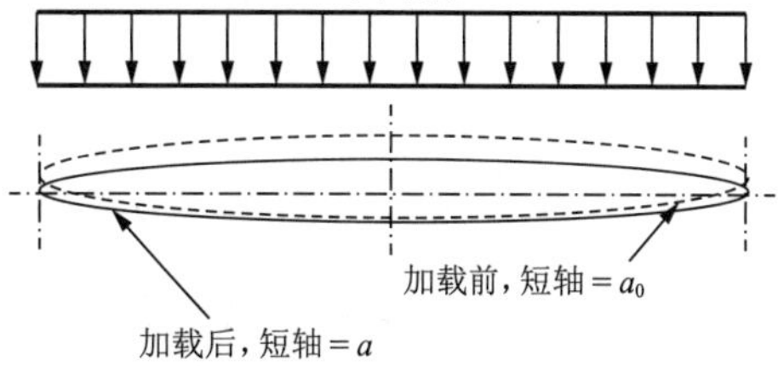

图 5-2　椭圆形裂缝受压变形假设示意图

当岩石内部裂缝纵横比为零、裂缝孔隙度也为零时,岩石相当于完全由基质矿物组成的实心体,前期逐渐增大的纵波波速开始趋于一个稳定值,这个稳定值即声波在基质矿物中的传播速度。因此,波速曲线趋于稳定值的起始位置对应的压力即裂缝闭合压力。实验中岩芯尺寸测量的相对误差为 0.01,纵波时差拾取的相对误差为 0.004,由此可计算出纵波波速测量的相对误差。在本实验系统下,速度相对变化小于 1%即可认为速度是不变的。实验中压力表最小刻度是 1 MPa,当纵波波速曲线上两个邻近点对应的速度差为 Δv_p,它们之间波速曲线的斜率 K 满足式(5-2),即认为这两个点速度差和压力差均在实验误差范围内,波速曲线已趋于稳定,对应第一个点的压力即裂缝闭合压力。

$$K \leqslant \frac{1\% v_p}{1\ \text{MPa}} \tag{5-2}$$

受到压力表最小量程的限制,纵波波速变化曲线上数据点较少,实际数据处理中可以用三次样条函数对实验数据进行插值,使得压力数据的最小间隔为 0.01 MPa,最后用这些离散数据的差商近似表示纵波波速曲线上不同点的斜率,并利用式(5-2)判断条件确定对应岩芯的裂缝闭合压力。利用 Matlab 编写程序对实验数据进行上述处理,即可得出对应的裂缝闭合压力。

利用前面物理模型的制备方法,制作含可控裂缝参数的人造岩芯,其中裂缝初始纵横比 $AR_0 = 0.001\,3$、裂缝孔隙度 $\phi_f = 0.001\,04$,并进行不同轴压条件下的纵波波速测量,其中轴压与裂缝面的夹角 $\theta = 90°$,绘制如图 5-3 所示波速曲线,并用 Matlab 程序对实验数据进行处理,由此确定该岩芯裂缝闭合压力 p_{close}(实验) = 8.01 MPa。

结合式(5-1),当施加的压应力引起的位移 $U(0)$ 等于裂隙原始厚度的一半时,裂缝完全闭合。令 $U(0) = a_0$,可计算裂缝闭合压力理论值[3]为:

$$p_{close}(\text{理论}) = \frac{\pi E_s}{4(1-\nu_s^2)}AR_0 \tag{5-3}$$

式中,E_s为基质杨氏模量。

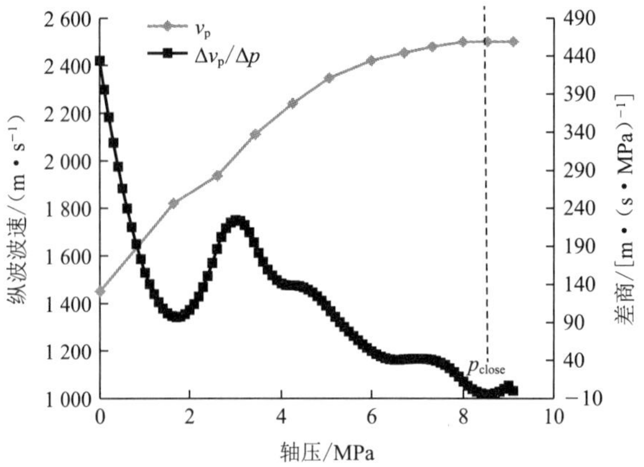

图 5-3　含裂缝人造岩芯($AR_0=0.0013$，$\phi_f=0.104\%$)的纵波波速和差商随轴压变化关系曲线

为了验证基于波速-有效应力响应曲线确定裂缝闭合压力的可靠性，实验采用相同的基质材料配比和工艺制作不含裂缝的参考块，近似认为不含裂缝的参考块与含裂缝的实验块的基质弹性参数相同。根据参考块在零轴压条件下的纵波波速 v_p、横波波速 v_s 以及密度 ρ_s 换算得到含裂缝实验块基质骨架的弹性参数(表 5-1)。

表 5-1　物理模型基质骨架的弹性参数

v_p/(m·s^{-1})	v_s/(m·s^{-1})	ρ_s/(g·cm^{-3})	E_s/GPa	ν_s
2 118	1 255	2.02	7.823	0.23

采用表 5-1 中的基质参数，由式(5-3)计算的图 5-3 对应岩芯的裂缝闭合压力理论值为 p_{close}(理论)＝8.43 MPa，因此裂缝闭合压力理论值与前面实验值之间的相对误差：

$$err=\left|\frac{p_{close}(\text{理论})-p_{close}(\text{实验})}{p_{close}(\text{理论})}\right|\times 100\%=4.98\%$$

岩芯裂缝闭合压力实验值与理论值基本相同，验证了实验结果的正确性，证明了这种通过人工制作含可控裂缝参数物理模型研究裂缝闭合压力问题的合理性，同时也验证了以弹性波速为间接手段预测岩石裂缝闭合压力的合理性，这对基于地震勘探数据进行裂缝动态监测具有重要的指导意义。

5.1.2　单轴压力下裂缝闭合压力的影响因素分析

为了分析岩芯中裂缝参数对闭合压力的影响，采用控制变量法设计两种不同系列的实验：① 控制岩芯裂缝孔隙度(ϕ_f)中相同，制作含不同裂缝初始纵横比(AR_0)的岩芯，研究初始纵横比(AR_0)对裂缝闭合压力的影响；② 同时控制裂缝孔隙度(ϕ_f)和裂缝初始纵横比(AR_0)相同，制作含不同倾角裂缝的岩芯，研究裂缝倾角对裂缝闭合压力的影响。

1) 裂缝初始纵横比对裂缝闭合压力的影响

控制裂缝孔隙度相同($\phi_f=0.156\%$)，制备不同初始裂缝纵横比的人造岩芯，使其初始

裂缝纵横比分别为 $AR_0=0.0013, 0.0026, 0.0039, 0.0052$，其中裂缝面与轴向压力夹角 $\theta=90°$。通过实验测量这些人造岩芯在不同轴压条件下的纵波波速，绘制如图 5-4 所示波速变化曲线。利用前面基于纵波波速响应确定裂缝闭合压力的方法，确定对应的裂缝闭合压力，并结合闭合压力理论计算结果绘制如图 5-5 所示闭合压力随裂缝初始纵横比变化的关系曲线。

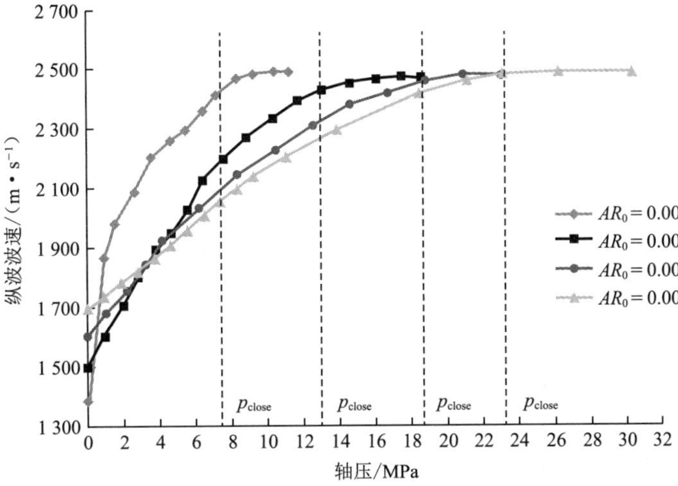

图 5-4　相同裂缝密度、不同裂缝初始纵横比下岩芯纵波波速随轴压变化的关系曲线图

从图 5-5 可以看出，相同裂缝孔隙度条件下，裂缝闭合压力与初始纵横比具有很好的线性相关性，初始裂缝纵横比越小，裂缝闭合压力所需要的压力越小，这样的裂缝孔隙对应力作用也越敏感。

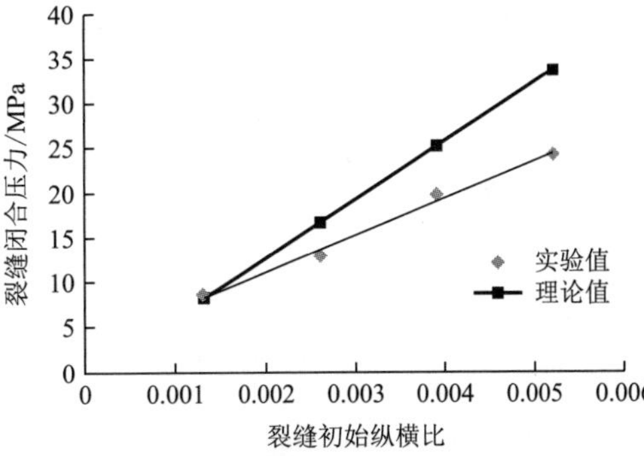

图 5-5　相同裂缝密度岩芯闭合压力随裂缝初始纵横比变化的关系曲线图

相对于裂缝闭合压力理论值而言，通过实验确定的裂缝闭合压力偏小。当裂缝纵横比很小时，这种差别较小；随着裂缝纵横比增大，这种差别逐渐增大。这主要因为理论模型假设岩石基质是弹性的，裂缝闭合过程只是岩石基质一个弹性变形过程；而实际岩芯的矿物基质是弹塑性材料，纵横比较大的裂缝闭合时需要的压力较大，此时基质的塑性性质会表现得更加明显。

2）裂缝倾向对裂缝闭合压力的影响

定义岩芯所受单轴压力方向与裂缝面夹角为 θ（裂缝倾角的余角），如图 5-6 所示。当 $\theta\neq 90°$ 时，轴压 p 沿裂缝面方向有分力 p_t，它可能使岩芯沿裂缝面发生剪切滑动破坏。岩石沿某一裂缝面发生剪切破坏的 Byerlee 条件[4]是：该面上的正应力 σ 与剪切力 τ 之间应满足关系：

$$\begin{cases}\tau=0.85\sigma & (\sigma<200\ \text{MPa})\\ \tau=50+0.85\sigma & (\sigma\geqslant 200\ \text{MPa})\end{cases} \tag{5-4}$$

轴压 p 可以分解为沿裂缝面剪切力 p_t 和沿裂缝面法向的压力 p_n，分解结果如式(5-5)所示：

$$\begin{cases} p_n = p\sin\theta \\ p_t = p\cos\theta \end{cases} \tag{5-5}$$

实验过程中单轴压力都小于 200 MPa，结合式(5-4)Byerlee 条件可以得出，剪切滑动的临界夹角 $\theta_C=49.6°$，即只有当 $\theta>\theta_C$ 时，岩石在单轴压力下才可能使裂缝闭合，而不会发生沿裂缝面的剪切破坏。

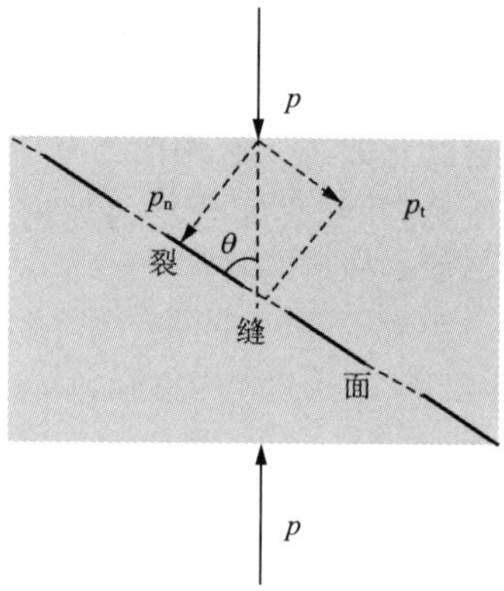

图 5-6　含不同裂缝倾角岩芯的受力示意图

在保证初始裂缝孔隙度、初始裂缝纵横比均相同($\phi_f=0.104\%$，$AR_0=0.0013$)的前提条件下，首先按照上述含可控裂缝参数物理模型制备方法制作好岩芯，然后对其进行切割和打磨，分别制作 $\theta=0°,30°,45°,60°,75°,90°$ 六种不同的岩样，并测量不同轴压条件下的纵波波速，绘制如图 5-7 所示的纵波波速随轴压变化的关系曲线。

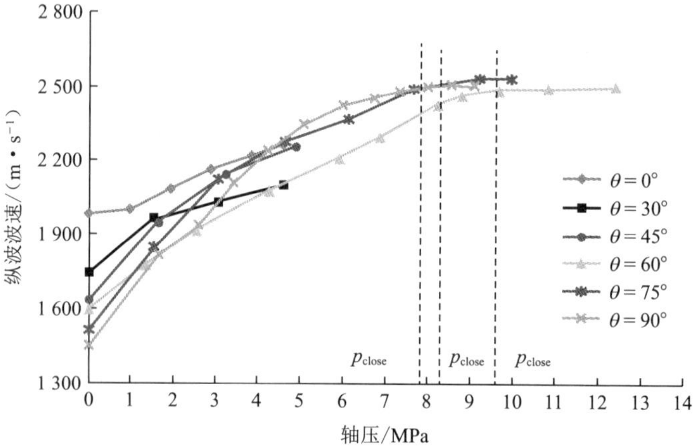

图 5-7　不同裂缝倾向岩芯(AR_0 和 ϕ_f 相同)纵波波速随轴压变化的关系曲线图

由图中波速曲线可以看出，当 $\theta=0°$，$\theta=30°$ 和 $\theta=45°$ 时，较小的轴压就使岩芯发生沿裂缝面的剪切破坏，因此不能由波速响应确定裂缝闭合压力，这与 Byerlee 条件的判定结果一致；当 $\theta=60°$，$\theta=75°$ 和 $\theta=90°$ 时，可测得岩芯整个过程完整的波速曲线，采用上述方法可确定对应岩芯的裂缝闭合压力。裂缝闭合压力仍以单轴方向的压力(模拟实际储层受到竖直方向上的有效应力)表示，则裂缝闭合压力理论值如式(5-6)所示。利用裂缝闭合压力实验值与理论计算值绘制如图 5-8 所示的裂缝闭合压力随夹角 θ 变化的关系曲线图。

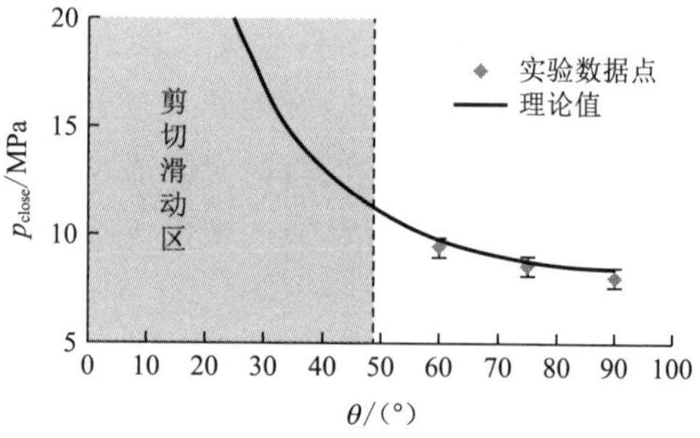

误差棒表示相对误差为 1%。

图 5-8　岩芯(AR_0 和 ϕ_f 相同)裂缝闭合压力随裂缝面与轴压夹角 θ 变化的关系曲线图

$$p_{\text{close}}=\frac{\pi E_{s}}{4(1-\nu_{s}^{2})}AR_{0}\cdot\frac{1}{\sin\theta} \tag{5-6}$$

由图 5-8 可以看出，在实验误差允许范围内，裂缝闭合压力实验值与理论值基本一致，说明当单轴压力与裂缝面夹角 $\theta\neq 90°$时，需要将单轴压力沿裂缝面进行法向和切向分解；只有当夹角 θ 大于 Byerlee 剪切条件的临界角 θ_{C}时，单轴压力才可能使裂缝发生闭合，夹角 θ 越大对应闭合压力越小，这种类型的裂缝对应力作用也越敏感。

5.2　加载过程中孔隙变形的动态数值模拟方法

5.2.1　模型构建

地层岩石所处应力状态的改变会造成内部孔隙结构的改变，进而导致岩石表观弹性参数变化，即以孔隙结构参数为中间纽带建立岩石表观弹性参数与应力状态间的定量函数关系，如图 5-9 所示。

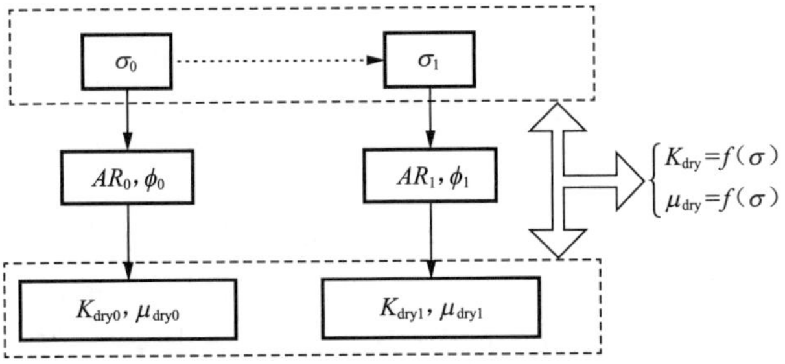

图 5-9　不同应力状态下岩石弹性参数数值模拟的原理示意图

本部分主要构建含定向排列硬币状裂缝的岩石几何模型（包含裂缝纵横比 AR_0，裂缝孔隙度 ϕ_0和裂缝密度 ε_0），其中岩石基质是各向同性的线弹性介质，裂缝内充填气体，然后给几何模型施加一个载荷 σ_0，导出几何模型的纵横向应变从而计算出岩石表观弹性参数（杨氏模量 E_0，泊松比 ν_0等）。同时，可将裂缝原始位置及载荷作用下位移数据导出，两者做向量运算可以得出该载荷作用后新裂缝的几何形状特征（AR_1，ϕ_1和 ε_1），然后以此构建新的岩石几何模型，并施加一个载荷 σ_1，进行同样的处理即可得到该应力状态下岩石的表观弹性参数（E_1，ν_1等）。以此类推，直至裂缝孔隙完全闭合，整个数值模拟的流程图如图 5-10 所示。这样利用数值模拟手段即可得出整个应力状态变化过程中对应的岩石表观弹性参数数据和孔隙结构数据，利用这些数据可以建立岩石裂缝结构参数随有效应力变化的定量函数关系。

1）几何模型构建

由于三维几何模型划分网格的节点数量太大，导致求解时对计算机硬件要求过高，一般计算机难以达到要求，所以本部分主要采用二维几何模型进行数值模拟。在直角坐标系下，

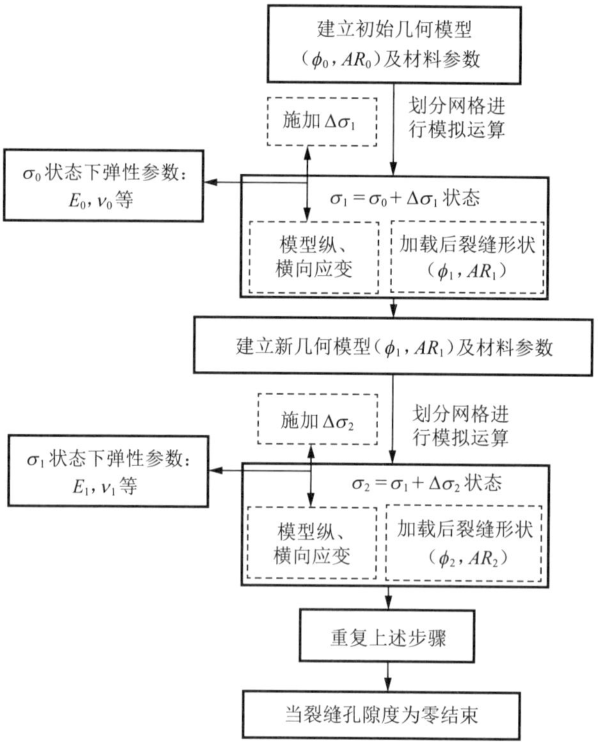

图 5-10　数值模拟研究的流程示意图

二维几何模型采用简化正方形形状(尺寸为 50 mm×50 mm)；背景介质均假设为线弹性体，基质弹性参数设置为 $E=7.823$ GPa，$\nu=0.23$，$\rho=2.02$ g/cm^3；裂缝几何形状采用硬币状椭球体，它在二维几何模型中为扁平的椭圆形，裂缝内充填空气，模拟实际地层岩石中气饱和裂缝的情形，其弹性参数和密度设置为 0。完整的含椭圆形裂缝的二维几何模型如图 5-11 所示，其中裂缝是定向分布的，模拟的是横向各向同性介质。

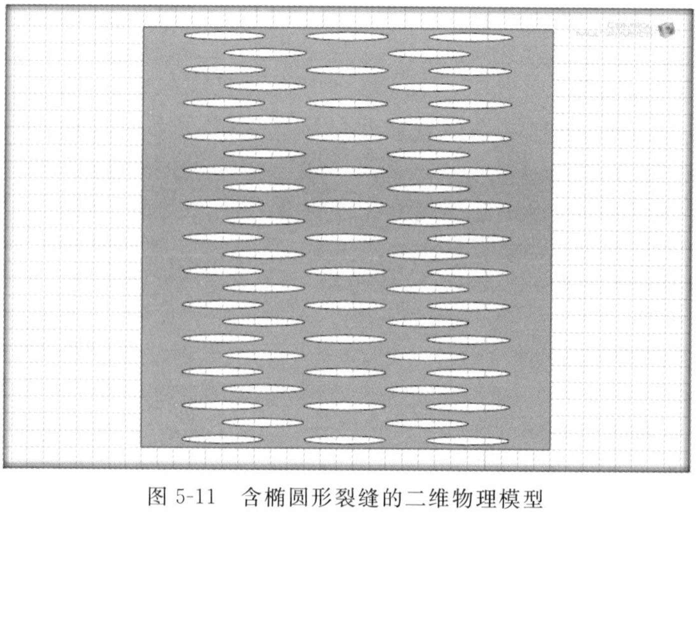

图 5-11　含椭圆形裂缝的二维物理模型

2）初始条件及边界条件

（1）初始条件。

有限元数值模拟的实质就是求解对应问题的偏微分方程，而偏微分方程存在定解的首要条件就是确定对应问题的初始条件和边界条件。初始条件是给出初始时刻（$t=0$）待求函数及对时间一阶导数满足的条件，在有限元计算中，初始条件需要预先给定。本研究利用 COMSOL Multiphysics 中固体力学模块进行数值模拟，位移场和速度场的初始值均设为 0，见式（5-7）。

$$\begin{cases} u(x,y)\big|_{t=0}=0 \\ \dfrac{\partial u(x,y)}{\partial t}\bigg|_{t=0}=0 \end{cases} \tag{5-7}$$

（2）边界条件。

边界条件是指待求方程在求解区间的边界上满足的条件，对于 COMSOL Multiphysics，一般有两种类型的边界条件：① Dirichlet 边界条件，即在端点处指定待求变量的值；② Neumann 边界条件，指定待求变量边界外法向的方向导数。本节数值模拟过程中涉及的边界条件都为 Dirichlet 边界条件，对应的方程见式（5-8）和式（5-9），具体数值模拟过程中边界条件设置如图 5-12 所示。

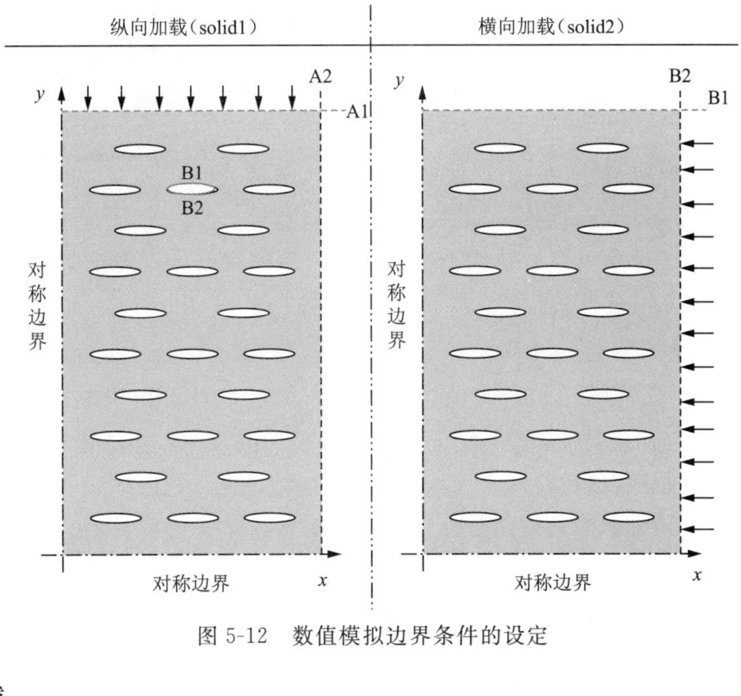

图 5-12　数值模拟边界条件的设定

纵向加载：

$$\begin{cases} \sigma\boldsymbol{n}=\boldsymbol{F}(x,y_0) \\ \boldsymbol{F}(x,y_0)=-p\boldsymbol{n} \end{cases} \tag{5-8}$$

横向加载：

$$\begin{cases} \sigma\boldsymbol{n}=\boldsymbol{F}(x_0,y) \\ \boldsymbol{F}(x_0,y)=-p\boldsymbol{n} \end{cases} \tag{5-9}$$

式中，$\boldsymbol{F}$ 为作用在边界法向的外力；x_0，y 为坐标；p 为孔隙域内压力；$\boldsymbol{n}$ 为单位法向量。

为了同时计算出模型纵向弹性参数(E_1，ν_{21})和横向弹性参数(E_2，ν_{12})，每一步数值模拟都要同时建立两个固体力学模型[纵向加载(solid1)和横向加载(solid2)]：纵向加载(solid1)沿 1 轴方向加载，可计算出纵向弹性参数(E_1，ν_{21})；横向加载沿 2 轴(或 3 轴)方向加载，可计算出横向弹性参数(E_2，ν_{12})。

3) 网格划分

利用有限元软件进行数值模拟时，模拟结果的精确性跟网格划分的粗细程度有直接关系：网格划分得越精细，模拟结果精确度越高，但同时对计算机内存要求也相应提高，且运算时间随网格数的增加呈指数形式增加。因此，模拟结果精确程度与对计算机性能要求是一对矛盾关系。实际进行数值模拟研究时，一般要综合这两方面因素，寻找一种合适的网格划分方式使两方面协调满足要求。

本节数值模拟过程中采用自由剖分三角形网格，前期网格划分尺寸分为粗化、标准、细化、较细化、特别细化等，对其进行数值实验和对比发现，标准、细化、较细化和特别细化模拟得到的结果基本相同，这说明针对本节研究问题，数值模拟网格划分时选择标准尺寸即可满足精确度要求，网格划分的结果图如图 5-13 所示。

图 5-13 标准尺寸网格划分的结果图

5.2.2 数据处理

依次完成几何模型构建、初始及边界条件设定、网格划分，然后就可以对建好的物理模型进行求解，最后对模拟结果的有关数据进行导出及后处理。本节数值模拟的数据后处理主要包括模型表观弹性参数的求取和裂缝变形特征的提取。

1) 模型表观弹性参数的求取

针对图 5-12 所示左边纵向加载(solid1)的情形，经过数值模拟运算，在结果项中同时绘制 A1 边界沿 y 轴方向位移(v)随位置 x 变化的关系曲线和 A2 边界沿 x 轴方向位移(u)随位置 y 变化的关系曲线，然后将两个曲线图对应的数据导出，利用式(5-10)求出对应边界的平均位移($\overline{v}$ 和 $\overline{u}$)，其中积分是采用数值积分中的梯形公式进行计算的。

$$\begin{cases} \overline{v}=\dfrac{\int_0^{x_0} v\,\mathrm{d}x}{x_0} \\ \overline{u}=\dfrac{\int_0^{y_0} u\,\mathrm{d}y}{y_0} \end{cases} \tag{5-10}$$

有了物理模型的纵、横向位移以及模型原始尺寸，由式(5-11)可计算出模型的纵、横向应变($\overline{\varepsilon}_x$ 和 $\overline{\varepsilon}_y$)。而纵向加载的载荷 σ_y 是设定好的，这样就能求出物理模型在垂直裂缝方向的弹性参数 E_1 和 ν_{21}(式 5-12)。同理，对横向加载(solid2)进行相同处理就可以得出物理模型在平行裂缝方向的弹性参数 E_2 和 ν_{12}。

$$\begin{cases}\bar{\varepsilon}_x = \dfrac{\bar{u}}{x_0} \\ \bar{\varepsilon}_y = \dfrac{\bar{v}}{y_0}\end{cases} \tag{5-11}$$

$$\begin{cases}E_1 = \dfrac{\sigma_y}{\bar{\varepsilon}_y} \\ \nu_{21} = \dfrac{\bar{\varepsilon}_x}{\bar{\varepsilon}_y}\end{cases} \tag{5-12}$$

2）裂缝变形特征的提取

由于模型内部裂缝的变形特征起着联系前后相邻两步数值模拟的作用，所以每进行一次模拟运算都要把对应载荷作用后模型内裂缝新的形状特征提取出来。本节只研究横向各向同性介质内裂缝孔隙在不同法向压应力作用下的变形情况，因此只提取每一步数值模拟纵向加载(solid1)对应的裂缝变形特征，而每一步横向加载(solid2)只为了模拟计算对应岩石模型在平行裂缝面方向上的表观弹性参数。

由式(5-1)，只需要知道压应力作用下椭圆形裂缝的面积就可以结合假设条件求出新裂缝的短轴长度，具体步骤如下：

(1) 选择几何模型中某一椭圆形裂缝上、下边界 B1 和 B2(图 5-12)，在结果项中分别绘制上下边界原始纵坐标 y_0 随横坐标 x 变化曲线以及上下边界纵向位移 v 随横坐标 x 变化关系曲线，并将这些曲线图对应离散数据导出。

(2) 将导出的原始位置数据和裂缝纵向位移数据做插值，得到相同 x 坐标数据点下的原始 y_0 坐标及 y 轴位移，将两组数据做向量和运算即可得到在纵向载荷作用下新裂缝上下裂缝面形状特征(y_1-x 关系曲线)。

(3) 采用数值积分法的梯形公式计算出新裂缝上下裂缝面包络的面积 S，结合假设条件(裂缝长半轴长 c_0 不变)及椭圆形面积公式即可求出新裂缝的短半轴长 a，见式(5-13)。

$$\begin{cases}S = \displaystyle\sum_{i=0}^{n} \frac{1}{2}[(y_{\text{上}}^{i+1} - y_{\text{下}}^{i+1}) + (y_{\text{上}}^{i} - y_{\text{下}}^{i})]\mathrm{d}x \\ a = \dfrac{S}{\pi c_0}\end{cases} \tag{5-13}$$

式中，$y_{\text{上}}$ 为椭圆上半部分点的纵坐标，$y_{\text{下}}$ 为椭圆下半部分点的纵坐标，上标 i 代表第 i 个椭圆。

采用同样步骤即可求出模型内部所有裂缝在压应力作用后新裂缝，然后以此为依据建立下一步数值模拟的几何模型。几何模型中所有裂缝的初始长度、短轴长度都是同一个值，但载荷施加后每个裂缝短轴长度变的略有不同。这样在建立新几何模型时如果对裂缝进行逐一构建工作量会很大，因此为了减少工作量并兼顾数值模拟结果的精度，对模型内部所含裂缝进行分块处理。当某一块内部裂缝短半轴长度最大值和最小值的相对偏差小于 5%即可认为这部分裂缝形状相同，裂缝长半轴不变、短半轴长度即这些裂缝短半轴长度的平均值 $\bar{a}$，见式(5-14)。

$$\begin{cases} \left| \dfrac{a_{\max} - a_{\min}}{a_{\max}} \right| \times 100\% \leqslant 5\% \\ \overline{a} = \dfrac{\sum\limits_{i=1}^{n} a_i}{n} \end{cases} \tag{5-14}$$

式中，$a_{\max}$，$a_{\min}$分别为短半轴长度最大值、最小值。

5.2.3 数值模拟中载荷步长分析

从数值模拟流程(图 5-10)的介绍可看出载荷步长 $\Delta\sigma$ 在整个数值模拟过程中起着重要的作用，下面就载荷步长 $\Delta\sigma$ 大小的选取从以下两个方面做出分析。

1) 载荷步长大小的选取对几何模型弹性参数的影响

前面介绍数值模拟的流程时对整个过程中 $\Delta\sigma$ 大小的选取没有做具体说明，$\Delta\sigma$ 取值具有任意性，对几何模型施加不同 $\Delta\sigma$ 可能会得到不同弹性参数值。为此，对建立好的含裂缝岩石模型($AR_0=0.1$，$\varepsilon_0=0.188$)施加不同载荷步长 $\Delta\sigma$ 并分别进行数值模拟，利用数模结果绘制如图 5-14 关系曲线。

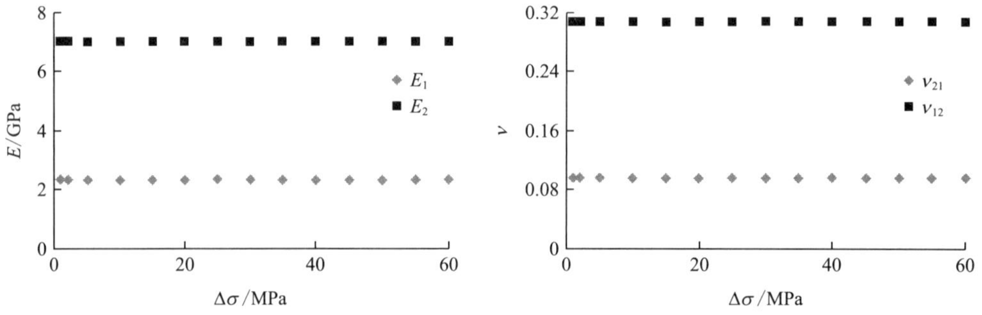

(a) E-$\Delta\sigma$ 关系曲线　　(b) ν-$\Delta\sigma$ 关系曲线

图 5-14　不同载荷步长对岩石($AR_0=0.1$，$\varepsilon_0=0.188$)弹性参数的影响

由图中曲线可以看出，不同载荷步长条件下杨氏模量和泊松比的数值模拟结果完全相同，说明载荷步长大小的选取对数值模拟结果没有影响，岩石表观弹性参数只与岩石内部的裂缝结构参数有关。但裂缝纵横比越小，裂缝变形所需载荷越小，因此实际在进行数值模拟时，一般根据岩石内部裂缝纵横比大小来选择合适的载荷步长 $\Delta\sigma$。

2) 载荷步长对模型内裂缝结构影响的可叠加性分析

数学物理学中的可叠加性指的是几种作用综合产生的效果等于各个作用独立产生效果的累加，见式(5-15)。前面已经分析了岩石表观弹性参数只与内部裂缝结构参数有关，而岩石所受应力大小对内部裂缝结构是有影响的，这种影响作用是否具有可叠加性直接决定整个数值模拟结果是否具有唯一性。如果应力对裂缝结构影响作用不具有可叠加性，则对岩石模型逐渐加载直至使裂缝闭合的整个过程中裂缝结构变化与加载路径有关，不同加载路径会得出不同的裂缝结构参数变化，进而得到不同岩石表观参数的数值模拟结果。

$$f(x_1,x_2,\cdots,x_n)=f(x_1)+f(x_2)+\cdots+f(x_n) \tag{5-15}$$

为了分析数值模拟中载荷步长对裂缝结构参数影响作用是否具有可叠加性，对岩石几何模型（$AR_0=0.01$，$\varepsilon_0=0.65$）设定以下 3 条加载路径。

$$路径\ 1：0\ \text{MPa}\xrightarrow{\Delta\sigma=30\ \text{MPa}}30\ \text{MPa}$$

$$路径\ 2：0\ \text{MPa}\xrightarrow{\Delta\sigma=10\ \text{MPa}}10\ \text{MPa}\xrightarrow{\Delta\sigma=20\ \text{MPa}}30\ \text{MPa}$$

$$路径\ 3：0\ \text{MPa}\xrightarrow{\Delta\sigma=20\ \text{MPa}}20\ \text{MPa}\xrightarrow{\Delta\sigma=10\ \text{MPa}}30\ \text{MPa}$$

其中路径 2 和路径 3 都要分两步进行，即第一步提取裂缝变形特征，更新原始岩石几何模型后再进行第二步模拟计算。按照设定的 3 条加载路径进行数值模拟，得到如图 5-15 所示的裂缝结构参数变化关系曲线。

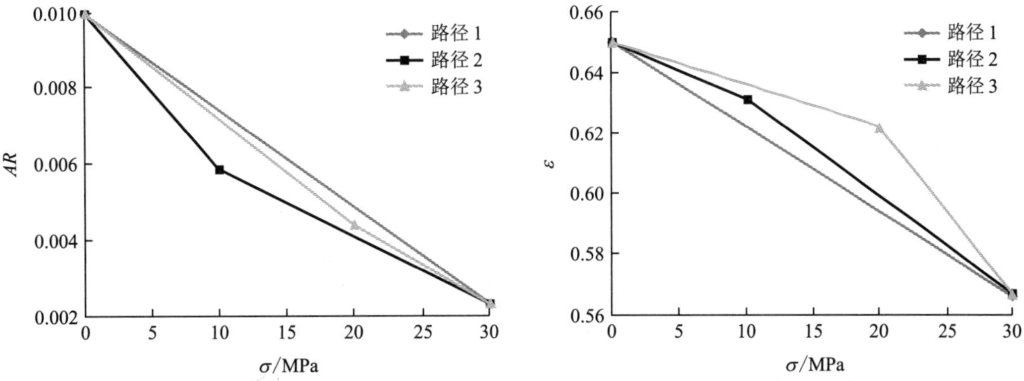

（a）裂缝纵横比变化曲线　　（b）裂缝密度变化曲线

图 5-15　不同加载路径下裂缝结构参数变化的关系曲线

由图中曲线可以看出，3 条不同的加载路径得到的最终裂缝结构参数均相同，从而说明载荷步长对岩石内部裂缝结构参数的影响作用具有可叠加性（数值模拟过程中岩石基质选用的模型是线弹性模型），因此数值模拟过程不会因为选用不同载荷步长而得到不同的结果，数值模拟结果具有唯一性的特点。

5.2.4　数值模拟方法的可靠性验证

1）基于含裂缝介质弹性理论模型的验证

目前尚未有一套完善的理论用于描述多孔介质弹性参数与所受应力间的关系，为了验证前面数值模拟结果的正确性，本节假设某一应力状态下岩石内部裂缝结构参数（AR_i，ϕ_i，ε_i）即数值模拟结果，然后用含裂缝介质理论模型计算该裂缝结构参数下岩石的弹性参数，最后将该应力状态下岩石弹性参数的数值模拟结果与理论模型的计算结果进行对比，验证数值模拟结果的可靠性，同时也验证利用这套数值模拟方法研究应力状态对多孔岩石弹性参数影响规律问题的合理性，验证流程如图 5-16 所示。

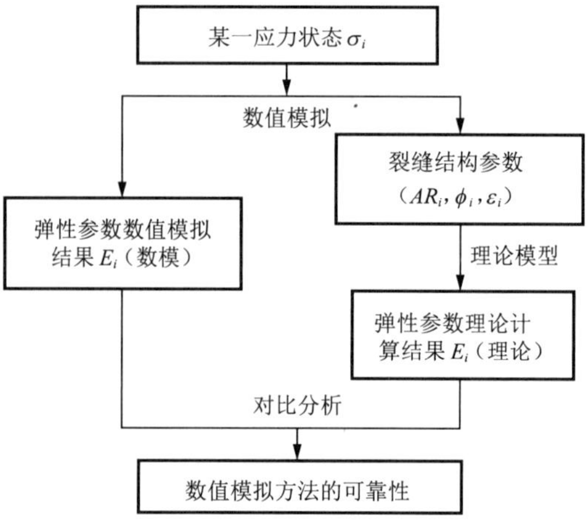

图 5-16　基于裂缝介质弹性理论的数值模拟可靠性验证流程图

这种验证方法是在默认某一应力状态下对应内部裂缝结构参数的模拟结果是正确的前提条件下进行的,这样不同应力状态下岩石模型内部裂缝结构参数和岩石模型基质弹性参数都是已知的,结合含裂缝介质理论模型即可计算出不同应力状态(即不同裂缝结构参数)下岩石模型的刚度矩阵,然后利用弹性介质刚度矩阵与工程常数的换算关系即可得到不同应力状态下岩石模型的表观弹性参数数据,含裂缝介质理论模型及相关计算过程都是采用 Matlab 编写对应程序来实现。

以模型内部初始裂缝结构参数分别为 $AR_0=0.01$,$\varepsilon_0=0.65$ 和 $AR_0=0.1$,$\varepsilon_0=0.065$ 两组数值模拟数据为例进行验证。计算结果表明:对于裂缝结构参数为 $AR_0=0.01$,$\varepsilon_0=0.65$ 的系列,Schoenberg 模型适用性最好,而对于裂缝结构参数为 $AR_0=0.1$,$\varepsilon_0=0.065$ 的系列,Eshelby-Cheng 模型适用性最好。根据岩石模型基质弹性参数和裂缝参数,利用这两个理论模型分别对两组裂缝参数对应的表观弹性参数进行计算,利用不同应力状态下含裂缝岩石表观弹性参数的数值模拟结果和理论计算结果绘制曲线,如图 5-17 和图 5-18 所示。

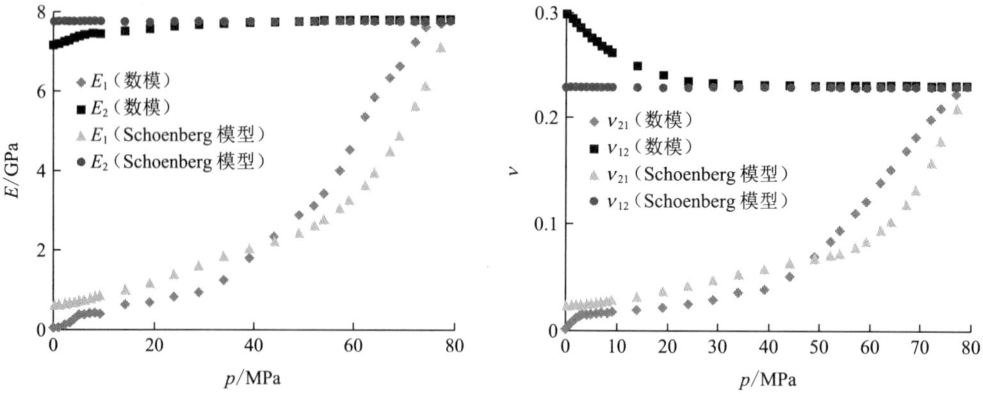

(a) E-p 关系曲线　　(b) ν-p 关系曲线

图 5-17　岩石模型($AR_0=0.01$,$\varepsilon_0=0.65$)弹性参数的数值模拟解与理论解对比曲线

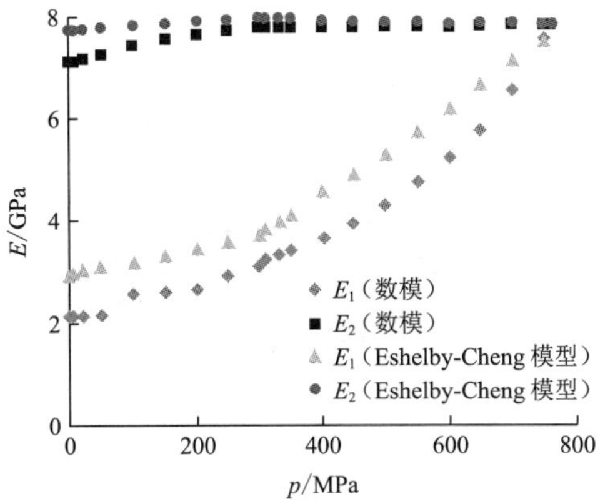

(a) E-p 关系曲线

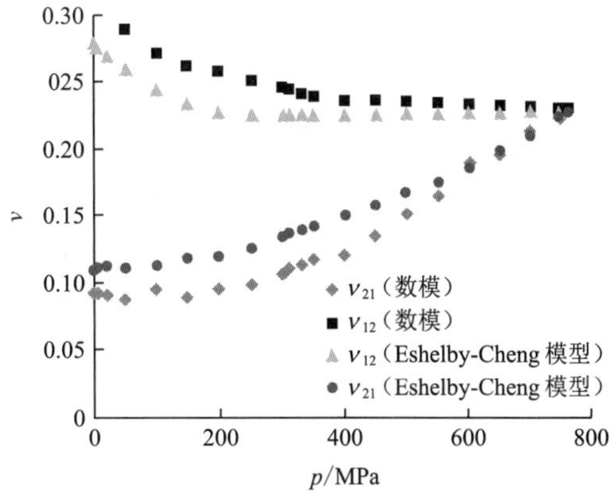

(b) ν-p 关系曲线

图 5-18　岩石模型($AR_0=0.1$,$\varepsilon_0=0.065$)弹性参数的数值模拟解与理论解对比曲线

从以上两组对比曲线可以看出,通过数值模拟获得的岩石模型表观弹性参数随轴压变化的关系曲线与通过理论计算获得的表观弹性参数随轴压变化关系曲线之间十分接近,从而验证了上述两组模型弹性参数数值模拟结果的正确性,同时说明了本节建立的应力作用下含裂缝岩石表观弹性参数变化动态模拟方法的有效性。

2) 基于含裂隙人造岩芯超声波测量数据的验证

采用本实验室建立的特殊孔隙结构人造岩芯制备方法[5,6],制备含平行分布裂隙的人造岩芯。如 3.5.2 小节所述,裂隙模拟材料选择具有一定抗折性的铝箔片。该薄片在岩芯制备过程中嵌入岩芯骨架,待岩芯成型后,采用强碱液进行淋滤或浸泡,形成中空的裂隙(图 5-19)。在含裂隙实验岩芯制备过程中,按照同样的基质配方、制作工艺,制备不含裂隙的参考岩芯。

岩芯制备完成后,对于含裂隙的实验岩芯,在垂直裂隙面方向,施加不同的轴向压力(如图 5-12 左侧图所示加载),并采用标准脉冲透射法测量不同载荷下含裂隙实验岩芯的纵、横波速度;对于不含裂隙的参考岩芯,测量其骨架密度和体积密度,然后在不同载荷下测量其纵、横波速。根据不含裂隙参考岩芯的密度,纵、横波速度,计算岩芯的动态弹性参数。

按照含裂隙实验岩芯的裂缝结构参数,采用 5.2.1 节所述数值模拟方法,建立几何模型,并根据不含裂隙参考岩芯测量得到的密度、弹性参数设置数值模拟中基质的属性参数。按照图 5-12 左侧图所示加载方式不断施加轴向载荷,模拟裂缝闭合过程及弹性参数的变化,用数值模拟结果计算对应的纵波速度,并与含裂隙实验岩芯的测量结果进行对比。上述验证思路如图 5-20 所示,对比结果如图 5-21 所示。

由图 5-21 可以看出,在相同基质参数和裂缝结构下,本节数值模拟方法与实验结果吻合良好。实验测量速度略高于基于数值模拟弹性参数的计算结果,这是因为数值模拟计算得到的是静态弹性参数,其数值略低于对应的动态弹性参数,由静态弹性参数计算的速度理应低于实验测量速度。通过对比数值模拟结果与理论模型、实验测量数据,证明了本节数值模拟方法的可靠性和准确性。

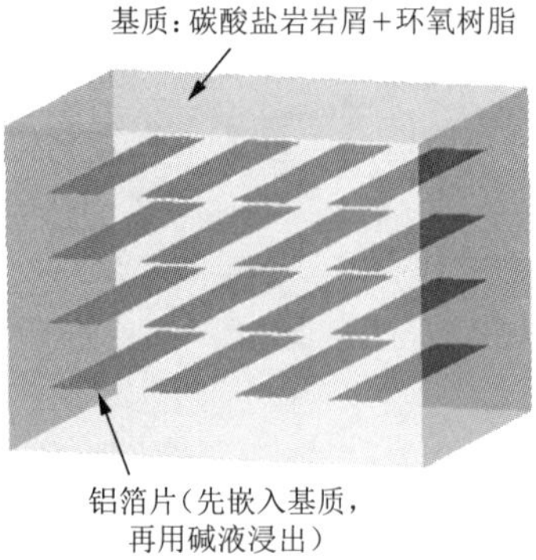

（a）物理模型

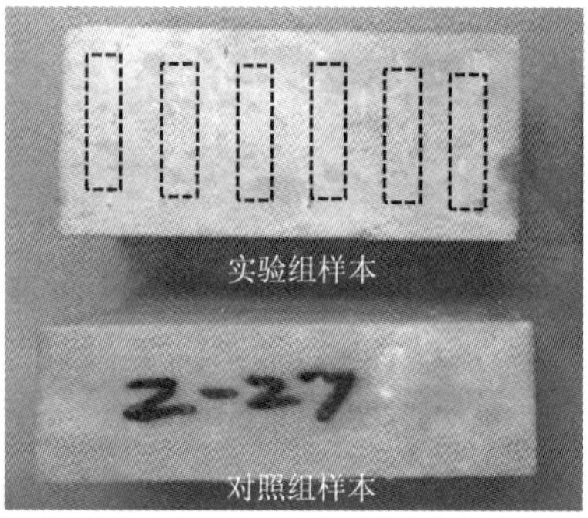

（b）人造岩芯

（c）裂隙部分 SEM 图像

图 5-19　含平行裂隙的人造岩芯

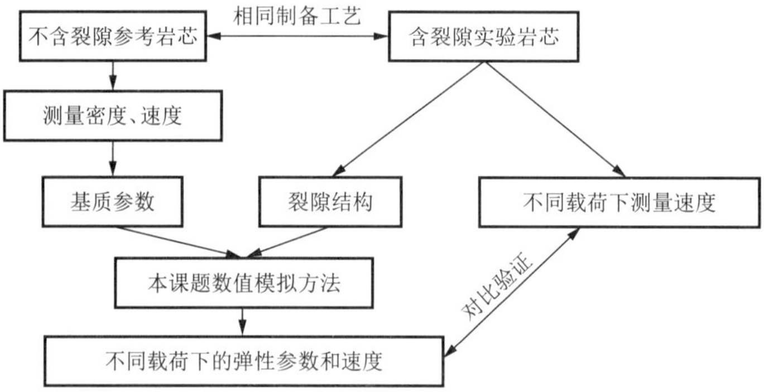

图 5-20　基于实验测量数据的验证思路示意图

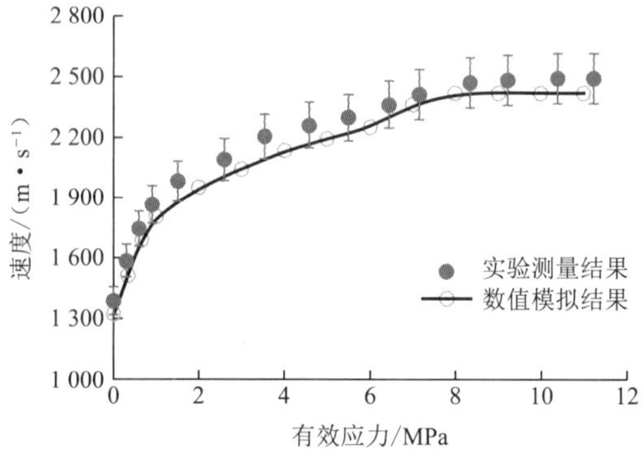

图 5-21　数值模拟结果与实验数据对比

5.3　裂缝结构参数与有效应力的关系

利用 5.2.1 节构建的数值模拟方法可获得不同载荷条件下的裂缝结构参数，可分别计算裂缝孔隙度、裂缝纵横比、裂缝密度随有效应力的变化规律，如图 5-22 所示。

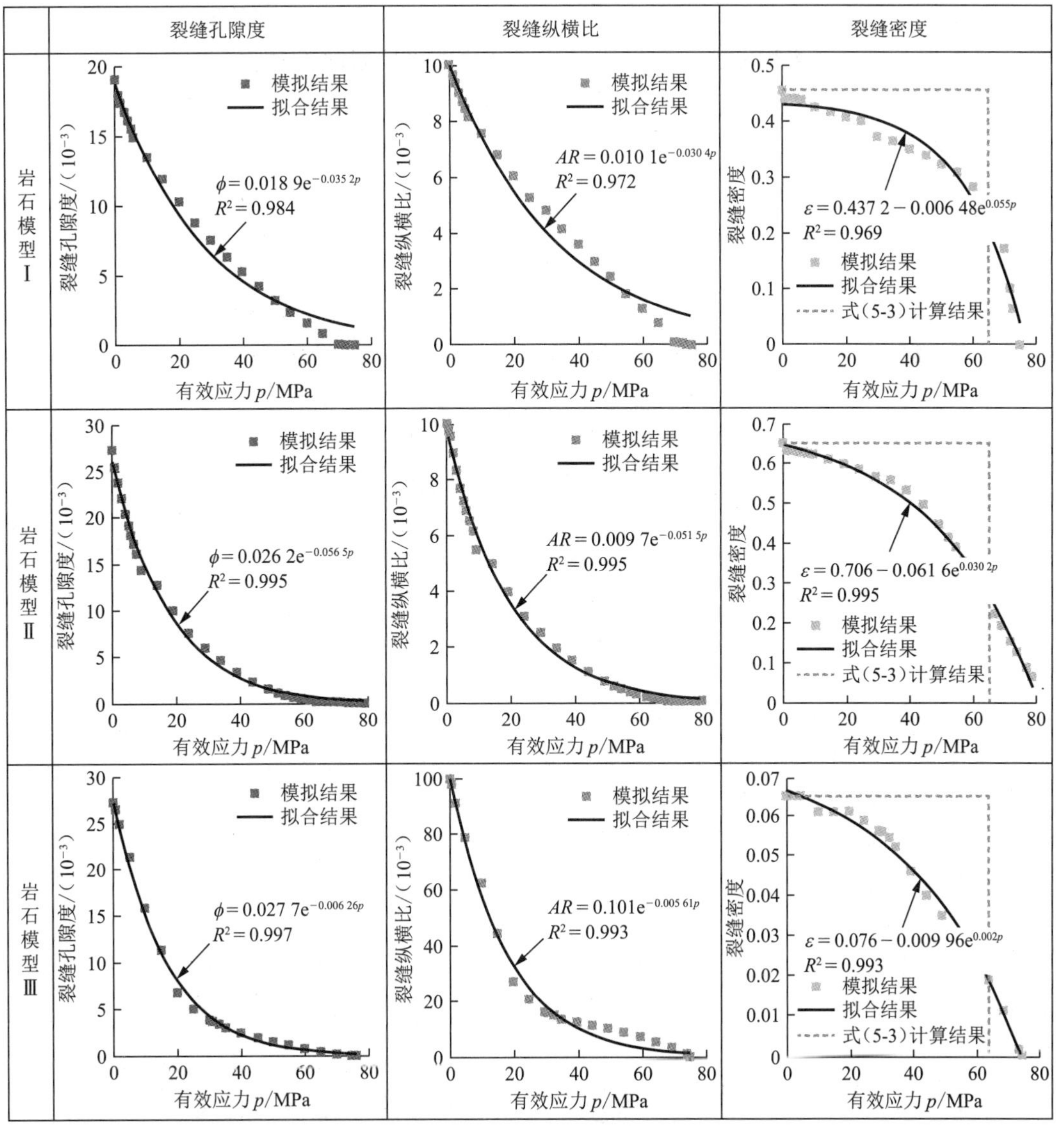

图 5-22　裂缝结构参数随有效应力的变化规律

由图 5-22 可以看出，裂缝纵横比、裂缝孔隙度和裂缝密度随有效压力的增大而减小，这反映裂缝在压应力下逐渐闭合的动态过程。裂缝孔隙度和裂缝纵横比随有效应力的变化趋势基本相同，即随着有效应力增大，其减小速率逐渐变慢。这表明裂缝在闭合过程中，随着裂缝面接触面积逐渐增大，裂缝进一步变形闭合的过程变缓，在接触面积达到某一临界值时可以认为裂缝闭合，这与粗糙面细观接触理论[7,8]判断裂缝闭合的观点吻合。而裂缝密度随有效应力的增大先缓慢减小，当达到某一临界应力后，裂缝密度迅速减小，即模拟岩芯内多数裂缝的临界闭合压力基本相同。根据多孔介质弹性理论，不同纵横比裂隙的闭合压力(p_{close})可由式(5-3)估算。这里模拟岩芯中裂缝的初始形状是相同的，具有相同的孔隙刚度，理论上具有相同的闭合压力；闭合时间不同是由不同位置处应力分布的差异导致的。

对于数值模拟得到的散点数据，尝试采用线性、多项式、指数、对数等基本函数及其组合形式进行最小二乘法拟合。在评价拟合效果时，考虑拟合函数与散点数据的吻合程度、数学形式的复杂性及其表达物理意义的有效性。拟合效果最理想的函数关系为：

$$\begin{cases} AR = a_1 e^{-b_1 p} \\ \phi = a_2 e^{-b_2 p} \\ \varepsilon = \varepsilon_0 - a_3 e^{b_3 p} \end{cases} \tag{5-16}$$

式中，AR 为裂缝纵横比；ϕ 为裂缝孔隙度；ε 为裂缝密度；ε_0，a_1，a_2，a_3，b_1，b_2 和 b_3 分别为拟合常数。

从图 5-22 可以看出，所有拟合关系的相关系数 R^2 都大于 0.96，表示拟合关系与散点数据吻合良好；同时拟合常数的 95%置信区间不包含 0 点，表明拟合系数的稳健性。因此，式(5-16)表述的裂缝结构参数随有效应力变化的关系是可靠、显著的。

为了分析裂缝结构参数对有效应力的敏感性，将式(5-16)对有效应力 p 求导，可得到裂缝纵横比、裂缝孔隙度和裂缝密度对有效应力的敏感系数 β_1，β_2 和 β_3：

$$\begin{cases} \beta_1 = \dfrac{d\alpha}{dp} = -a_1 b_1 e^{-b_1 p} \\ \beta_2 = \dfrac{d\phi}{dp} = -a_2 b_2 e^{-b_2 p} \\ \beta_3 = \dfrac{d\varepsilon}{dp} = -a_3 b_3 e^{b_3 p} \end{cases} \tag{5-17}$$

从式(5-17)可以看出，裂缝结构参数对有效应力的敏感性与有效应力的大小有关，这是因为在不同有效应力下，含裂缝岩芯变形后的等效裂缝结构参数不同，即裂缝的几何形状、孔隙度不同。令式(5-17)中 $p=0$，计算初始条件下裂缝结构参数的应力敏感系数 $\beta_1(0)$，$\beta_2(0)$ 和 $\beta_3(0)$，结果如图 5-23 所示。

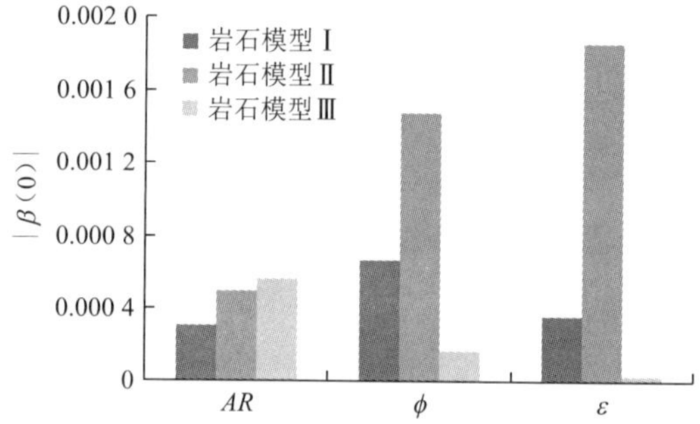

图 5-23 不同系列岩芯初始裂缝结构参数的应力敏感系数

Ⅰ和Ⅱ两个系列模拟岩芯具有相同初始裂缝纵横比($AR_0=0.01$)，但初始裂缝孔隙度($\phi_{0Ⅰ}=0.019\,05$，$\phi_{0Ⅱ}=0.027\,21$)不同。从图 5-23 可以看出，模拟岩芯Ⅱ裂缝结构的应力敏感系数明显大于模拟岩芯Ⅰ，这表明裂缝孔隙度越大、裂缝数量越多，岩芯的应力敏感性越强。Ⅱ和Ⅲ两个系列模拟岩芯具有相同初始裂缝孔隙度($\phi_0=0.027\,21$)，但初始裂缝纵横比($AR_{0Ⅱ}=0.01$，$AR_{0Ⅲ}=0.1$)不同。从图 5-23 可以看出，模拟岩芯Ⅱ裂缝结构的应力敏感系数明显大于模拟岩芯Ⅲ，这表明在孔隙度相同的情况下，裂缝纵横比越小、裂缝数量越多，岩芯的应力敏感性越强。比较图 5-23 中裂缝孔隙度、裂缝密度、裂缝纵横比对应的有效应力敏感性系数，对于不同的裂缝结构，裂缝密度应力敏感系数差异最大，其次为裂缝孔隙度应力敏感系数，差异最小的是裂缝纵横比应力敏感系数，这表明裂缝密度应力敏感系数是识别裂缝结构、定量预测裂缝的一个潜在有效属性。

5.4　碳酸盐岩弹性波速度的应力敏感性分析

为了全面分析碳酸盐岩弹性波速度的应力敏感性，除本实验室测量的岩芯数据外，还收集了已发表的碳酸盐岩典型实验数据（表 5-2）。在此数据体的基础上，下面将分析岩石物理领域普遍关注的速度-孔隙度关系（v-ϕ），纵、横波速度关系（v_p-v_s）、纵横波速比等关系的应力敏感性，并针对碳酸盐岩的复杂性，分析速度随有效应力变化的统计规律及其与碳酸盐岩内部结构的相关性。

需要说明的是，现有实验数据表明：绝大多数岩石的速度随有效应力的增加是非线性的，在初始阶段（有效应力＝0～20 MPa）岩石的速度变化较大，当有效应力增大到一定程度后，岩石中的软孔隙、颗粒间接触等被充分压实，其速度增大缓慢或基本不变。因此本节将在有效应力为 0～20 MPa 的范围内，对碳酸盐岩的速度应力敏感性进行实验统计分析。

表 5-2　用于碳酸盐岩速度应力敏感性分析的数据体

数据来源	岩芯类型	地质年代	岩芯数量	饱和状态
Wang[9]	—	—	32	干岩芯
			25	盐水饱和
Agersborg 等[10]	井眼取芯	—	5	干岩芯＋水饱和
Fournier 等[11]	露头岩芯	早白垩纪	79	干岩芯
Fournier 等[12]	露头岩芯	早白垩纪	195	干岩芯
Hairabian 等[13]	露头岩芯	早中侏罗纪-早第三纪	56	干岩芯
本文测量数据[14,15]	井眼取芯	上侏罗纪	35	干岩芯＋水饱和
	露头岩芯	白垩纪	5	水饱和

5.4.1　速度分布特征

图 5-24 为有效应力 p_e＝20 MPa 时，表 5-2 所列干岩芯的速度-孔隙度分布图。总体上看，碳酸盐岩速度随总孔隙度的增大而减小，但速度分散性强，这与目前测井数据的趋势吻合。按照 DEM 模型，采用不同的等效纵横比进行计算，结果表明在相同孔隙度条件下，孔隙纵横比越大，岩芯的纵、横波速度越高。指数模型对实验数据具有较好的拟合效果：

$$\begin{cases} v_p = 6\ 284.5\mathrm{e}^{-2.028\phi}, & R^2 = 0.872 \\ v_s = 3\ 289.2\mathrm{e}^{-1.621\phi}, & R^2 = 0.845 \end{cases} \tag{5-18}$$

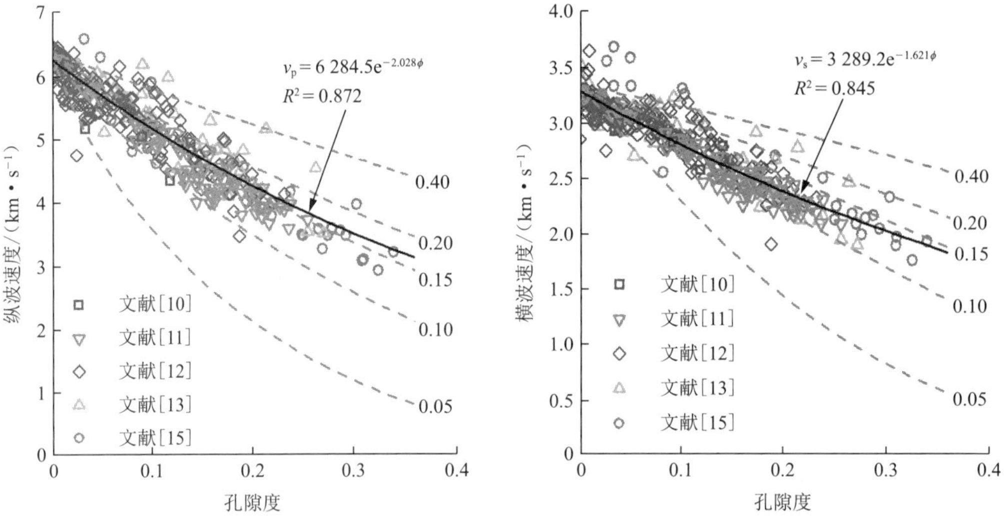

(a) 纵波　　(b) 横波

图中灰色虚线为 DEM 模型在不同纵横比参数下预测的速度分布，黑色实线为散点拟合趋势线。

图 5-24　有效应力为 20 MPa 是碳酸盐岩干岩芯的速度分布

5.4.2　v_p-v_s 关系的应力敏感性

目前声波测井数据大都包含纵波速度(v_p)，但多数条件下缺少横波数据，因此 v_s-v_p 关系常被用来进行横波速度估计，对于储层物性预测与描述具有重要作用。对表 5-2 中汇总的数据体，对干岩芯、水饱和岩芯分别分析其在不同有效应力(p_e=5 MPa，20 MPa)下的 v_s-v_p 关系。如图 5-25 所示，在不同饱和条件和有效应力下，碳酸盐岩的纵、横波速度满足良好的线性关系。

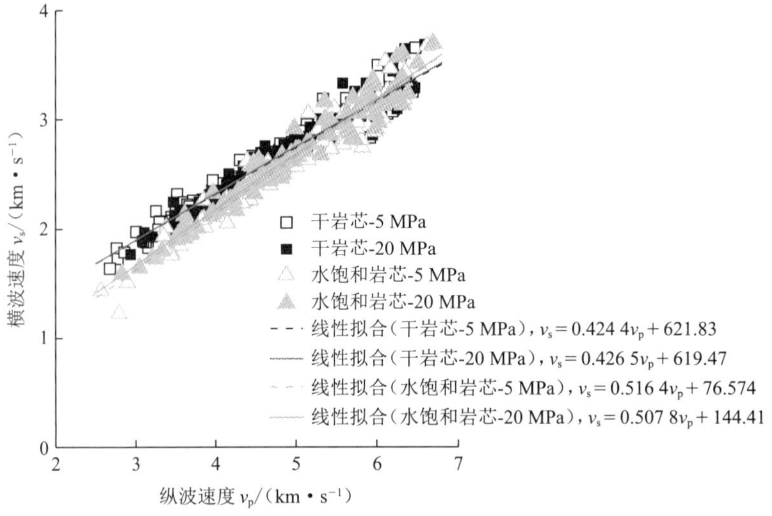

图 5-25　不同饱和条件和应力状态下碳酸盐岩的纵、横波速度关系

干岩芯：

$$\begin{cases} v_s = 0.424\,4v_p + 621.83 & (p_e = 5\ \text{MPa}) \\ v_s = 0.426\,5v_p + 619.47 & (p_e = 20\ \text{MPa}) \end{cases} \tag{5-19}$$

水饱和：

$$\begin{cases} v_s = 0.516\,4v_p + 76.574 & (p_e = 5\ \text{MPa}) \\ v_s = 0.507\,8v_p + 144.41 & (p_e = 20\ \text{MPa}) \end{cases} \tag{5-20}$$

从式(5-19)和式(5-20)可以看出，尽管存在饱和条件和孔隙结构的差异，有效应力变化对碳酸盐岩的 v_s-v_p 线性关系基本没有影响。这意味着对于特定的区块，通过在不同位置取芯，实验测量其纵、横波速度，以此建立区域性的碳酸盐岩 v_s-v_p 关系具有很高的参考价值，可适用于该区域不同埋深处的碳酸盐岩横波速度估计。

5.4.3　v_p/v_s 的应力敏感性

现有实验测量数据表明[16,17]，岩石的纵横波速比（v_p/v_s）具有较好的应力敏感性，气饱和岩石的纵横波速比随有效应力的增大而增大，流体（水或油）饱和岩石的纵横波速比随有效应力的增大而减小。Dutta 等[18]推荐采用泊松比或纵横波速比作为孔隙压力的指示参数。为了统计分析纵横波速比随有效应力变化的增减规律，定义岩芯的纵横波速比变化量 Δ 为：

$$\Delta = \left.\frac{v_p}{v_s}\right|_{p_e=\text{low}} - \left.\frac{v_p}{v_s}\right|_{p_e=\text{high}} \tag{5-21}$$

根据式(5-21)可知，当有效压力从低值增加到高值时，$\Delta>0$ 表示纵横波速比减小，$\Delta<0$ 表示纵横波速比增大。

Han 等[19]和 Freund[20]的砂岩测量数据也充分支持这一结论（图 5-26）：有效压力从 5 MPa 增加至 20 MPa 时，Han 等测量的 75 块水饱和砂岩中有 97.3%的岩芯表现为$\Delta>0$，即 v_p/v_s 减小；而有效压力从 8 MPa 增加至 24 MPa 时，Freund 测量的 88 块干砂岩中有 94.3%的岩芯表现为 $\Delta<0$，即 v_p/v_s 增大。需要特别说明的是，虽然这里选取的砂岩样本来源和数量有限，但这两个砂岩数据体在长期的岩石物理研究和实践中被证明具有优异的代表性。这表明在砂岩地层中采用 v_p/v_s 作为孔隙压力的指示参数具有良好的效果，但是其在碳酸盐岩中的有效性有待进一步的实验数据考证。

按照表 5-2 的汇总数据体，分析碳酸盐岩纵横波速比随有效应力变化的增减规律，结果如图 5-27、图 5-28 和表 5-3 所示。从整体上看，当有效应力由 5 MPa 增加至 20 MPa 时，碳酸盐岩纵横波速比随有效应力变化的增减规律在统计分布特征上与砂岩具有显著差异：

(1) 如图 5-27 所示，在 402 块干碳酸盐岩岩芯中约有 38%的岩芯异常地表现为 $\Delta>0$（即 v_p/v_s 减小），仅有 61.9%的岩芯表现为 $\Delta<0$（即 v_p/v_s 增大），该比例远低于干砂岩岩芯(94.3%)。

(2) 如图 5-28 所示，在 67 块水饱和碳酸盐岩岩芯中约有 28%的岩芯异常地表现为 $\Delta<0$（即 v_p/v_s 增大），有 71.6%的岩芯表现为 $\Delta>0$（即 v_p/v_s 减小），该比例明显低于水饱和砂岩岩芯(97.3%)。

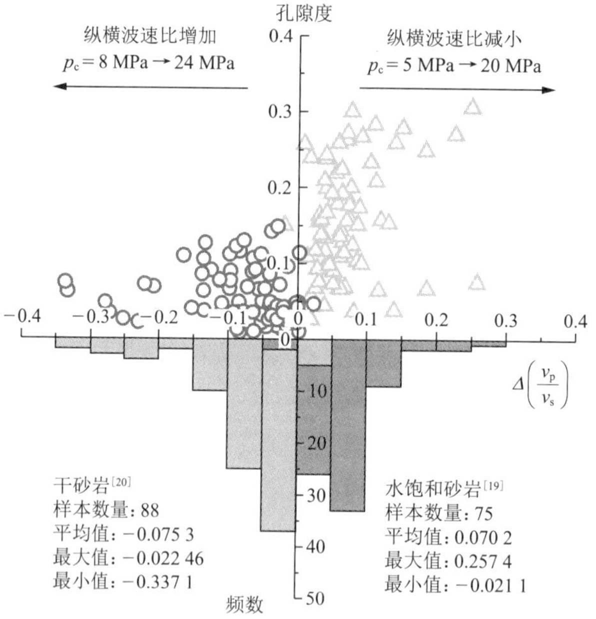

图 5-26 不同饱和条件下砂岩的纵横波速比随有效应力变化的增减规律

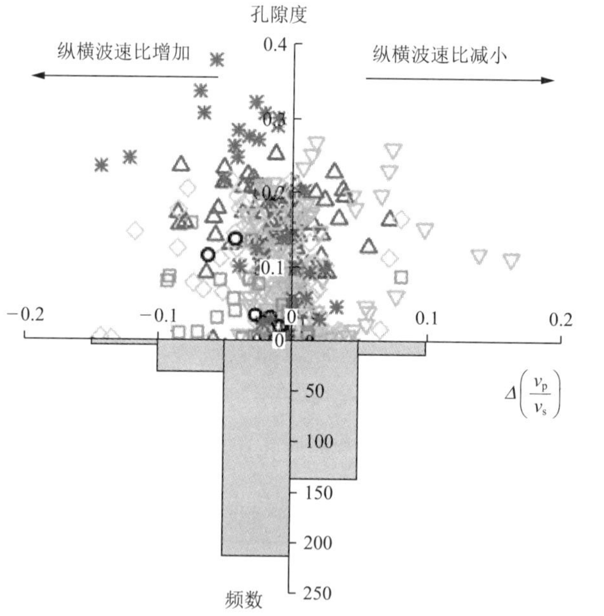

标记	数据来源	总样本数	增加样本数	减小样本数
□	Wang[9]	32	28	4
○	Agersborg 等[10]	5	5	0
△	Fournier 等[11]	79	50	29
◇	Fournier 等[12]	195	113	82
▽	Hairabian 等[13]	56	25	31
✱	Wang 等[14], Bakhorji[15]	35	28	7

图 5-27 干碳酸盐岩岩芯的纵横波速比随有效应力变化的增减规律

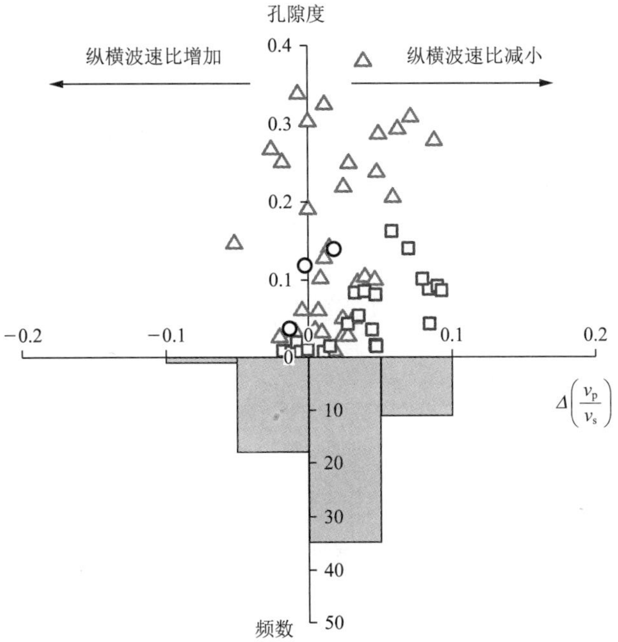

标记	数据来源	总样本数	增加样本数	减小样本数
□	Wang[9]	25	6	19
○	Agersborg 等[10]	3	2	1
△	Wang 等[14], Bakhorji[15]	39	11	28

图 5-28　水饱和碳酸盐岩岩芯的纵横波速比随有效应力变化的增减规律

(3) 如表 5-3 所示，干碳酸盐岩岩芯的纵横波速比增加量平均值(Δ_{dry}＝0.025 1)、水饱和碳酸盐岩岩芯的纵横波速比减小量平均值(Δ_{sat}＝0.049 5)均显著低于砂岩的对应值(Δ_{dry}＝0.080 2，Δ_{sat}＝0.072 7)。

表 5-3　当有效应力由 5 MPa 增加至 20 MPa 时，碳酸盐岩与砂岩的纵横波速度比变化量统计对比

岩　性	统计量	干岩芯		水饱和岩芯	
		Δ<0	Δ>0	Δ<0	Δ>0
砂　岩	数　量	83	5	2	73
	平均值	−0.080 2	0.005 54	−0.020 5	0.072 7
	最大值	−0.000 158	0.022 5	−0.020 0	0.257
	最小值	−0.337	0.000 976	−0.021 1	0.008 08
碳酸盐岩	数　量	249	153	19	48
	平均值	−0.025 1	0.020 3	−0.011 9	0.049 5
	最大值	−0.000 076 6	0.162	−0.000 391	0.419
	最小值	−0.144	0.000 422	−0.051 9	0.000 224

(4) 对于相同孔隙流体条件的碳酸盐岩，其纵横波速比增减量的绝对值($|\Delta|$)差别不显著；特别是对干碳酸盐岩岩芯或气饱和碳酸盐岩岩芯，从统计意义上难以有效区分。

以上所述的统计特征差异表明，虽然碳酸盐岩的纵横波速比也具有较好的应力敏感性，但是从统计意义上说，碳酸盐岩的纵横波速比随有效应力变化的规律分散性强，实验数据的统计特征不支持采用 v_p/v_s 直接作为碳酸盐岩油气藏，尤其是碳酸盐岩气藏的孔隙压力指示参数。

5.4.4 归一化速度的应力敏感性

定义归一化速度(v_n)为：

$$v_n=\frac{v(p_e=20\ \text{MPa})}{v(p_e=5\ \text{MPa})} \tag{5-22}$$

由式(5-22)可知，除少数岩芯的 v_n 略小于 1 外，通常情况下 $v_n>1$，其数值的大小代表岩芯的速度应力敏感性，即 v_n 越大，则岩芯的速度应力敏感性越强。按照式(5-22)可以计算对应的归一化纵波速度(v_{pn})和归一化纵波速度(v_{sn})。本节测量数据计算的归一化速度结果如图 5-29 所示。

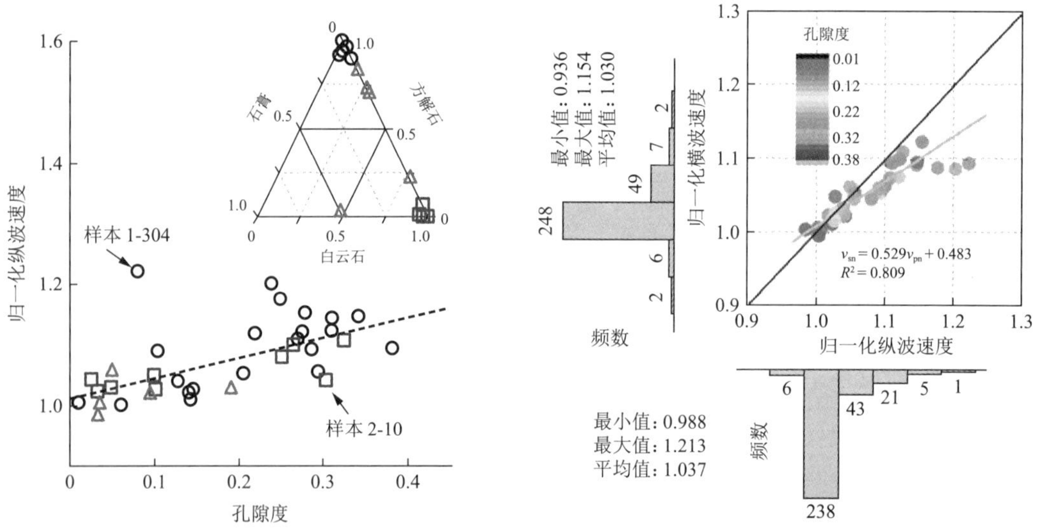

(a) 归一化纵波速度与孔隙度、矿物组成的关系　　(b) 归一化纵、横波速度之间关系

图 5-29　干碳酸盐岩的归一化速度

从图 5-29 可以看出，孔隙度在一定程度上影响岩芯的归一化速度，高孔隙度岩芯更倾向于具有较高的归一化速度，但具有一定的分散性。例如，样本 1-304 的孔隙度较低($\phi=0.081$)，但归一化纵波速度较高($v_{pn}=1.22$)，而样本 2-10 的孔隙度高($\phi=0.303$)，其归一化纵波速度却较低($v_{pn}=1.039$)。

干岩芯的归一化纵波速度分布范围为 0.99～1.22，平均值为 1.07，归一化横波速度的分布范围为 0.996～1.124，平均值为 1.045。根据 Han 等的测试数据，砂岩岩芯的归一化速度的中值点约为 1.10，而本节测量的碳酸盐岩中近 50%岩芯的归一化速度小于 1.05(速度增大约 5%)，这表明碳酸盐岩的速度应力敏感性总体上小于砂岩。因此，对于低孔隙度的碳酸盐岩，由于其速度应力敏感性较弱，采用速度-有效应力关系模型(如 Bowers 模型)进行地层压力预测具有较大不确定性。根据测量数据的拟合结果，岩芯的归一化纵波速度与其归一化横波速度之间具有线性相关性，尤其是在岩芯孔隙度较高的情况下 v_{pn} 略大于 v_{sn}，这表明纵波的应力敏感性比横波强。

5.4.5　孔隙结构对速度应力敏感性的影响

按照 Cantrell & Hagerty[21] 的分类准则，本节的实验岩芯可分为三大类：以微孔隙为主的岩芯(16 块)、以大孔隙为主的岩芯(14 块)、双孔隙岩芯(10 块)。以归一化速度为指标，分类分析岩芯的速度应力敏感性，结果如图 5-30 所示。以小孔隙为主要孔隙类型的岩芯，其应力敏感性最弱，v_{pn} 的平均值为 1.032(图 5-30a)，而以大尺寸孔隙为主的岩芯，如粒间

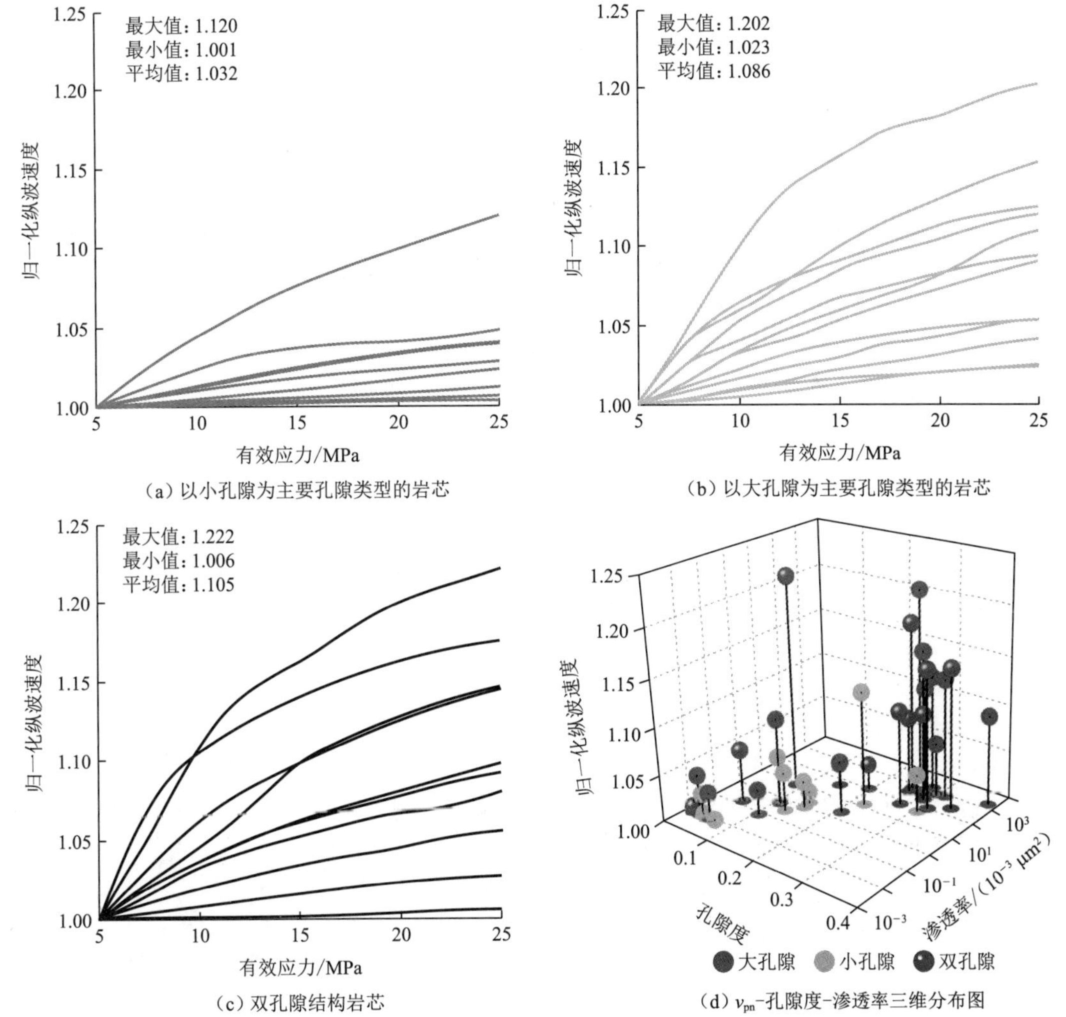

(a) 以小孔隙为主要孔隙类型的岩芯　(b) 以大孔隙为主要孔隙类型的岩芯

(c) 双孔隙结构岩芯　(d) v_{pn}-孔隙度-渗透率三维分布图

图 5-30　不同孔隙结构碳酸盐岩岩芯的速度应力敏感性

孔、晶间孔、粒内孔、骨架内孔隙等，具有更强的速度应力敏感性，v_{pn}的平均值为1.086(图5-30b)。比较有趣的是，具有双孔隙结构的岩芯，具有最强的速度应力敏感性，v_{pn}的平均值为1.105(图5-30c)。需要特别指出的是，这种比较只在统计意义上有效，因为对于每一类岩芯，其归一化速度随有效应力的变化都表现出分散性。总体来说，高孔高渗的碳酸盐岩岩芯更可能具有较强的速度应力敏感性(图5-30d)，因为该类岩芯一般基质较疏松，孔喉尺寸较大并有一定量的小尺寸孔隙。

参考文献

[1] 邱浩，王子振，王瑞和，等. 单轴压力下裂缝闭合压力及其影响因素实验研究[J]. 岩石力学与工程学报，2015，34(S2)：3915-3921.

[2] 何健，康毅力，刘大伟，等. 孔隙型与裂缝-孔隙型碳酸盐岩储层应力敏感研究[J]. 钻采工艺，2005，28(2)：84-86.

[3] Cheng C H. Seismic velocities in porous rocks：direct and inverse problems[D]. Massachusetts：Institute of Technology，Cambridge，1978.

[4] 陈颙，黄庭芳，刘恩儒. 岩石物理学[M]. 合肥：中国科学技术大学出版社，2009.

[5] 王子振，王瑞和，邱浩，等. 一种多重孔隙结构人造岩芯的制备新方法及其应用[J]. 石油物探，2015，54(2)：150-156.

[6] Wang Z，Wang R，Wang F，et al. Experiment study of pore structure effects on velocities in synthetic carbonate rocks[J]. Geophysics，2015，80(3)：207-219.

[7] Brown S R，Scholz C H. Closure of random elastic surfaces in contact[J]. Journal of Geophysical Research：Solid Earth(1978-2012)，1985，90(B7)：5531-5545.

[8] Brown S R，Scholz C H. Closure of rock joints[J]. Journal of Geophysical Research：Solid Earth(1978-2012)，1986，91(B5)：4939-4948.

[9] Wang Z. Seismic anisotropy in sedimentary rocks，part 2：laboratory data[J]. Geophysics，2002，67(5)：1423-1440.

[10] Agersborg R，Johansen T A，Jakobsen M，et al. Effects of fluids and dual-pore systems on pressure-dependent velocities and attenuations in carbonates[J]. Geophysics，2008，73(5)：35-47.

[11] Fournier F，Leonide P，Biscarrat K，et al. Elastic properties of microporous cemented grainstones[J]. Geophysics，2011，76(6)：211-226.

[12] Fournier F，Léonide P，Kleipool L，et al. Pore space evolution and elastic properties of platform carbonates(Urgonian limestone，Barremian-Aptian，SE France)[J]. Sedimentary Geology，2014，308：1-17.

[13] Hairabian A，Fournier F，Borgomano J，et al. Depositional facies，pore types and elasticproperties of deep-water gravity flow carbonates[J]. Journal of Petroleum Geology，2014，37(3)：231-249.

[14] Wang Z Z，Njiekak G，Schmitt D R，et al. Empirical rock physics relationships on carbonate dry-frame elastic properties[J]. Petroleum Science，2021，18：783-806.

[15] Bakhorji A M. Laboratory measurements of static and dynamic elastic properties in carbonate[D]. Edmontorn：University of Alberta，2010.

[16] Dutta N C. Geopressure prediction using seismic data：current status and the road ahead[J]. Geophysics，2002，67(6)：2012-2041.

[17] Dvorkin J, Mavko G, Nur A. Overpressure detection from compressional- and shear-wave data[J]. Geophysical Research Letters, 1999, 26(22): 3417-3420.

[18] Dutta N C, Mukerji T, Prasad M, et al. Seismic detection and estimation of overpressures, part Ⅰ: the rock physics basis[J]. CSEG Recorder, 2002, 27(7): 35-57.

[19] Han D, Nur A, Morgan D. Effects of porosity and clay content on wave velocities in sandstones[J]. Geophysics, 1986, 51(11): 2093-2107.

[20] Freund D. Ultrasonic compressional and shear velocities in dry clastic rocks as a function of porosity, clay content, and confining pressure[J]. Geophysical Journal International, 1992, 108(1): 125-135.

[21] Cantrell D L, Hagerty R M. Microporosity in arab formation carbonates, Saudi Arabia[J]. GeoArabia, 1999, 4(2): 129-154.

第6章
基于声波测井的碳酸盐岩孔隙结构反演方法

裂缝是碳酸盐岩油气藏的重要储集空间和关键渗流通道，直接关系到油气田能否持续高产、稳产，并且影响着该油气田的最终采收率。正确认识裂缝及其分布规律和发育特征，是碳酸盐岩裂缝型油气藏勘探开发成功的关键。目前，三维数字成像技术可以准确描述三维孔隙的空间分布[1]，电成像测井资料可以实现精确刻画裂缝结构，核磁共振测井资料主要用来刻画不同类型孔隙的分布范围[2]。然而，高成本等缺陷使得上述测井方法在现今低油价的国际形势下，难以在碳酸盐岩油气勘探开发中广泛应用。本章将利用常规声波测井资料和区域地震资料等油气勘探开发中的基础数据，采用多种分析方法对不同尺度裂缝发育地层进行预测和识别[3-6]。

6.1 基于深度点信息的裂缝发育段识别方法

6.1.1 常规测井资料预处理

测井资料是探测地层信息常用和直接的方法。原始测井资料普遍存在噪声，在碳酸盐岩声波测井中，常会由于声波测井工具与井壁发生碰撞而使得测井曲线上出现与地层性质无关的统计起伏和毛刺干扰[7]。通常采用频率域滤波或简单平滑对测井曲线进行低通滤波，如最小二乘滑动平均法、加权滑动平均法等。然而，平滑滤波容易导致测井曲线薄层识别能力下降（高频反映薄层信息），而以傅里叶变换为基础的频率域滤波不能对测井曲线进行局部分析[8]。与之相比，小波变换（wavelet transform，WT）滤波不仅可保留原始声波信号的突变位置和边缘信息，还可去除噪声对测井曲线的影响[9]。

对于给定的母小波 $\psi(t)$，令：

$$\psi_{a,b}(t)=\frac{1}{\sqrt{a}}\psi\left(\frac{t-b}{a}\right) \tag{6-1}$$

则原始信号 $x(t)$ 的小波变换 $WT_x(a,b)$ 定义为：

$$WT_x(a,b)=\frac{1}{\sqrt{a}}\int_{-\infty}^{+\infty}x(t)\psi\left(\frac{t-b}{a}\right)\mathrm{d}t \tag{6-2}$$

式中，b 为时移；a 为尺度因子；$\psi_{a,b}(t)$ 为小波基函数，是母小波经移位 b 和伸缩 a 所产生的族函数。

可见，小波变换通过将母小波函数进行移位，然后在不同尺度上与原始信号 $x(t)$ 进行卷积。

本节利用 Matlab 小波工具箱，采用基于小波变换解相关性的小波域阈值滤波方法对所用到的测井曲线进行降噪处理。基本原理是通过小波变换使信号能量集中在大的小波系数中，使噪声分布在全部小波域中。采用合适的阈值将大部分噪声降低，再将得到的小波系数利用逆变换对信号进行重构，从而得到低噪声的有效信号。通过计算降噪前后测井曲线的标准差和自相关系数，优选出 sym 4 小波函数，阈值方法选用去噪效果较好的 Heursure 方法，并采用具有更广泛适用性的软阈值方式将较小的小波系数置零，并使较大的小波系数向零收缩，在噪声结构中选择白噪声。

以川东北某井声波测井曲线为例，选取 sym 4 小波基函数，对原始声波测井曲线进行 6 级分解(图 6-1)。阈值规则采取极大值和极小值原理，其中原始信号 s 被分解成多个小波系数($d_1 \sim d_6$)和低频趋势(a)。图 6-2 所示为利用该方法对测井曲线降噪的对比图，可见小波降噪的效果较为理想，滤掉了与地层信息无关的毛刺干扰。因此，可对常规测井曲线(声波测井、自然伽马、井径曲线、补偿中子、密度测井)进行小波降噪处理。

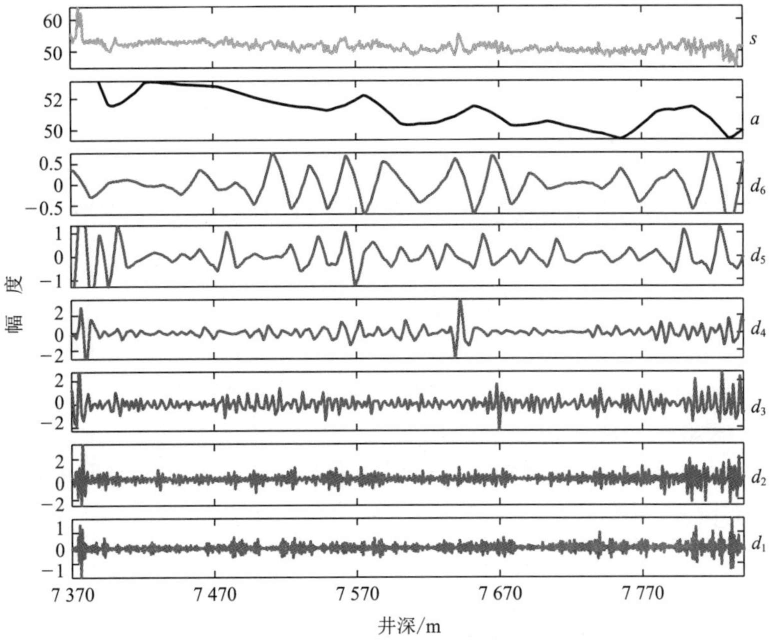

$d_1 \sim d_6$ 为小波系数。

图 6-1　原始声波测井信号经一维小波分解后波形图

孔隙度是储层评价的重要参数。实际碳酸盐岩地层通常混合发育白云岩和石灰岩，这里将采用双矿物识别方法计算地层孔隙度。地层经验参数参照川东北碳酸盐岩储层常用参数[10]，见表 6-1。在结合完井资料对目标地层进行初步岩性划分的基础上，利用自然伽马(GR)和补偿中子(CNL)数据分别计算泥质含量 V_{sh}，并取最小值作为结果。

$$SI = \min\left\{\frac{GR - GR_{cl}}{GR_{sh} - GR_{cl}}, \frac{CNL - CNL_{cl}}{CNL_{sh} - CNL_{cl}}\right\} \tag{6-3}$$

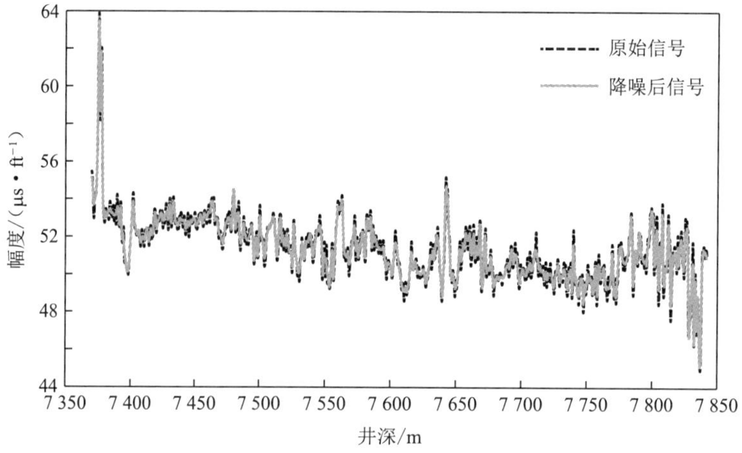

图 6-2 小波降噪前后声波测井信号对比

表 6-1 川东北地层经验参数

地 层	声波时差/(μs·m⁻¹)	补偿中子/%	密度/(g·cm⁻³)	自然伽马/API	体积模量/GPa	剪切模量/GPa
白云岩	141.04	2	2.87	10	94.9	45
石灰岩	154.16	0	2.71	100	76.8	32
泥 质	278.80	35	2.65		9	4
地层水	619.92	90	1		2.2	0

$$V_{sh}=\frac{2^{GCUR\times SI}-1}{2^{GCUR}-1} \tag{6-4}$$

式中,SI 为自然伽马或中子测井相对值;GR_{sh},GR_{cl} 分别为泥岩层及纯净地层的自然伽马值;CNL_{sh} 和 CNL_{cl} 分别为泥岩层及纯净地层的补偿中子测井值;$GCUR$ 为与地层有关的经验参数,老地层取 2.0。

在进行泥质校正的基础上,对纯岩石采用密度(ρ)-中子(CNL)测井曲线计算地层孔隙度。首先进行泥质校正:

$$\begin{cases}\rho=(\phi_D-V_{sh}\rho_{sh})/(1-V_{sh})\\ CNL=(\phi_N-V_{sh}CNL_{sh})/(1-V_{sh})\end{cases} \tag{6-5}$$

泥质校正后按纯岩石计算地层孔隙度(ϕ)及相应岩性所占体积分数:

$$\begin{cases}1=\phi+V_{ma1}+V_{ma2}\\ \phi_D=\phi\rho_f+V_{ma1}\rho_{ma1}+V_{ma2}\rho_{ma2}\\ \phi_N=\phi CNL_f+V_{ma1}CNL_{ma1}+V_{ma2}CNL_{ma2}\end{cases} \tag{6-6}$$

式中,ϕ_N 为补偿中子测井计算的孔隙度;ϕ_D 为密度测井计算的孔隙度;ρ_{ma1},ρ_{ma2} 分别为双矿物岩石(白云岩和石灰岩)骨架体积密度;CNL_{ma1},CNL_{ma2} 分别为双矿物岩石骨架中子值通量;V_{ma1},V_{ma2} 分别为双矿物岩石(白云岩和石灰岩)所占体积分数;ρ_{sh},V_{sh} 分别为泥岩密度及泥质含量;CNL_f,ρ_f 分别为地层水的中子值通量和密度。

6.1.2　常规储层裂缝识别方法

碳酸盐岩中存在的裂缝会对常规测井数据造成不同的影响。例如，在裂缝发育段，声波测井(AC)会明显增大并出现周波跳跃，井径曲线表现出强烈的震荡扩径并出现椭圆井眼，电阻率双侧向曲线出现读数比致密层低等现象。下面利用常规测井数据，结合多种方法对裂缝发育段进行识别。

1）三孔隙度比值法 X_1

孔隙度是评价油气层、分析岩石成分、确定油气饱和度及渗透率等的重要参数。在碳酸盐岩油气藏中，以裂缝或溶洞为主的次生孔隙度对油气流动至关重要。密度测井和中子测井主要反映的是地层总孔隙度，而声波测井则受裂缝影响较显著，主要反映原生的粒间孔隙。利用声波时差计算孔隙度 ϕ_s 的公式为：

$$\phi_S = \frac{AC - AC_{ma}}{AC_f - AC_{ma}} - V_{sh}\frac{AC_{sh} - AC_{ma}}{AC_f - AC_{ma}} \tag{6-7}$$

$$AC_{ma} = AC_{ma1}V_{ma1} + AC_{ma2}V_{ma2} \tag{6-8}$$

式中，AC_{ma1}，AC_{ma2}分别为双矿物岩石骨架声波时差；AC_f 为地层水的声波时差；AC_{sh}为纯泥质的声波时差。

在含裂缝地层中，三种孔隙度的比值 X_1可反映次生孔隙的发育程度，X_1越大说明裂缝或溶孔越发育。

$$X_1 = \frac{\left|\sqrt{\dfrac{\phi_D^2 + \phi_N^2}{2}} - \phi_S\right|}{\sqrt{\dfrac{\phi_D^2 + \phi_N^2}{2}}} \tag{6-9}$$

2）等效模量差比法 X_2

由于波速对气体或地层密度反应较敏感，所以可计算地层等效弹性模量 E_C，来识别含气裂缝性地层。等效模量差比 X_2 为：

$$X_2 = \frac{E_{CW} - E_C}{E_C} \tag{6-10}$$

$$\begin{cases} E_C = \dfrac{\rho}{AC^2} \times 10^{16} \\ E_{CW} = \dfrac{\rho_{ma} + \phi\rho_f + V_{sh}\rho_{sh}}{[(1-\phi-V_{sh})AC_{ma} + \phi AC_f + V_{sh}AC_{sh}]^2} \times 10^{16} \end{cases} \tag{6-11}$$

式中，E_{CW}为地层 100%含水时的等效弹性模量，ρ_{ma}为岩石基质的密度。

当遇到含气裂缝地层时，密度测井值降低，声波时差增大，则 $X_2>0$，而在致密地层或含水层时，X_2接近 0。

3）骨架指数法 X_3

由于声波测井和密度测井对裂缝表现出明显的差异，可利用声波骨架指数和密度骨架指数的差异识别裂缝层段。骨架指数法的 X_3 为：

$$X_3 = \left| \frac{\dfrac{AC - AC_f \phi_S}{1 - \phi_S}}{\dfrac{AC - AC_f \phi_D}{1 - \phi_D}} - 1 \right| \tag{6-12}$$

在裂缝发育层段，密度测井孔隙度大于声波测井孔隙度，则 $X_3 > 0$，而在致密层段，X_3 接近 0。

4）龟裂系数法 X_4

岩石中纵波波速与岩石的完整程度有关。完整岩石的波速较快，而当岩石中发育高角度裂缝时，岩石中的波速明显降低[11]。因此，岩石骨架和地层中传播速度之比可以反映地层中裂隙发育程度。龟裂系数 X_4 为：

$$X_4 = \left(\frac{AC}{AC_{ma}}\right)^2 \tag{6-13}$$

X_4 数值越大，裂隙发育程度越好。

5）曲线变化率法 X_5

裂缝的存在会引起测井响应的异常变化，采用五点平均法计算对裂缝较为敏感的声波时差（AC）、井径（CAL）和自然伽马（GR）曲线的变化率，以对裂缝进行指示[12]。曲线变化率 X_5 为：

$$X_5 = \frac{1}{4} \times (|Y_{j-2} - Y_{j-1}| + |Y_{j-1} - Y_j| + |Y_j - Y_{j+1}| + |Y_{j+1} - Y_{j+2}|) \tag{6-14}$$

式中，Y_j 为三种曲线当前点测井值；Y_{j-2} 为当前深度处上 2 点测井值；Y_{j-1} 为当前深度处上 1 点测井值；Y_{j+1} 为当前深度处下 1 点测井值；Y_{j+2} 为当前深度处下 2 点测井值。

X_5 数值越大，代表测井曲线波动变化越显著，裂隙发育程度越好。

6）次生孔隙交会图法 X_6

声波时差基本上不反映次生孔隙，而密度、中子测井反映次生孔隙。当岩石具有次生孔隙时，M-N 图上交汇点会向右移动。利用孔隙度公式可求得次生孔隙度。次生孔隙交会图法的 X_6 为：

$$X_6 = \frac{\phi_N + \phi_D}{2} - \phi_S \tag{6-15}$$

X_6 数值越大，次生孔隙度越大，代表裂缝等次生孔隙越发育。

6.1.3 基于等效介质理论的孔隙类型识别方法

根据 Hudson 方法，国内外学者基于等效介质模型建立了孔隙结构估算方法，并将其应用于横波预测等领域[13,14]。孔隙纵横比分别为 0.05，0.1 和 0.8 时，计算得到的波速相差较大。本小节采用适用于测井尺度的 DEM 模型计算理论波速，将孔隙按纵横比分成孔洞（AR_{stiff}=0.8）、粒间孔（AR_{ref}=0.1）、裂缝（AR_{crack}=0.05）3 类。其中，孔洞表示地层中坚硬的近圆形孔隙或溶洞，裂隙表示岩石中“最柔软”的孔隙，受到外力作用时易闭合，对岩石速度的影响较大。假设地层由两类孔隙（粒间孔＋孔洞或裂缝）组成，并将 DEM 模型计算的结果与实际声波测井结果对比，通过迭代反演，确定各种孔隙所占比例及裂缝密度。该方法的精确程度依赖于孔隙度、各矿物弹性模量、AC 校正等求取的准确性。

1）岩石基质参数

Voigt 界限给出了当各组分假设有相等的应变时平均应力与平均应变之比，Reuss 界限给出了当各组分假设有相等的应力时平均应力与平均应变之比[15]。对于任意岩石，在已知各组分体积含量后，其等效模量位于 Voigt 上限 M_V 及 Reuss 下限 M_R 之间。Hill 提出对两者界限的结果取算术平均值（Voigt-Reuss-Hill 模型），并作为岩石骨架弹性模量 M_{VRH}：

$$M_V = \sum_{i=1}^{N} \frac{f_i}{M_i} \tag{6-16}$$

$$M_R = \left(\sum_{i=1}^{N} \frac{f_i}{M_i} \right)^{-1} \tag{6-17}$$

$$M_{VRH} = \frac{M_V + M_R}{2} \tag{6-18}$$

式中，f_i 为第 i 种组分的体积含量；M_i 为第 i 种岩石矿物（白云岩和石灰岩）的弹性参数（体积模量 K_{ma}、剪切模量 μ_{ma} 和密度 ρ）。

2）岩石等效模量计算

微分 DEM 模型描述了将孔隙按一定增量逐渐加入岩石基质的过程。对于多种形状或成分的孔隙，其等效模量不仅与各成分体积含量有关，更依赖孔隙加入的次序。计算中先引入粒间孔，得到含一种孔隙的岩石骨架弹性模量，再引入第二种孔隙（孔洞或裂缝），得到含两种孔隙的岩石骨架弹性模型。

单孔隙岩石的体积模量和剪切模量耦合的微分方程为[16]：

$$\begin{cases} (1-\phi) \dfrac{\mathrm{d}}{\mathrm{d}\phi} [K^*(\phi)] = (K_2 - K^*) P^{(*2)}(\phi) \\ (1-\phi) \dfrac{\mathrm{d}}{\mathrm{d}\phi} [\mu^*(\phi)] = (\mu_2 - \mu^*) Q^{(*2)}(\phi) \end{cases} \tag{6-19}$$

式中，$P^{(*2)}(\phi)$，$Q^{(*2)}(\phi)$ 中上标 2 指代孔隙相；初始孔隙度为 0 时，$K^*(0) = K_{ma}$，$\mu^*(0) = \mu_{ma}$；K_2 和 μ_2 分别为逐渐加入孔隙的体积模量和剪切模量；P，Q 为孔隙对岩石弹性特征影响的几何因数，与孔隙纵横比有关，其计算公式见参考文献[17]。

3）饱和流体岩石参数计算

在地震解释和油藏动态监测中，孔隙流体性质和饱和度对地层纵横波速度具有重要影响。假设两种孔隙内所含的流体性质一致，在利用 DEM 模型计算干岩石模量的基础上，使用 Gassmann 方程进行流体替换，并预测流体饱和岩石的弹性性质和速度。与 DEM 模型的高频结果相比，这种方法提供了饱和流体岩石模量（体积模量 K_{sat} 和剪切模量 μ_{sat}）的低频估计：

$$K_{sat} = K_{dry} + \frac{\left(1 - \dfrac{K_{dry}}{K_{ma}}\right)^2}{\dfrac{1-\phi}{K_{ma}} + \dfrac{\phi}{K_{ma}} - \dfrac{K_{dry}}{K_{ma}^2}} \tag{6-20}$$

$$\mu_{sat} = \mu_{dry} \tag{6-21}$$

式中，K_{ma} 表示岩石基质的体积模量，GPa；K_{dry}，μ_{dry} 分别为利用 DEM 模型计算得到的干岩石的体积模量和剪切模量；K_f为孔隙流体的体积模量。

Gassmann 方程认为流体饱和后岩石的剪切模量保持不变。尽管研究表明在不同流体性质及测量频率下流体饱和岩石的剪切模量会发生变化[18]，然而其偏差的具体机制还存在争议，并不只是单纯由频散作用造成[19]。下面在声波测井资料计算的矿物体积含量的基础上，采用与孔隙结构有关的 DEM 模型和 Gassmann 方程计算声波波速，具体流程如图 6-3 所示，进而与实际声波测井波速对比，预测地层裂缝发育段。

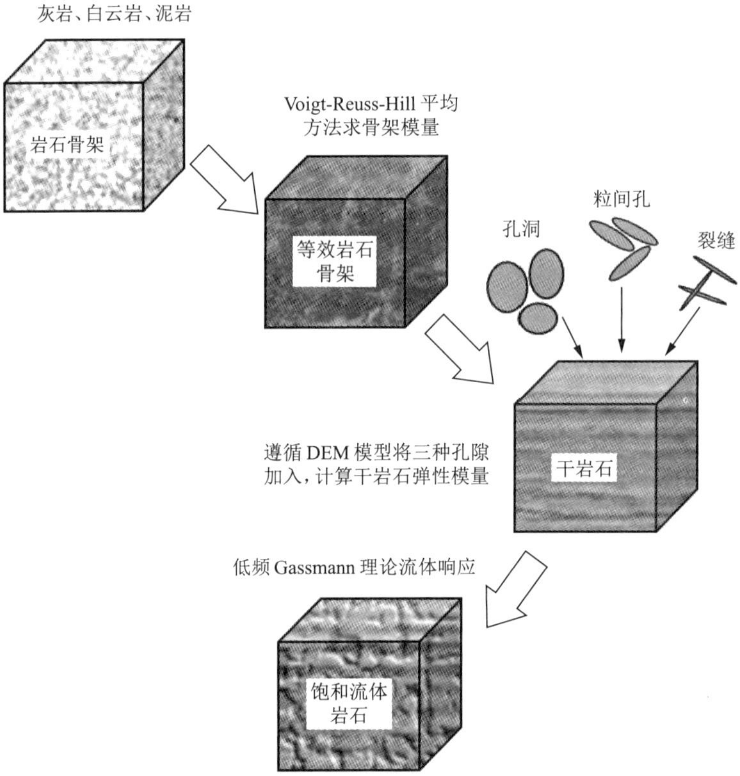

图 6-3　采用等效介质模型估算岩石声波波速流程

4）裂缝密度预测

等效介质模型通常需要两类输入，一是不同孔隙类型的纵横比，二是不同纵横比孔隙在岩石中的相对体积分数。然而，这些输入通常很难直接从地质或测井数据中获得。对于仅具有晶间孔隙的碳酸盐岩，目前在砂岩中广泛应用的 Wyllie 时间平均方程[20]可较好地预测其纵波速度。然而，孔洞状孔隙会导致波速偏大，微孔隙或裂缝会导致波速偏小[21]。当孔隙纵横比 $\alpha \approx 0.1$ 时，采用 DEM 模型计算的弹性模量接近于时间平均方程预测的弹性模量。对于仅含球形孔隙的岩石，DEM 模型接近 Hashin-Shtrikman 上限；对于仅含裂缝的岩石，DEM 模型接近 Hashin-Shtrikman 下界。下面在采用等效介质模型计算不同孔隙类型岩石波速的基础上，对比实际声波测井资料计算的地层孔隙度，预测不同孔隙类型的体积含量，进而计算裂缝密度。具体步骤为：

（1）设定碳酸盐岩地层中三类岩石物理孔隙的纵横比：孔洞 $AR_{\text{stiff}}=0.8$、粒间孔 $AR_{\text{ref}}=0.1$、裂缝 $AR_{\text{crack}}=0.05$。

（2）输入由声波测井计算的波速 v_{p} 和相应的地层孔隙度 ϕ。

（3）假设全部为粒间孔，采用前文计算得到的岩石基质参数，在给定的孔隙度 ϕ 和孔隙纵横比 AR_{ref} 下，利用 DEM 模型计算纵波波速 $v_{\text{p\_ref}}$。

（4）判断模型计算的波速与实际测井波速的大小关系：若 $v_{\text{p\_ref}}<v_{\text{p}}$，认为岩石中孔隙包含孔洞和粒间孔，$AR_1=AR_{\text{ref}}$，$AR_2=AR_{\text{stiff}}$，$\phi_1=\phi$，$\phi_2=0$，并转到步骤（5）；若 $v_{\text{p}}<v_{\text{p\_ref}}$，认为岩石中孔隙由裂缝和粒间孔组成，$AR_1=AR_{\text{ref}}$，$AR_2=AR_{\text{crack}}$，$\phi_1=\phi$，$\phi_2=0$，并转到步骤（7）。

（5）重新利用 DEM 模型计算当岩石中含有孔洞和粒间孔时的纵波波速 $v_{\text{p\_ite}}$：若 $|v_{\text{p\_ite}}-v_{\text{p}}|>err$，则令 $\phi_1=\phi_1-\Delta\phi$，$\phi_2=\phi_2+\Delta\phi$。

（6）重复步骤（5）直到 $|v_{\text{p\_ite}}-v_{\text{p}}|<err$，因此粒间孔隙度 $\phi_{\text{ref}}=\phi_1$，孔间孔隙度 $\phi_{\text{stiff}}=\phi_2$，裂缝孔隙度 $\phi_{\text{crack}}=0$，并转到步骤（9）。

（7）重新利用 DEM 模型计算当岩石中含有裂缝和粒间孔时的纵波波速 $v_{\text{p\_ite}}$：若 $|v_{\text{p\_ite}}-v_{\text{p}}|>err$，则令 $\phi_1=\phi_1-\Delta\phi$，$\phi_2=\phi_2+\Delta\phi$。

（8）重复步骤（7）直到 $|v_{\text{p\_ite}}-v_{\text{p}}|<err$，因此 $\phi_{\text{ref}}=\phi_1$，$\phi_{\text{stiff}}=0$，$\phi_{\text{crack}}=\phi_2$，并转到步骤（9）。

（9）根据得到的结果，计算裂缝密度 ε：

$$\varepsilon=\frac{3\phi_{\text{crack}}}{4\pi AR_{\text{crack}}} \tag{6-22}$$

6.1.4　现场数据分析实例

将上述方法应用于川东北碳酸盐岩储层测井解释中。川东北地区面积约为 $2.5\times10^4\ \text{km}^2$，主要包括广元—南江以南、广元—阆中以东、阆中—达州以北地区[22]，主要构造为普光构造。该构造在印支期已具雏形，到燕山期在挤压应力作用下形成南北向主体构造。普光构造主要目的层段为三叠系飞仙关组及二叠系长兴组海相碳酸盐岩地层，储层类型以溶孔型孔隙为主，裂缝次之，储层岩性主要为白云岩及含灰质白云岩。普光 2 井是川东北地区的代表性井之一，该井位于宣汉—达县区块普光构造，坐落在四川省宣汉县普光镇。

根据测井曲线所反映地层的地球物理特征，参照录井及邻井资料，对该井钻遇地层进行组段划分，详细数据见表 6-2。前期结果表明普光 2 井飞仙关组鲕滩白云岩厚度最大，以Ⅰ类和Ⅱ类储层为主。根据综合录井解释，须家河组 15 层，厚度 25.39 m；飞仙关组 65 层，厚度 207.81 m；长兴组 17 层，厚度 91.50 m。

川东北地区下三叠系长兴组鲕滩气藏的沉积环境是海相碳酸盐岩台缘鲕粒坝相、鲕粒滩相。下面以普光 2 井的测井资料为基础进行裂缝发育段识别，研究的目标层位是发育次生孔隙的二叠系长兴组，目标深度为 5 100～5 290 m。从图 6-4 所示的各种基于常规测井信息的次生孔隙发育段识别方法可以看出，不同的方法对于裂缝具有不同的响应。由钻井地质分层结果（表 6-2）可知，该目标层段主要为大段白云岩和石灰岩，同时中上部分布的次生孔隙主要为溶孔，与基于等效介质理论的孔隙类型识别方法得到的结果一致。由于骨架指数法和次生孔隙度法表征的均是声波测井得到的孔隙度与密度或中子孔隙度之间的差别，所以两者具有相似的趋势。

表 6-2　普光 2 井地质分层

系	组	底界深度/m	厚度/m	岩性简述
二叠系	长兴组	5 289	188	上部为灰色溶孔砾屑白云岩、砂屑溶孔白云岩、鲕粒溶孔白云岩；中上部为灰色溶孔白云岩、灰色鲕粒溶孔白云岩；中下部为深灰色白云质灰岩、灰岩；下部为含裂缝灰色白云岩、灰质白云岩
	龙潭组	5 353	64	以灰色灰岩、深灰色含泥灰岩、泥灰岩、黑灰色泥灰岩为主

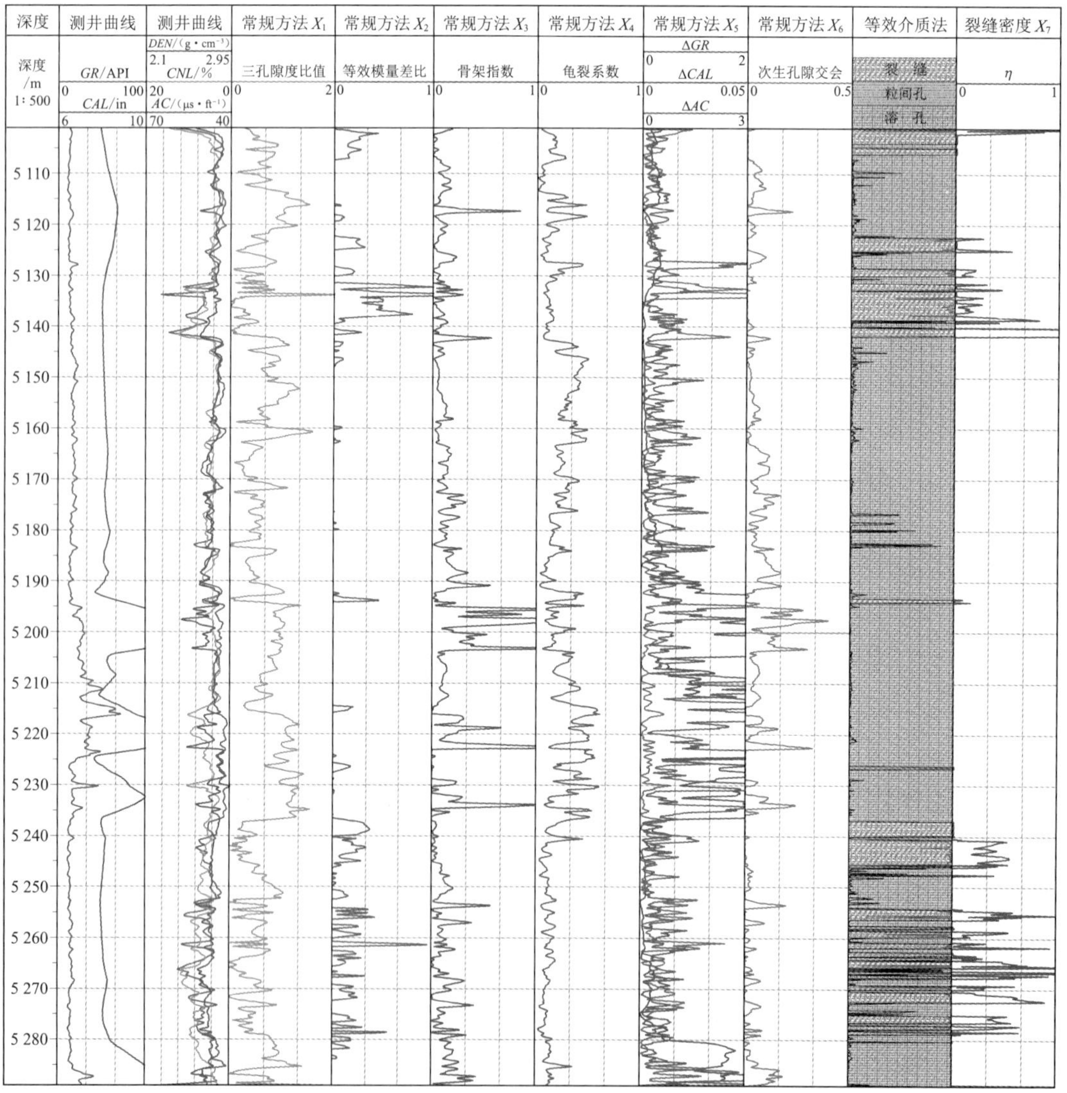

图 6-4　普光 2 井长兴组基于深度点信息处理方法的裂缝发育段识别结果

在海相碳酸盐岩地层中，钻完井总结报告显示，由于次生孔隙的存在，易发生井径扩大现象。在井径相对稳定段，如 5 130～5 145 m 的深度范围，三孔隙度(密度、中子、声波测井曲线)均表现出高孔隙度特征，三孔隙度比值、等效模量差比、骨架指数、曲线变化率和等效模量均表现出一致的裂缝发育特性。井径对于常规方法的准确性影响很大，在井径异常段(如 5 190～5 240 m)，基于不同孔隙度差别的方法，如三孔隙度比值法、骨架指数法以及次生孔隙交汇图法均表现出较大的波动，而基于声波测井的等效模量差比法和等效介质法的结果较为吻合。在 5 235～5 280 m 井段，钻井地质显示该层段有裂缝显示，而等效模量差比法、骨架指数法和等效介质法均表现出裂缝发育层段的特性。

综上所述，常规方法虽然在一定程度上能反映裂缝的存在，但是由于井径、地层性质变化以及测井仪器本身等影响，很难精确判断裂缝发育层段，而基于声波测井的等效介质方法不仅能较准确地反映次生孔隙裂缝，而且在井径较差的情况下依然能保持较高的稳定性。

6.2　基于波形处理的裂缝发育段识别方法

声波测井资料是研究储层物性的有效工具。随着成岩作用的进行，次生孔隙开始发育，总孔隙度随深度减小的趋势开始变缓。与此对应，测井曲线随深度变化的梯度关系会发生变化，表现出直线的斜率发生改变。本节将采用多种方法判断测井曲线的变化情况，识别裂缝发育层段。

6.2.1　基于分形理论的处理方法

由 4.2.3 小节可知，不同孔隙结构地层的测井声波具有不同的分形维数。本节将利用分形方法表征常规测井曲线的变化程度，进而识别裂缝发育地层。目前，计算分形维数的方法很多，下面采用适用于计算测井曲线分形维数的变尺度分析和功率谱分析来计算曲线分形维数。

1) 功率谱分形维数

第 4 章给出了计算功率谱分形维数的具体方法，不同之处在于前文所需处理的是时间序列，而本节所使用的是深度序列，需计算不同深度点信息的分形维数。

2) R/S 方法求分形维数

R/S 分析通常称为变尺度分析或重标度距离分析。目前，该方法在油藏工程方面得到广泛应用。假设一条测井曲线的某个井段上有 n 个采样点，每个采样点处的 M 个测井值用 $Z(i)(i=1,2,\cdots,M)$ 表示，则：

$$R(t,n)=\max_{0<u<n}\{\Delta\}-\min_{0<u<n}\{\Delta\} \tag{6-23}$$

$$\Delta=\sum_{i=1}^{u}Z(t+i)-(u/n)\sum_{j=1}^{n}Z(t+j) \tag{6-24}$$

$$S^2(t,n)=\sum_{i=1}^{n}Z^2(t+i)/n-\left[\sum_{j=1}^{n}Z(t+j)\right]/n^2 \tag{6-25}$$

式中，$R(t,n)$ 为极差，表示数据最大累积离差与最小累积离差之差，代表数据的复杂程度；t 为第一个采样点编号；u 为计算中选取的采样点间隔，取值范围是 1 到 $M-n$。$S(t,n)$ 为标准差，代表信号序列的平均趋势。

$R(t,n)$ 与 $S(t,n)$ 之比 R/S 表示无因次数据序列相对波动强度。

如果 R/S 相对采样点 n 的关系在双对数坐标系中呈线性趋势紧密分布，则可以认为该井段的测井曲线具有分形特征。R/S 分析的结果是 Hurst 指数（Hu），其数值范围为 $0<Hu<1$。

$$\frac{R}{S}=\frac{R(t,n)}{S(t,n)}=(an)^{Hu} \tag{6-26}$$

式中，a 为经验系数。

公式两边取对数可得：

$$\lg(R/S)=Hu\lg(an) \tag{6-27}$$

因此，Hu 为 $\lg(R/S)$-$\lg n$ 关系的斜率，可通过线性回归计算得到。Hu 与局部分形维数 D 相关，其关系式为：

$$D=2-Hu \tag{6-28}$$

原始测井数据是类似分形布朗运动的非静态深度序列。R/S 分析方法一般只应用于静态数据，直接应用该方法对原始测井数据进行分析往往会带来较大误差[23]。因此，采用逐点增量法处理原始测井数据 $Z(i)$，得到表示曲线变化的增项序列 $X(i)$（图 6-5），使之具有更长的可用于回归分析的 n 值范围和更高的回归相关系数[24]：

$$X(i)=Z(i+1)-Z(i) \tag{6-29}$$

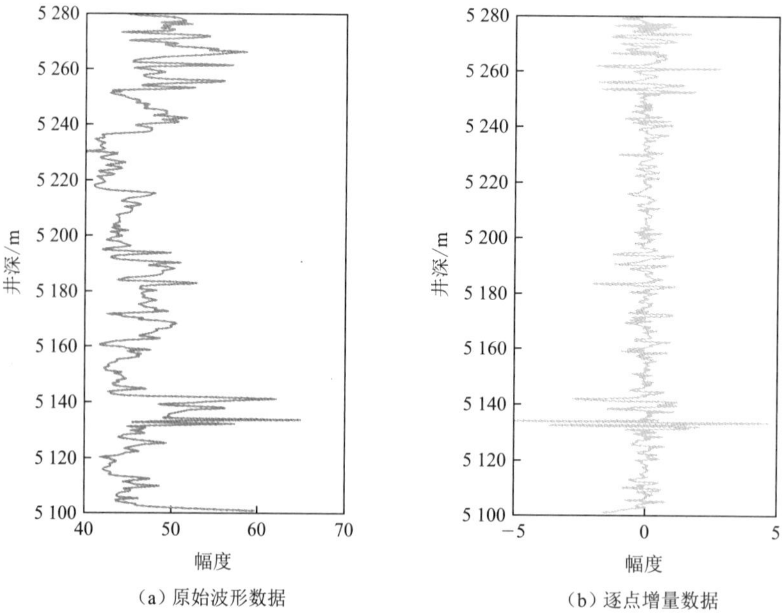

图 6-5　逐点增量法处理原始声波测井数据示例

在实际运用中，选取对裂缝较为敏感的声波测井曲线和双侧向电阻率差异曲线，计算每个采样点的 R/S，并用选取的曲线与采样点作双对数散点图，进而利用该曲线斜率 Hu 求取分形维数。通常，地层裂缝越发育，表明地层非均质性越强，分形维数也会越大。需要说明的是，如何确定曲线斜率是关键的一步，不同确定方法会导致不同的分形维数大小。相比于分形维数的数值，其变化趋势对分析结果更为重要。研究中将选用最小二乘法拟合计算时间窗第 3 个点到时间窗最后一个点之间的斜率。

根据 R/S 分析和功率谱维数基本原理及其特点，经过多次试算，认为在实际处理测井曲线时应遵守两点准则：① 由于所有常规测井资料采样间隔均为 0.125 m，而采样频率需大于数据采样率的两倍，所以取采样频率为 16 Hz。② 为实现全井段测井数据分维属性的分析研究，采用类似“滑动窗”方法。确定窗口长度为 40 个采样点(5 m)和移动步长为一个采样点，计算窗口内测井数据的分形维数，并将该分形维数记作窗口中点深度的计算结果，从而满足测井资料全井段分形维数分析的要求。

6.2.2　基于双树复小波的多尺度分析

在测井解释实践中，裂缝发育会引起声波时差曲线出现小幅度摆动和时差增大现象，因此常利用声波时差的增大来定性识别缝发育井段。然而，在实际声波时差测井资料中，这种影响在原始测井曲线上常常不明显。本节采用多尺度处理方法，在合适的尺度上重构高频信息以便能够突出裂缝发育层段声波时差起伏波动的特征，这将有助于裂缝发育段的准确识别。1998 年，Kingsbury 等提出了双树复小波变换(dual-tree complex wavelet transform，DTCWT)的概念，是对传统离散小波变换(discrete wavelet transform，DWT)的一种增强。与实际正/负频带滤波的想法一样，DTCWT 采用二叉树结构的 DWT，包含两个平行的小波树，第一个小波树给出变换的实部，第二个小波树给出虚部。

相比于传统的 DWT，DTCWT 具有更多优势[25]：① 在二维或更高维度上具有移位不变性，输入信号的微小变化并不会引起小波系数的明显变化。② 具有方向选择性，在行和列方向上可以突出任意方向的信息。③ DWT 小波系数通过非理想的低通和高通滤波器迭代离散时间进行采样，这会导致大量数据冗余。DTCWT 具有独立于分析尺度的有限冗余。

对于 DTCWT，目前已设计了多种滤波器。两种滤波器构成两树即可形成不同类型的 DTCWT[26]。对于具有 n 个深度点的测井曲线，使用两个平行的 Q-shift 小波滤波器同时对原始信号 $x(n)$ 进行小波变换，可得到不同尺度下的小波系数。其与一般小波变换的不同之处在于小波基函数 $\psi(n)$ 包含两部分[25]：

$$\psi(n) = \psi_{\mathrm{h}}(n) + \mathrm{j}\psi_{\mathrm{g}}(n) \tag{6-30}$$

式中，$\psi_{\mathrm{h}}(n)$ 和 $\psi_{\mathrm{g}}(n)$ 均为实小波。

利用 DTCWT 对地层声波测井曲线和双侧向电阻率曲线进行多尺度分解，分解层数为 4，得到不同尺度上的小波系数的曲线。图 6-6 所示为某井声波测井曲线 4 级 DTCWT 多尺度处理结果，可以看到不同尺度上小波系数具有不同的频率。其中，低频小波系数 a 主要反映曲线的整体变化，具有较高的幅值，而高频小波系数($d_1 \sim d_4$)则反映曲线的波动大小，幅值较低。这说明测井信号中与低频信号对应的厚层信息较为丰富，高频信息可更加直观地识别出声波时差曲线出现的小幅波动，进而预测地层裂缝发育段。

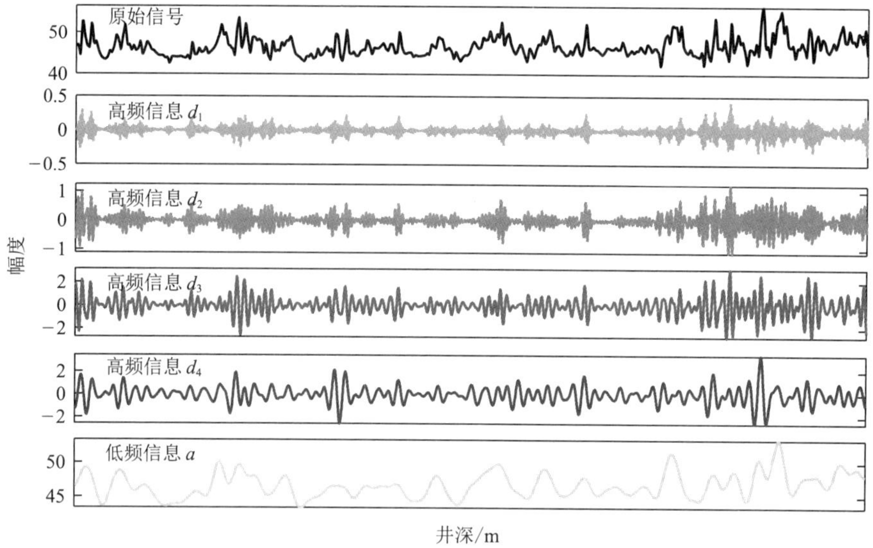

图 6-6 声波测井曲线 4 级 DTCWT 多尺度处理结果

测井曲线是对地层信息的反映，其总能量为地层岩性、流体性质、微观孔隙结构等不同频率响应的信号能量之和。采用 DTCWT 对原始测井信号进行多尺度处理后，计算各尺度小波系数曲线在原始曲线的能量占比 $E_i(n)$：

$$E_i(n)=\left[\frac{d_i(n)}{x(n)}\right]^2 \tag{6-31}$$

式中，x_n 为原始测井信号曲线，d_i 为多尺度小波系数曲线。

图 6-7 所示为与图 6-6 中声波测井数据相应的小波能量占比曲线。可以看出声波测井曲线的高频能量信息变得更明显，说明经过 DTCWT 处理后，测井曲线的纵向分辨率有了明显提高，有助于识别裂缝发育层段和改善储层评价精度。

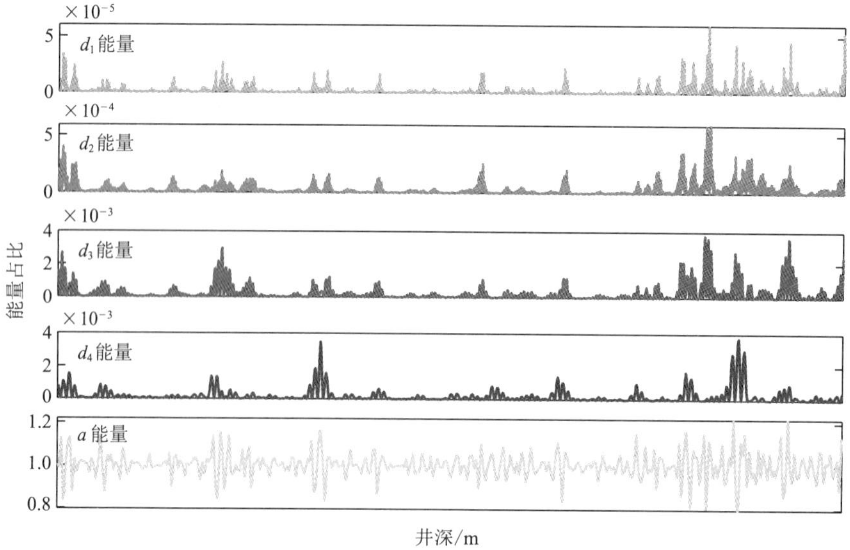

图 6-7 声波测井曲线的小波能量占比曲线

6.2.3　现场数据分析实例

元坝区块是川东北地区重要的接替区块。元坝2井是布置在川东北巴中低缓构造带元坝岩性圈闭的一口预探井，该井以飞仙关组—长兴组礁滩相储层为主要目的层，目标层位地质分层和岩芯描述见表6-3。本节以元坝2井长兴组碳酸盐岩地层测井曲线为基础，分别采用基于波形处理的分形维数和双树复小波方法分析裂缝发育段。

表6-3　元坝2井地质分层和岩芯描述

系	组	段	底界深度/m	厚度/m	岩芯描述
三叠系	飞仙关组	四　段	6 214.5	64.5	灰白色石膏岩为主，夹绿灰色白云质泥岩、浅灰色云质硬石膏岩
		三　段	6 363	148.5	紫红色、灰紫色泥质灰岩为主，夹灰色泥质灰岩
		二　段	6 440	77	灰色鲕粒灰岩夹灰色含泥灰岩、灰色灰岩
		一　段	6 545	105	灰色灰岩、含泥灰岩夹灰色含白云质灰岩
二叠系	长兴组		6 720.5	175.5	上部岩性为灰色生物灰岩、生屑灰岩，顶部为浅灰色溶孔白云岩；下部岩性为灰色灰岩、含泥灰岩夹灰色含白云质灰岩
	吴家坪组		6 828	107.5	上部岩性为灰黑色含硅泥质灰岩与灰黑色灰质泥岩不等厚互层；下部岩性为灰黑色含白云质生屑灰岩夹深灰色碳质泥岩、深灰色灰质泥岩

岩芯分析是钻井过程的重要组成部分，也是识别油气藏地质特征的主要手段。裂缝发育的特性可以通过岩芯分析获得。该井在长兴组共取芯6次，平均岩芯收获率为78.36%（表6-4）。岩芯描述显示该井段普遍发育裂缝，长兴组孔隙度介于2.08%～12.16%之间，平均值为4.97%，渗透率介于(0.065～1 721)×10^{-3} μm^2之间。其中，Ⅰ类储层占4.6%，Ⅱ类储层占26.2%，Ⅲ类储层占44.6%，以Ⅱ类和Ⅲ类储层为主。

表6-4　元坝2井长兴组取芯分析

井段/m	芯长/m	主要岩性	裂缝统计/条		
			水　平	垂　直	斜　交
6 551.70～6 557.25	5.3	灰色含云灰岩、浅灰色含云生屑灰岩、灰色白云岩、浅灰色溶孔白云岩	3	9	6
6 557.25～6 561.73	4.43	浅灰色白云岩、溶孔白云岩	2	14	9
6 561.73～6 569.12	7.32	灰色含云生屑灰岩	0	10	4
6 579.40～6 584.76	5.3	灰色溶孔白云岩夹灰色生屑砂屑云质灰岩、生屑云质灰岩	3	37	2
6 584.76～6 591.85	6.3	浅灰色溶孔白云岩、灰色砂屑溶孔白云岩夹灰色含云生屑灰岩	6	10	5
6 591.85～6 599.85	7.5	灰色含云生屑灰岩夹浅灰色溶孔白云岩	1	2	5
6 717.24～6 719.72	2.48	灰色生屑灰岩夹深灰色含硅灰岩	4	13	12

在测井资料解释中，通常利用双侧向电阻率测井曲线值来研究裂缝的发育程度。裂缝的存在将大大减小双侧向电阻率测井曲线值。在裂缝、溶孔等次生孔隙发育段，由于低阻流体的侵入，双侧向通常表现出高电阻率背景值上具有相对低值的现象。同时，深浅侧向电阻率测井值出现明显差异。在碳酸盐岩储层中裂缝发育程度越高，双侧向电阻率降低的幅度越大，且两者差异幅度也越大[27]。

实际测井曲线受多种因素影响，因此计算的分形维数曲线也比理论分析的结果复杂得多。图 6-8 所示为使用上述两种基于波形信息的方法处理元坝 2 井长兴组测井曲线的结果。第 5 道为声波测井曲线的 R/S 和功率谱分形维数，第 6 道为双侧向差异电阻率曲线（深浅电阻率曲线的差值）的 R/S 和功率谱分形维数。第 7～10 道为利用 DTCWT 方法处

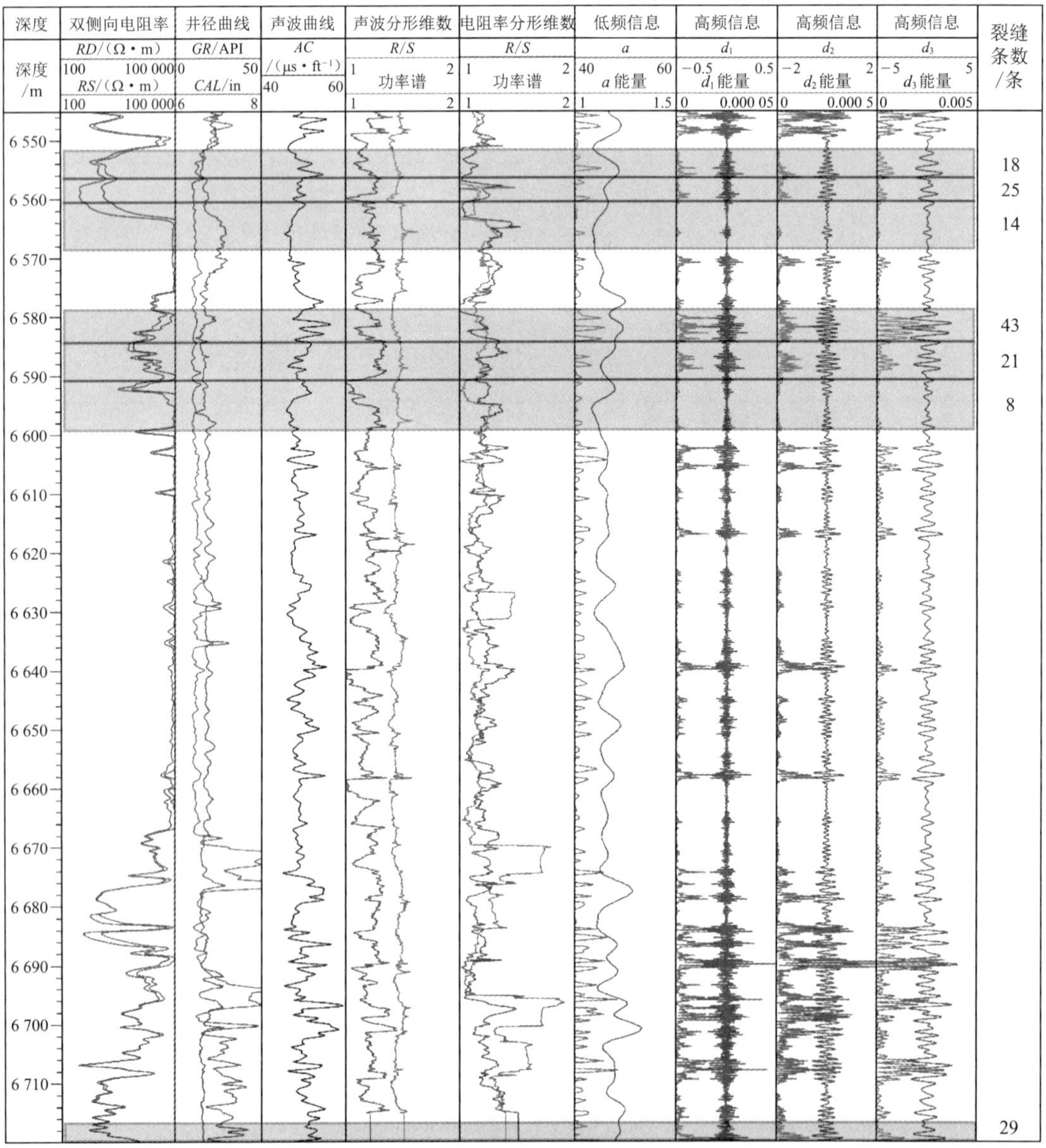

图 6-8　元坝 2 井长兴组基于波形处理方法裂缝发育段识别结果（灰色条带为具有岩芯统计井段）

理声波测井曲线得到的不同尺度(频率)的小波系数曲线及相应能量占比。各深度点 R/S 和功率谱分形维数结果显示,两种分形方法得到的分形维数在该井段的趋势基本相同,说明分形方法具有一定的稳定性和可靠性。另外,声波测井曲线和双侧向差异电阻率曲线计算的分形维数在一定程度上趋势相同。分形维数越大表示地层不均匀程度越大,该井段岩性主要为灰岩,岩性较稳定,因此裂缝发育多会导致测井曲线表现出更大的波动,进而具有更大的分形维数。采用 DTCWT 对声波时差测井曲线进行多尺度处理,当地层非均质性较强时,声波时差曲线变化较大,在合适尺度上,高频能量信息在裂缝发育层段表现出明显的高值。图中的灰色条带为具有岩芯分析的井段(表 6-4),可以看出基于波形处理的方法与岩芯统计结果具有很好的一致性。例如,在具有较大分形维数和高频能量占比的 6 579.40～6 591.85 m 井段,岩芯分析结果显示共具有 64 条裂缝,远远大于 6 591.85～6 599.85 m 井段的裂缝条数。但是值得注意的是,扩径对分形维数的影响很大,如 6 561.73～6 569.12 m 井段,7.32 m 的岩芯中裂缝仅为 14 条,但分形维数,尤其是双侧向差异分形维数却表现出较大的值,因此在实际分析中应综合信息,谨慎判断。

6.3　基于主成分分析的裂缝综合识别方法

利用 6.1 节和 6.2 节的方法都能在一定程度上反映裂缝发育的井段,但不同方法之间存在一定的偏差,无法实现定量分析。为更好地评价量化结果,本节采用主成分分析(principal component analysis,PCA)方法,对上述多种方法得到的特征值进行降维,通过计算因子综合得分值对裂缝发育情况进行识别。

6.3.1　主成分分析流程

主成分分析是一种常用的降维方法,用于将多个可能相关的变量转换为少量的主成分变量。该方法可将一个多目标问题综合成一个单指标进行评价,同时避免主观选择的随意性。

对每个深度点的测井数据,基于上述深度点和波形处理的方法可得到 M 个特征参数,因此在每个深度点可以得到一个 $M\times 1$ 矩阵。对于 N 个深度点,使用 $X_i(i=1,2,\cdots,N)$ 表示这些深度点上$(M\times 1)$维度的列矩阵。对度量单位不同的指标或取值范围彼此差异非常大的指标,先采用 Z 标准化对原始数据 X_i 进行处理,将其转化为无量纲的 $\boldsymbol{Y}_i=(y_{1i}\quad y_{2i}\quad \cdots\quad y_{Mi})^{\mathrm{T}}$,使其平均值为 0,标准差为 1,以便于不同单位或量级的指标进行比较和加权。将 $\boldsymbol{Y}_i$ 列矩阵放在一起,可得到具有$(M\times N)$维度的矩阵 $\boldsymbol{D}=(\boldsymbol{Y}_1\quad \boldsymbol{Y}_2\quad \cdots\quad \boldsymbol{Y}_N)$,其相关系数矩阵 $\boldsymbol{R}$ 为:

$$\boldsymbol{R}=\left(\frac{\sum_{k=1}^{N}(y_{ik}-\overline{y_i})(y_{jk}-\overline{y_j})}{\sqrt{\sum_{k=1}^{N}(y_{ik}-\overline{y_i})^2\sum_{k=1}^{N}(y_{jk}-\overline{y_j})^2}}\right)_{M\times M}\qquad (i,j=1,2,\cdots,M)\tag{6-32}$$

式中,$\overline{y}_i$,$\overline{y}_j$ 分别为对应时频域特征参数 Y_i 和 Y_j 的平均数;r_{ij} 为变量 y_i 和 y_j 的相关系数,且 $r_{ij}=r_{ji}=1$。

通过计算 $\boldsymbol{R}$ 的特征方程 $|\boldsymbol{R}-\lambda\boldsymbol{E}|=0$，可得到 M 个特征值(λ_k)和对应的特征向量($\boldsymbol{v}_k$)，并按大小对特征值进行排列：

$$\lambda_1 \geqslant \lambda_2 \geqslant \cdots \geqslant \lambda_M > 0 \tag{6-33}$$

计算每个主成分对整体信息的贡献率 k_i 和累计贡献率 K_i，确定需要选取的主成分的个数 m：

$$k_i = \lambda_i / \sum_{i=1}^{M} \lambda_i \tag{6-34}$$

$$K_i = \frac{\sum_{i=1}^{m} \lambda_i}{\sum_{i=1}^{M} \lambda_i} \geqslant I \quad (i=1,2,\cdots,M) \tag{6-35}$$

式中，I 为根据实际问题确定的累计贡献率临界值，一般取 0.8。

构建的各主成分值 $\boldsymbol{F}_{N\times M}$ 为：

$$\boldsymbol{F}_{N\times M} = \boldsymbol{Y}^{\mathrm{T}} \cdot \boldsymbol{a} = \begin{pmatrix} y_{11} & \cdots & y_{1M} \\ \vdots & & \vdots \\ y_{N1} & \cdots & y_{NM} \end{pmatrix} \cdot \begin{pmatrix} a_{11} & \cdots & a_{1m} \\ \vdots & & \vdots \\ a_{M1} & \cdots & a_{Mm} \end{pmatrix} \tag{6-36}$$

式中，$\boldsymbol{Y}$ 为经过标准化后的数据；$\boldsymbol{a}$ 为相关系数矩阵。

最后，计算表征单一指标的综合因子得分 S_i：

$$S_i = \sum_{j=1}^{m} \frac{\lambda_j^{1.5} F_{ij}}{\sum_{k=1}^{m} \lambda_k} \quad (i=1,2,\cdots,N) \tag{6-37}$$

以三孔隙度比值 X_1、等效模量差比 X_2、骨架指数 X_3、龟裂系数 X_4、曲线变化率 X_5、次生孔隙度 X_6、有效介质裂缝密度 X_7、声波分形维数 X_8、双侧向异常分形维数 X_9、声波小波系数高频能量占比 X_{10} 等 10 个参数为变量。其中，声波分形维数和双侧向异常分形维数均为利用 R/S 分析和功率谱分析得到的维数的平均值，声波小波系数高频能量占比为高频信息 d_1 的能量。对元坝 2 井碳酸盐岩地层测井曲线进行主成分分析并计算综合因子得分。由相关系数矩阵计算特征值，以及各主成分的贡献率与累计贡献率可知(图 6-9)，前四个主成分的累计贡献率已达 91.32%(大于 85%)。因此，研究中选用前四个主成分计算主成分综合因子得分。

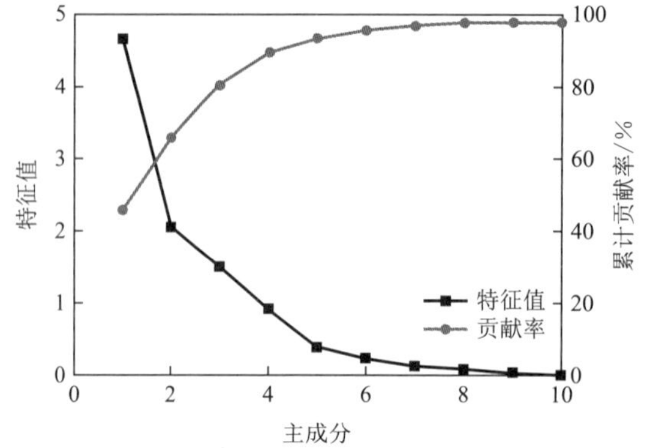

图 6-9　主成分特征值和累计贡献率

6.3.2　现场数据分析实例

利用主成分分析方法处理元坝 2 井长兴组测井曲线，通过计算上述 10 个参数的综合因子得分进行裂缝发育段识别的结果如图 6-10 所示。图中第 3～12 道为利用基于深度点信

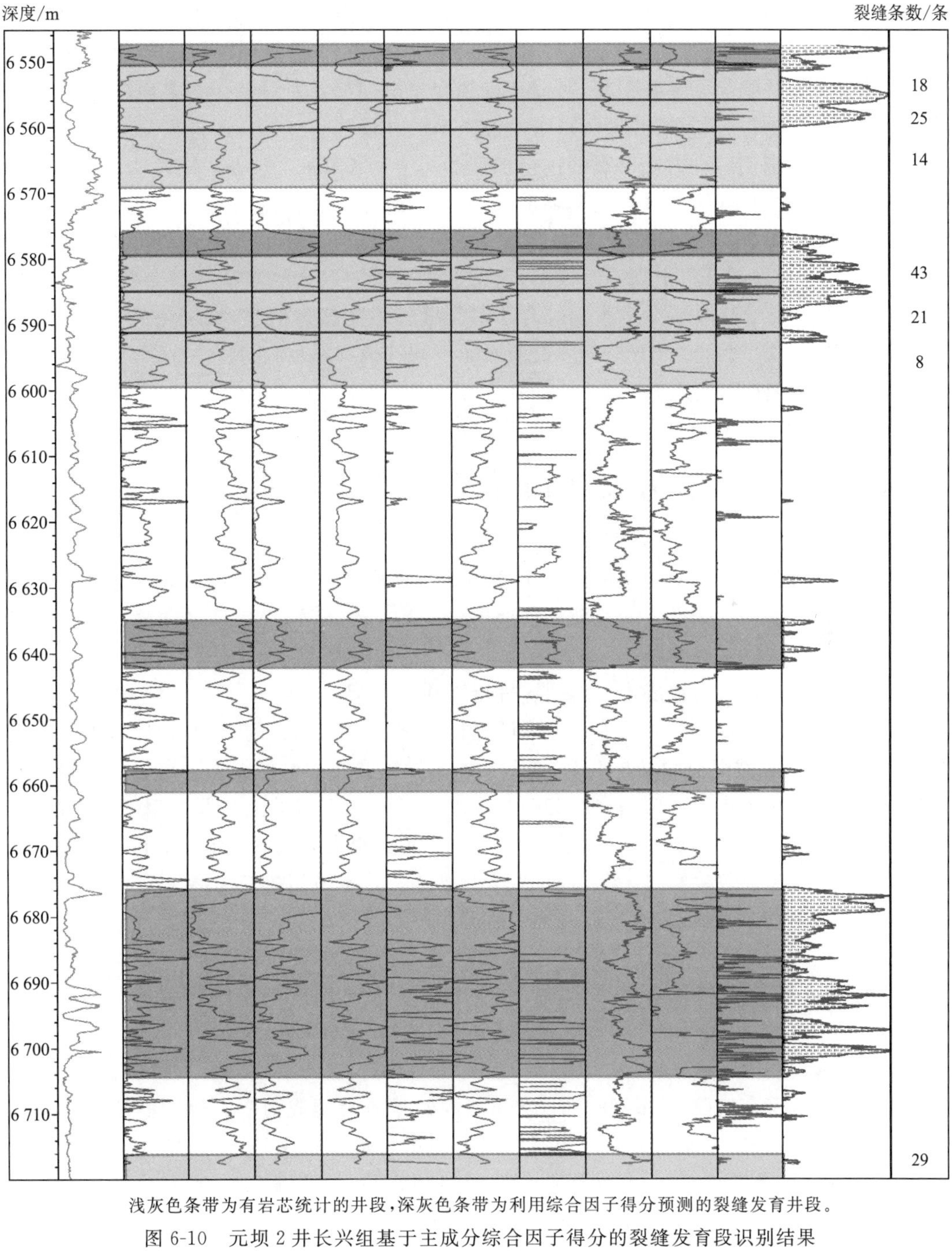

浅灰色条带为有岩芯统计的井段，深灰色条带为利用综合因子得分预测的裂缝发育井段。

图 6-10　元坝 2 井长兴组基于主成分综合因子得分的裂缝发育段识别结果

息和波形处理的裂缝发育段识别方法。图中浅灰色条带为有岩芯统计的井段，可以看到综合因子得分与岩芯统计结果具有很好的一致性，综合因子得分越高意味着裂缝越发育。同时，由前文分析可知，扩径现象对裂缝发育段的识别准确度影响很大，不同方法对扩径的响应也不同。如 6 561.73～6 569.12 m 井段，岩芯分析显示 7.32 m 岩芯内裂缝仅 14 条，裂缝发育程度较低，但是三孔隙度比值 X_1、等效模量差比 X_2、声波分形维数 X_8 和双侧向异常分形维数 X_9 方法在该井段均表现出裂缝发育特征，说明上述方法受井径影响较大，而其他方法得到的结果与实际较为一致。同时，可以看到该井段综合因子得分很低，说明利用上述多种方法进行降维得到的综合因子得分可以较好地避免井径变化导致的误差，这主要是由于主成分分析方法综合了多种信息，可避免少数变量出现偏差时对整体结果稳定性的影响。图中深灰色条带为得分值较高的井段，可对没有取芯井段的裂缝发育层进行预测。

权重系数是利用综合方法对裂缝进行识别的关键因素，通常方法是将各种方法得到的特征参数与岩芯分析或试油录井等资料进行对比，得到不同方法对裂缝的敏感性并确定权重系数。然而实际操作中，取芯成本高、难度大，且由于取芯后地面压力和温度等与地下情况差异较大，会使岩芯分析出现一定误差，而试油录井等资料无法精确划分裂缝发育情况。本节基于主成分综合因子得分的方法综合了对裂缝敏感的多种信息，可避免某些特征的偏差导致的结果错误。另外，该方法无须提前判断不同特征的权重，可用于在实际测井解释中快速、准确识别裂缝发育段。

6.4 基于横波分裂各向异性的裂缝预测方法

各向异性参数已被广泛用于推断地下应力场和地质情况等[28]。各向异性通常是特定方向的小尺度结构在大尺度下的表现。在地震勘探的尺度下，研究表明各向异性可能是沿最大水平主应力方向发育的断层网络或流体饱和的裂缝或微裂缝导致的[29]。因此，测量地层各向异性的变化可以对地层大尺度裂缝进行识别和分析。

高压流体的注入可能会导致近井地带产生许多裂缝，并造成多孔岩石弹性应力状态发生变化[30]。微地震裂缝监测结果表明，水平井的多段压裂方式可使页岩地层中产生复杂裂缝的网络。数十年来水力压裂法在北美的普及助推了北美页岩油气行业的繁荣。然而，近年众多研究证实了水力压裂和地震之间存在直接联系。水力压裂诱发地震的机制通常是压裂流体通过水力压裂裂缝和微断层之间进行扩散[31,32]。本节以加拿大西部盆地一个典型的诱发地震活动记录为数据，进行近井地带裂缝预测。

6.4.1 数据收集与处理

作为加拿大 Alberta 省最大的页岩气储层，Duvernay 地层上覆盖着大段的白云岩、石灰岩和石膏等地层。然而，近年 Duvernay 地层内的地震活动成为水力压裂诱发地震的典型例子[33-35]，严重时还导致相关水力压裂作业的停工。本节利用 Alberta 省 Fox Creek 附近的多段压裂水平井周围 4 个近源（＜10 km）地震台站（WSK01，WSK02，WSK03 和 WSK04）接收到的 2016 年 1 月震级为 4.1 的诱发地震数据（图 6-11），分析由水力压裂裂缝导致的地层各向异性变化，进而预测水力压裂裂缝随时间和空间变化的情况。

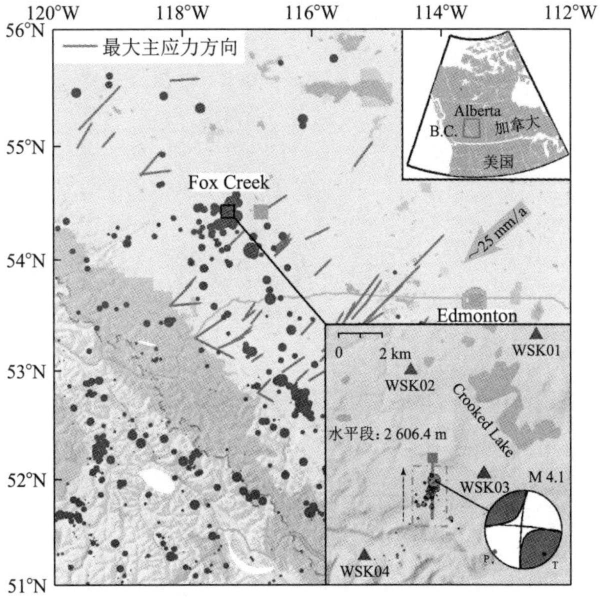

空心箭头表示当前板块运动方向和速率；虚线矩形内小圆圈表示 2016 年 1 月的诱发地震；
大圆圈为震级为 4.1 主震的震源机制。

图 6-11　加拿大 Alberta 省 Fox Creek 附近研究区域的台站（三角形）和
2013 年以来的地震分布（大圆圈）

对 2016 年 1 月 12 日震级为 4.1 的主震，利用三分量宽带地震记录检测出该水力压裂井周围的 300 多个地震序列。首先按地震位置对所有小地震进行分类，选取并划分出震级（M_L）在 0.6～2.0 的 4 个地震丛集（F1，F2，A1，A2），其空间分布如图 6-12 所示。每个地震丛集中小地震的数量为 7～10 个，同一丛集中的地震事件波形具有很强的相似性。这 4 个地震丛集的距离与主震的距离小于 0.9 km，距离附近水力压裂井的距离小于 0.4 km。其中，F1 和 F2 地震丛集发生在水力压裂期间和主震之前，而 A1 和 A2 地震丛集则发生在水力压裂结束之后（图 6-13）。

6.4.2　基于横波分裂的各向异性测量

横波分裂（shear wave splitting，SWS）是常用的研究地层各向异性的方法之一[37]，其基本原理是在各向异性介质中传播的横波会分裂为与裂缝平行的快横波和与裂缝垂直的慢横波，并且它们具有不同的传播速度和偏振方向。局部尺度的地震数据的横波射线通常具有很大的出射角。在这种情况下，快速横波的能量不完全分布在地震水平分量上。因此，为了将纵波（P）和垂直横波（SV）与水平横波（SH）的能量分离，根据射线路径的入射角（I）和反方位角（θ）将地震台站接收到的原始南北（N），东（E）西和垂直（Z）分量旋转到 L-Q-T 坐标系中，其中 L 分量表示 P 波偏振方向，Q 分量表示 SV 波偏振方向，T 分量表示 SH 波偏振方向。

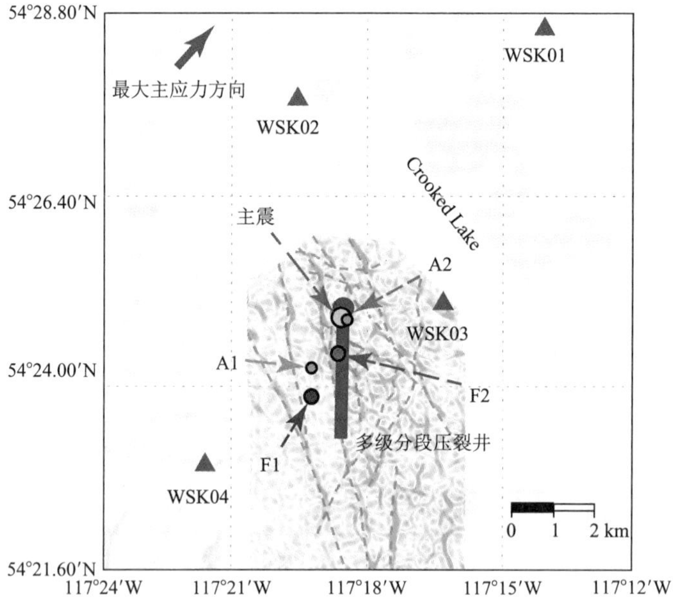

基底曲率体积的水平切片(Chopra 等[36])显示该区域断层的分布方向。

图 6-12　4 个地震丛集和台站的空间分布

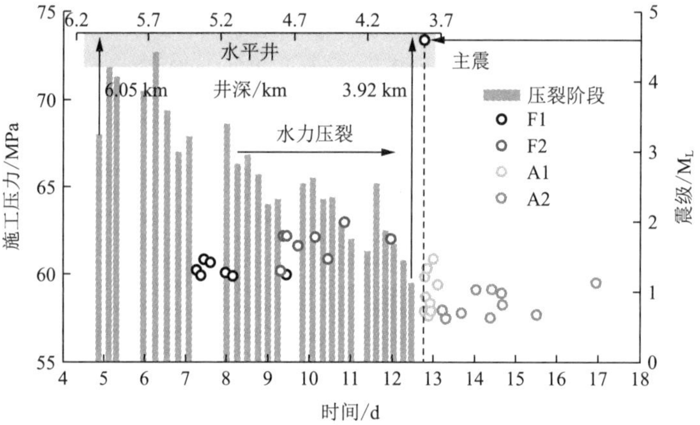

每个条形代表单个压裂阶段的施工压力。

图 6-13　水力压裂井多级压裂阶段(2016 年 1 月 4 日至 12 日)的微震事件分布

$$\begin{pmatrix} L \\ Q \\ T \end{pmatrix} = \begin{pmatrix} \cos I & -\sin I \sin\theta & -\sin I \cos\theta \\ \sin I & -\cos I \sin\theta & -\cos I \cos\theta \\ 0 & -\cos\theta & \sin\theta \end{pmatrix} \begin{pmatrix} Z \\ E \\ N \end{pmatrix} \tag{6-38}$$

目前最常用的横波分裂测量方法是 Silver 和 Chan 于 1986 年提出的[38]。这是一种为大尺度地震设计的网格搜索技术,使用两个水平地震分量来计算接收台站下方地层的各向异性参数。然而,不同的震源机制将影响横波能量在不同方向上的分布[39],特别是对具有小源距的局部地震的影响尤为强烈。本节通过使用旋转相关方法分析横波分裂现象,进而表征水力压裂前后地层各向异性变化。横波分裂参数包括快速横波极化方向(Φ)、快速和慢速 S 波之间的延迟时间(δt)。该方法通过旋转 Q 和 T 两个分量,使快速和慢速 S 波之间的波形相似性达到最大。研究中横波分裂参数测量受 3 个准则的约束：① 地震丛集内的小地震 M_L 范围为 0.6～2.0；② 所有地震波形都经过 2～6 Hz 的带通滤波；③ 时间延迟 $\delta t <$ 0.1 s，误差小于 0.02 s。

为排除表面转换波对粒子运动造成的影响，选取垂直方向的入射角小于 30°的地震台站接收到的波形，由此舍弃相对较远的台站 WSK01（震中距约为 10 km）接收波形进行横波分裂测量的结果。最终，测量结果包含 32 个地震，从而产生 96 个可用于横波分裂分析的高质量地震数据。

研究中，选取诱发地震信号中的 S 波进行横波分裂测量（图 6-14a）。可以看到，经过横波分裂校正后，快速和慢速 S 波可以很好地对齐，并且它们的粒子运动变为线性（图 6-14b），说明校正效果较好。具有误差范围的 T 分量的能量图（图 6-14c）的 x 轴为延迟时间，y 轴为 Q 和 T 分量转动的角度，当两者达到最佳值时，校正后的 Q_{corr} 和 T_{corr} 分量之间的相关性系数达到最大[40]。图 6-14(d)所示为研究中各台站计算的 4 个地震丛集快速极化方向和延迟时间的平均值，其中 δt 在 0.01～0.07 s 之间变化，这与 0～3.5 km 深度范围内地层的各向异性程度（即 $\delta t \sim 0.1$ s）类似[41]。除主震之前的 WSK04 台站测量结果外，所有台站均表现出东北—西南的快速 S 波方向。近井地带的地震丛集 F2 测量的 δt 约为 0.06 s，而主震发生后观测到明显的 δt（约 0.04 s）降低，同时快速 S 波偏振方向从 36.5°减小到 10°～12°。

地层平均各向异性 AN 可由公式(6-39)计算：

$$AN = \frac{\delta t}{\sum_{i=1}^{n} \frac{d_i}{v_{Si}}} \tag{6-39}$$

式中，d_i 为每个地层内的射线路径长度，v_{Si} 为区域地层速度模型中每层的 S 波速度。

地震丛集 F2 的平均各向异性为 2%～2.5%，远远大于 F1 附近 0.6%～0.7%的平均各向异性。F1 和 F2 在 WSK03 台站的结果为“Null”，说明 WSK03 和两个丛集之间的射线路径平行或垂直于该区域快速 S 波的偏振方向。

6.4.3 解释与分析

横波分裂通常受局部地层中多种各向异性因素控制[42,43]。研究中主要有两种可能的原因导致横波分裂现象：① 现有的区域地质构造，如小尺度断层或褶皱会影响横波传播时间。Chopra 等[36]利用地震三维数据观察到南北方向的走滑断层，方向范围从北偏西 50°到北偏东 40°。② 虽然应力直接引起的各向异性通常较小，很难利用横波分裂方法观察到，但是若页岩地层中充满流体的裂缝（通常与水力压裂有关），则可以产生更大的各向异性[44,45]。这两种类型的各向异性在研究中具有不同的深度范围：水力压裂裂缝通常与区域东北—西南的最大水平应力方向一致（图 6-12），并主要作用于近井地带（对于 Duvernay，通常为 3～4 km 地层深度）。而断层引起的各向异性可以从地层基底延伸到地表，并影响整个传播射线路径。根据震级和断层破裂面积之间的关系可知[46]，面积超过 1 km^2 的断层面和约 3 cm 的剪切错动距离可以产生 M_w 为 4.1 的主震，尺寸为几十米的小尺度断层能够产生 M_w 为 0.6～2 的小地震。微地震监测结果表明，一般页岩层中水力压裂裂缝的长度可以达到 200～300 m，与本节中使用的地震波波长近似（频率为 2～6 Hz）。随着多段水力压裂

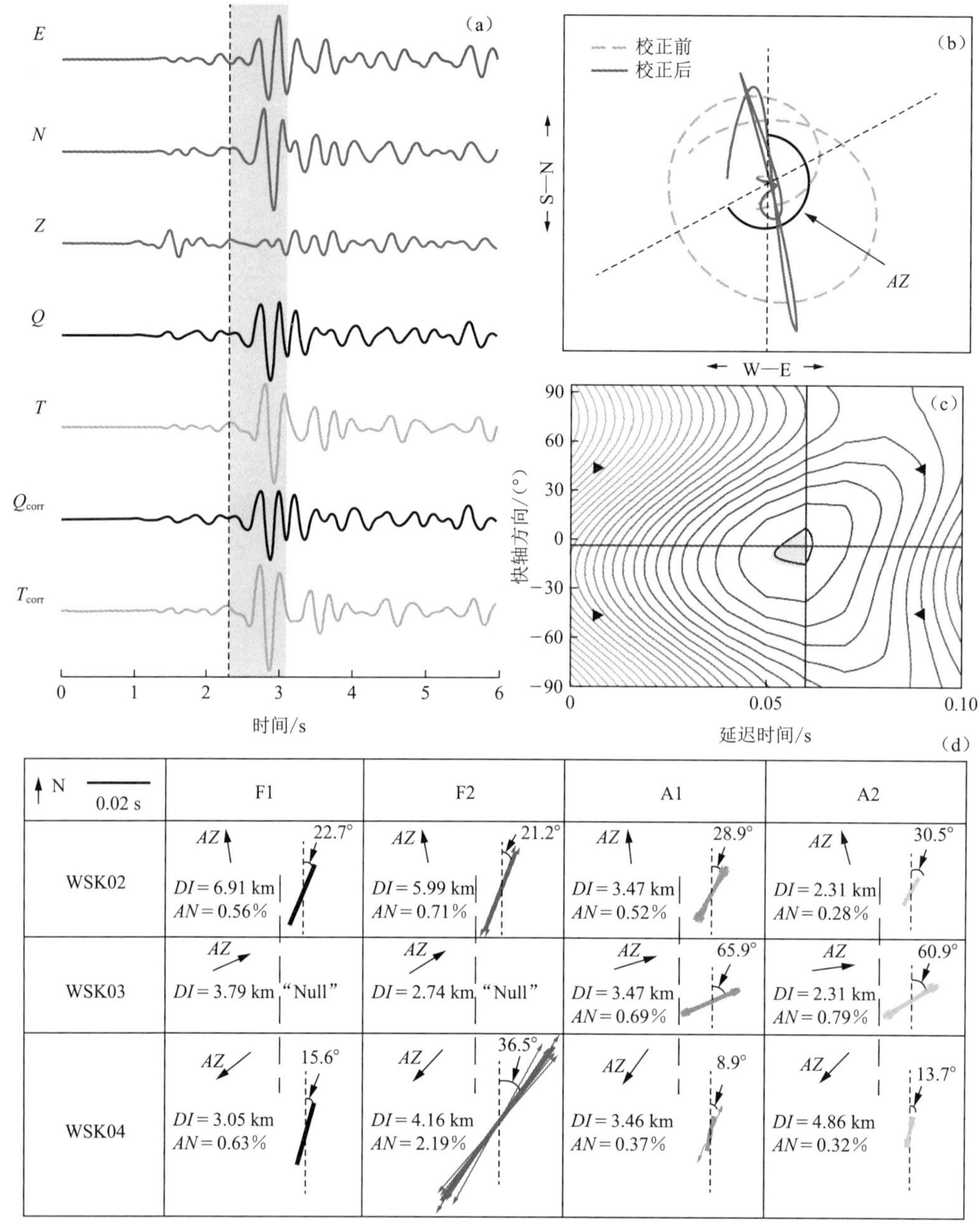

AZ 代表方位角；*DI* 代表距离；*AN* 代表各向异性的平均百分比。

图 6-14　横波分裂测量结果

(a) 在 *NEZ* 坐标系中 WSK04 记录来自 F1 的接收信号(灰线)以及相应的 *Q* 和 *T* 分量，Q_{corr} 和 T_{corr} 为校正后的波形；(b) 校正前后快速和慢速 S 波的粒子运动；(c) 校正的 *T* 分量的能量等高线图，95%置信区间由灰色阴影区域表示；(d) 4 个诱发地震丛集的横波分裂测量结果

的进行，来自地震丛集 F2 的地震信号要晚于来自 F1 的地震信号，因此 F2 发生时，近井地带具有更多充满流体的裂缝。考虑到对于 WSK04 台站来说，F1 和 F2 具有相近的方位角，因此可推断出研究中各向异性的差异(约 0.04 s)主要来自水力压裂井周围的地层(F1 和 F2 之间)。

对于较远的台站 WSK02，在空间分布上虽然距离 F2 较近，但是与由 F1 计算的 δt 相比，由 F2 计算的 δt 稍大(图 6-14d)。此外，在 WSK02 台站中观测到的 F1 和 F2 之间 0.01～0.02 s 的 δt 差异远小于在 WSK04 台站观察到的差异。结合 WSK04 得到的地层各向异性方向(东北—西南)可知，这是各向异性对称轴和台站之间的方位角不同引起的——即各向异性方向近似垂直于地震丛集与 WSK02 台站之间的射线路径，且平行于地震丛集与 WSK04 台站之间的射线路径。考虑到与震中距相比，水力压裂影响区域仅占总 S 波射线路径的很小一部分，因此水力压裂井附近的各向异性强度的变化可能远大于平均各向异性的变化。另外，在主震发生的前后，各向异性的方向没有明显的变化(图 6-14d)，这表明几分钟或几小时内的断层错动不会对由小尺度、先存断层或裂缝网络导致的各向异性方向产生较大的影响。来自地震丛集 A1 和 A2 的各向异性结果表明，主震后各向异性显著降低($\delta t<0.02$ s)，并在一定程度上与 F1 的结果相似。

在断层错动的时刻，释放的应力将施加到整个断层面的各个方向上，并将产生具有相对较低应变的断层周围损伤区。碎屑岩或页岩断层损伤区将会充斥许多裂缝网络和不同尺度的断层[47,48]。值得注意的是，损伤区宽度范围受断层强度、岩性、成岩作用和流体等的影响。研究中的主震发生在近井地带，因此断层损伤区将会极大地破坏压裂井周围小范围内的裂缝网络。同时，破裂的(小尺度)断层将会充当压裂流体流出的渗流通道，进而导致充满流体的水力压裂裂缝闭合。有研究表明，较大的地震事件会导致地层应变产生变化，进而改变不同应变方向上 S 波的速度[49]，进一步造成地震各向异性随时间的变化。总的来说，主震之后 A1 和 A2 测量得到的各向异性程度的降低现象反映出水力压裂井周围的裂缝网络变得更为复杂。综合以上分析，采用横波分裂方法测量水力压裂井附近地层各向异性的时空变化，并给出已有断层和水力压裂裂缝共存的三维地层概念模型(图 6-15)。该区域中的

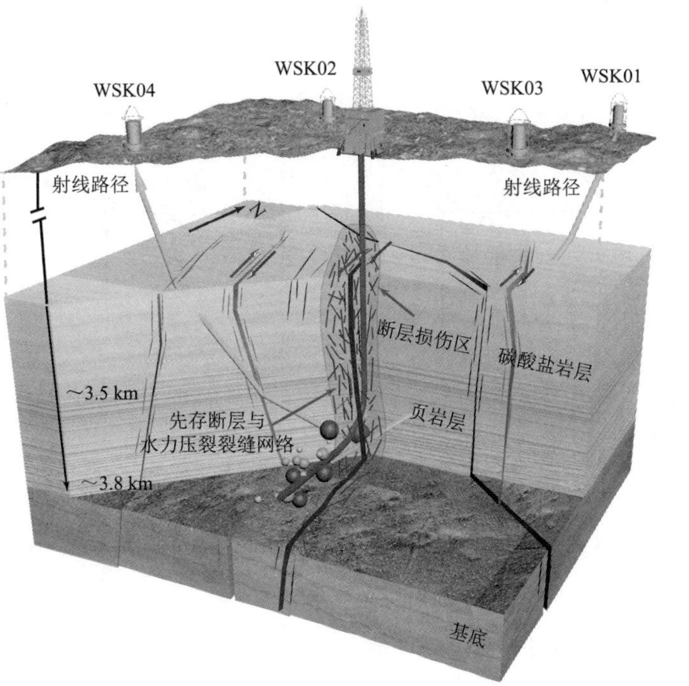

图 6-15　研究区域的断层和水力压裂裂缝网络三维结构模型示意图

断层大致为南北取向，而水平井周围的饱和流体裂缝与东北—西南的最大水平主应力方向平行。射线路径受台站和震源之间距离的影响。

观测到的地层平均各向异性可分为两个分量(图 6-16)：① 南北方向延伸的断层引起的与时间无关的静态分量；② 由东北—西南方向饱和流体裂缝引起的与时间有关的动态分量。岩石物理实验表明 Duvernay 页岩中水力压裂引起的各向异性程度可达到 30%[50]。由地层岩性分析可知，该区域页岩地层的厚度超过 90 m，结合台站与地震的相对位置，水力压裂的影响范围可达 200～400 m(占整个射线路径的 10%～20%)。另外，由于 δt 仅代表整个射线路径上的平均各向异性，因此计算表明充满流体的裂缝可能导致 1.5%～2%的各向异性，占所观测到的各向异性(即 2%～2.5%)的 70%～80%，而其余部分(20%～30%)与已有的断层/褶皱相关。在主震发生之后，大多数水力压裂裂缝由于压裂流体的排除而闭合，由于流体损失，主震后裂缝(虚线矩形)对各向异性的贡献大大降低。水力压裂诱发的地震会造成一个类似“体积压裂”的裂缝网络，使页岩层压裂井附近的各向异性变得更为复杂，但这在一定程度上也为页岩气开发提供了更大的连通性。

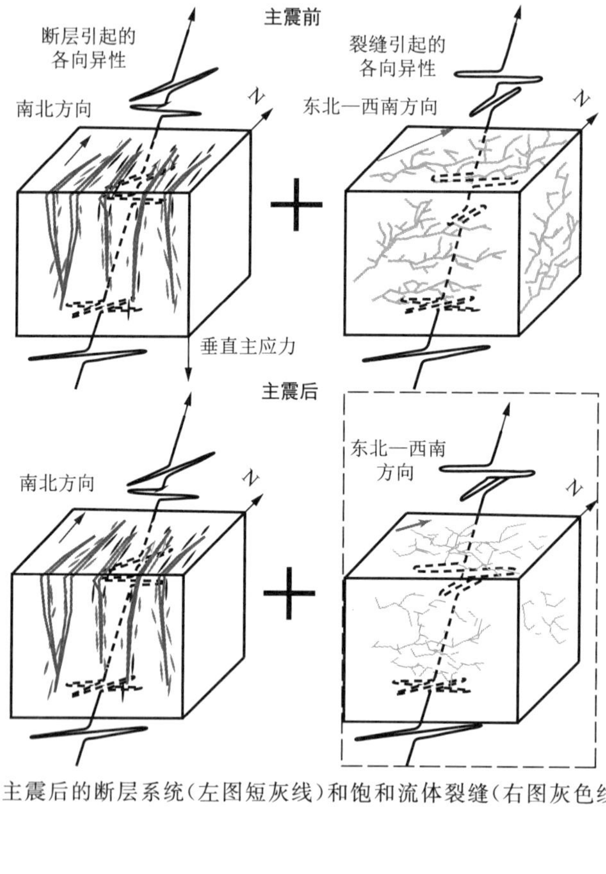

图 6-16　主震前和主震后的断层系统(左图短灰线)和饱和流体裂缝(右图灰色线)引起的各向异性

6.5　基于 GA-SVM 的裂缝密度预测方法

裂缝密度是实际勘探和钻井过程中的重要参数。地质上常用裂缝密度指示裂缝发育程度，裂缝密度越大，裂缝越发育。提前计算裂缝密度对孔隙压力预测和产量估算等具有重要意义。然而,计算结果精度与选用的计算方法和区域认知程度有关,因此裂缝密度预测是评估和开发碳酸盐岩储层的最关键的难题[51]。阵列声波测井技术可以全面获取井筒和地层的声学信息[52]。碳酸盐岩储层中不同的次生孔隙结构不仅对声波波速和衰减有影响,也会对整道声波信号[53]、尾波[54]以及反射波[55]等产生影响。目前的工作重点仍集中在对纵波、横波、斯通利波等组分波的处理分析上,通过计算速度或衰减来识别地层孔隙结构,对声学测井数据信息的利用非常有限,对频率特征的分析也缺少足够的重视。基于大数据分析的人工智能技术已经深入油气勘探各领域,可大大提高储层识别的准确度和效率。

支持向量机(support vector machine,SVM)是在统计学理论基础上发展出的一种新的机器模式识别方法,在解决小样本、非线性及高维识别问题方面优势明显[56],广泛用于裂缝分类、预测及岩性识别等[57]。本节采用 HHT 方法提取阵列声波测井数据在时频域上的特征,然后通过基于遗传算法(geneeic algorithm,GA)的 SVM 建立一种能够准确描述碳酸盐岩储层裂缝发育程度的方法,并利用岩芯分析和电阻率成像数据对该方法预测的结果进行验证。

6.5.1　基于 HHT 的声波信号特征提取

在对阵列声波测井资料进行 HHT 处理得到希尔伯特谱的基础上,计算声波信号时间域和频率域的信息,计算方法参见第 3 章。对于每个深度点的阵列声波数据,利用常规统计方法可提取 11 个时域特征参数和 9 个频域特征参数。对于时间域的特征参数,方根均值 r_r、平均值 $\bar{r}$、均方值 r_{nms}、峰值 r_p、绝对平均值 r_d 和标准差 σ_r 为有量纲特征参数,波形指标 W、峰值指标 C、脉冲指标 I、裕度指标 L 和峭度指标 P 为量纲为一的特征参数。相关计算公式为:

$$r=\left[\sum_{i=1}^{K} r^{l}(i)/K\right]^{\frac{1}{l}}=\begin{cases}r_r & (l=0.5)\\ \bar{r} & (l=1)\\ r_{nms} & (l=2)\\ r_p & (l\to\infty)\end{cases} \tag{6-40}$$

$$r_d=\sum_{i=1}^{K}|r(i)|/K \tag{6-41}$$

$$\sigma_r=\sqrt{\frac{\sum_{i=1}^{K}[r(i)-\bar{r}]^2}{K}} \tag{6-42}$$

$$\eta_r=\frac{\left[\sum_{i=1}^{K} r^{l}(i)/K\right]^{\frac{1}{l}}}{\left[\sum_{i=1}^{K} r^{m}(i)/K\right]^{\frac{1}{m}}}=\begin{cases}W=\dfrac{r_{nms}}{\bar{r}} & (l=2,m=1)\\ C=\dfrac{r_p}{r_{nms}} & (l\to\infty,m=2)\\ I=\dfrac{r_p}{\bar{r}} & (l\to\infty,m=1)\\ L=\dfrac{r_p}{r_r} & \left(l\to\infty,m=\dfrac{1}{2}\right)\end{cases} \tag{6-43}$$

$$P=\frac{\sum_{i=1}^{K}[r(i)-\bar{r}]^4}{K r_{nms}^4} \tag{6-44}$$

式中，l，m 为幂次符号；K 为波列数据点个数；η_r 为系数。

在 Hilbert 谱上对时间进行积分可得到反映频率和幅度之间关系的边际谱。可从信号频域中提取 9 个特征参数，即重心频率 FC、均方频率 VF、频率方差 MSF、均方根频率 RVF、频率标准差 $RMSF$、斯通利波频域能量 E_{Ston}、横波频域能量 E_{S}、纵波频域能量 E_{p} 和频域总能量 E_{A}。相关计算公式为：

$$FC=\frac{\sum_{i=1}^{n} f_i p_i}{\sum_{i=1}^{n} p_i} \tag{6-45}$$

$$VF=\frac{\sum_{i=1}^{n} (f_i-f_{\text{c}})^2 p_i}{\sum_{i=1}^{n} p_i} \tag{6-46}$$

$$MSF=\frac{\sum_{i=1}^{n} f_i^2 p_i}{\sum_{i=1}^{n} p_i} \tag{6-47}$$

$$RVF=\sqrt{VF} \tag{6-48}$$

$$RMSF=\sqrt{MSF} \tag{6-49}$$

$$E=\int_{l_i}^{u_i} p_i \mathrm{d}f \tag{6-50}$$

式中，f_i 为第 i 个频率点；p_i 为该频率点的振幅；f_{c} 为边际谱中心频率；l_i，u_i 分别为通过频率分析得到的每种波组分(纵波、横波、斯通利波)频率的下限和上限。

对于每个深度点的阵列声波测井数据，利用上述公式可以得到 11 个时域特征参数和 9 个频域特征参数。尽管每个特征参数都与储层裂缝发育有着一定相关性，但是大量的特征参数极大地增加了数据计算量，甚至会导致计算失败。可采用主成分分析方法对上述特征参数进行降维处理(具体流程见 6.3 节中)，将多个特征参数转换为少量的主成分变量。

6.5.2 GA-SVM 方法参数优化

支持向量机是一种数据分类方法[58]。对于非线性回归问题，SVM 可将数据 x 扩展到高维特征空间，进而解决在原始空间内线性不可分的问题。本节所建立的 SVM 基本模型如下：

$$y=f(x)=a_i k(x,x_i)+b \tag{6-51}$$

$$\max W(a_i,b_i)=\sum_{i=1}^{n} y_i(a_i-b_i)-\varepsilon\sum_{i=1}^{n}(a_i+a_i')-\frac{1}{2}\sum_{i,j=1}^{n}(a_i-a_i')(a_j-a_i')k(x,x_i)$$

满足约束条件：

$$\begin{cases}\sum_{i=1}^{n} a_i=\sum_{i=1}^{n} a_i' \\ 0\leqslant a_i,a_i'\leqslant C\end{cases} \quad (i=1,2,\cdots,n) \tag{6-52}$$

式中，x 为阵列声波测井数据的时频域特征；C 为惩罚参数，用于控制模型的复杂度和逼近误差，C 越大，拟合度越好；a_i 和 b_i 为拉格朗日乘子；$k(x, x_i)$ 为 SVM 的核函数。

由于高斯函数能近似任何非线性函数，因此选用高斯函数作为 SVM 的核函数：

$$k(x, x_i) = \exp\left(-\frac{\|x - x_i\|^2}{2\sigma^2}\right) \tag{6-53}$$

式中，σ 为核函数的标准差。

现有研究表明，SVM 中的相应参数对分类精确度有很大影响[59,60]。为避免传统方法对核函数的惩罚参数和标准差的高计算复杂度和不稳定性，研究中选用遗传算法对 SVM 的参数进行优化。遗传算法可以进行全局快速搜索，擅长解决全局最优化问题。其基本思想是通过构造一个适值函数，对一个由多个解构成的问题进行评价、交叉和变异等操作，经多代繁殖，获得适应度值最好的个体并作为问题的最优解。

由此，可建立基于碳酸盐岩阵列声波测井数据的裂缝密度预测模型。首先用 HHT 变换提取阵列声波数据时频域特征，然后借助 PCA 统计模型将 9 个频域特征和 11 个时域特征进行降维处理，最后利用 GA-SVM 算法预测碳酸盐岩地层裂缝发育程度。整个方法的流程如图 6-17 所示。

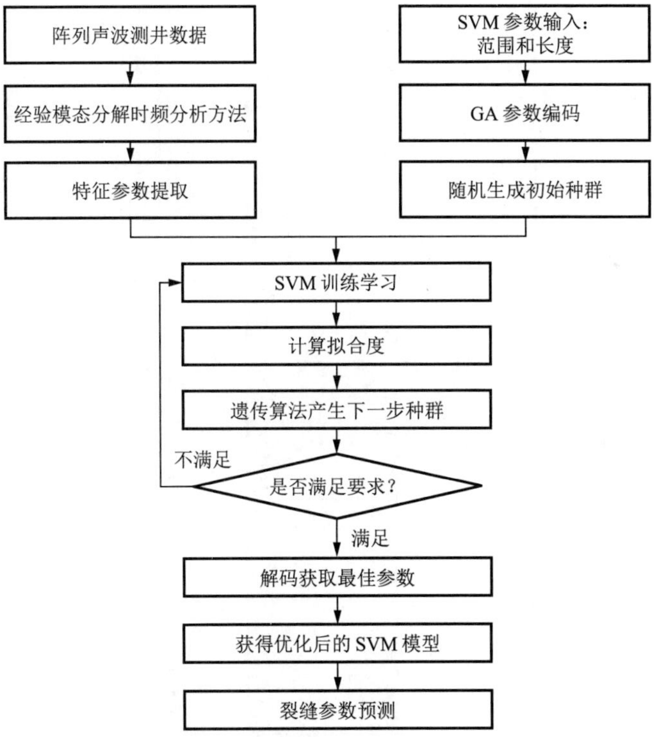

图 6-17　基于 HHT 变换时频分析的 GA-SVM 预测模型流程

6.5.3　现场数据分析实例

研究区域位于山西奥陶系盆地，该盆地具有两个油气储层——古生代的气层和中生代的油层。对于前者,下奥陶统的海相碳酸盐岩是烃源岩。目标层位于下古生界奥陶系马家沟组的碳酸盐岩储层[61]。根据取芯资料分析,研究区地层主要由深灰色含泥白云岩和少量石灰岩夹层组成,是目前我国已探明的面积最广、储量最大的天然气储层之一。其下古生界奥陶系下统的马五段和马四段的岩性以碳酸盐岩为主,普遍发育裂缝且含有大量含气层段[62]。然而,常规测井解释的孔隙度很低,与实际开发效果不符。

以陕 373 井测井资料为基础,研究目标层位为发育裂缝的碳酸盐岩储层,目标深度为 X000～X200 m。从该井常规测井解释成果(图 6-18)可以看出,孔隙度曲线(第 4 道)显示该

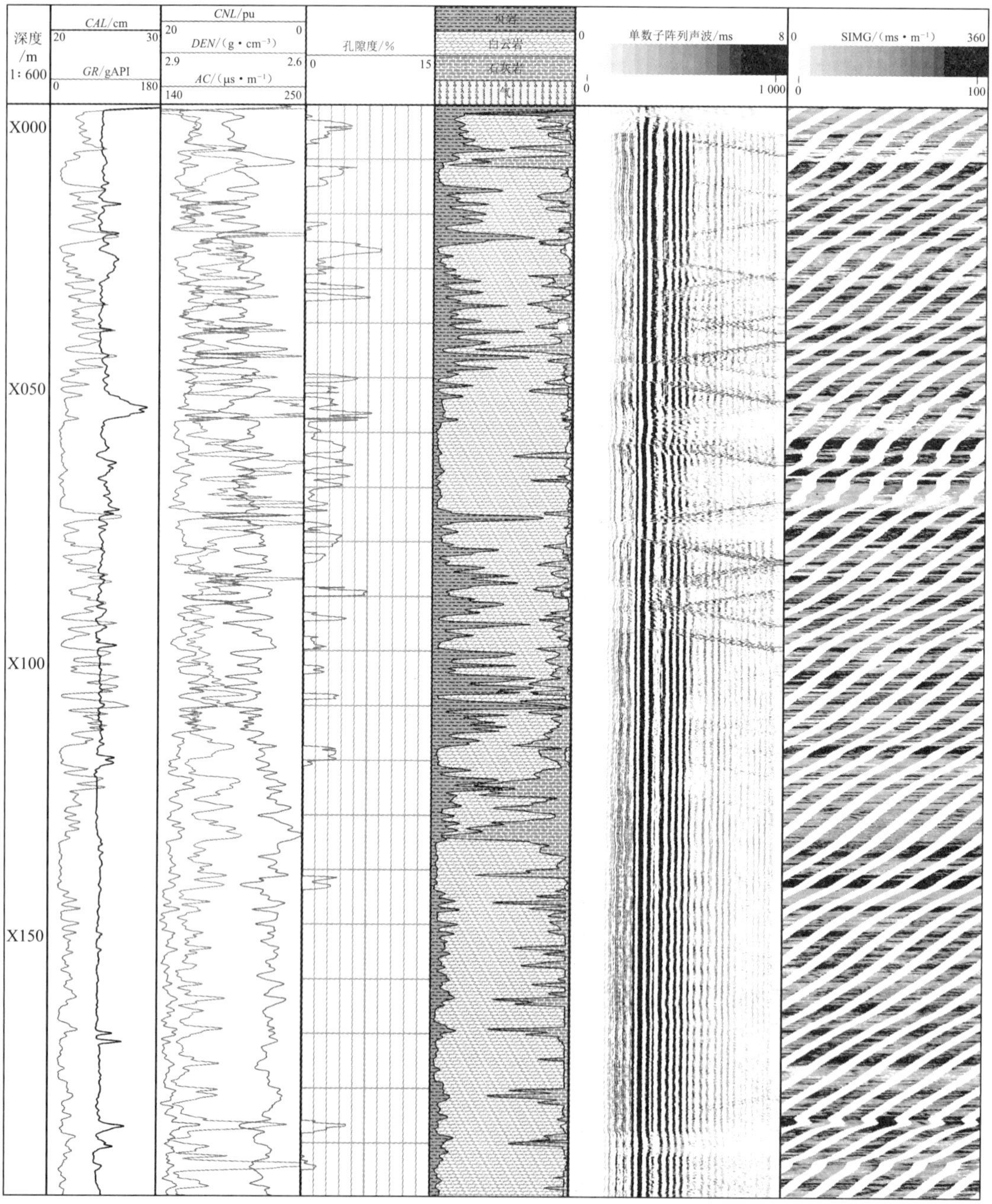

图 6-18　碳酸盐岩储层陕 373 井测井解释成果

地层孔隙度很低(小于 5%),某些地层甚至无法测出孔隙度,但实际生产中表现出良好的产气层。岩性分析(第 5 道)显示该段地层(尤其是 X140 m 以下)白云岩为主要岩性。第 6 道为单极子阵列声波测井原始波形,每米有 8 个测点,每个测点的接收信号由 400 个数据点构成。同时,电成像测井资料显示(第 7 道)该段地层裂缝较为发育。

气测是一种检测和评估石油的技术,能够分析油气中的烃类气体,包括氢气、二氧化碳气体以及钻井液中的天然气。由钻井气测烃含量(图 6-19)可以看出,该段地层为现场定级良好的含气层,且重烃($C_2\sim n\text{-}C_5$)含量非常低,说明裂缝是该段地层气体运移的主要通道,也是重要的储集空间。

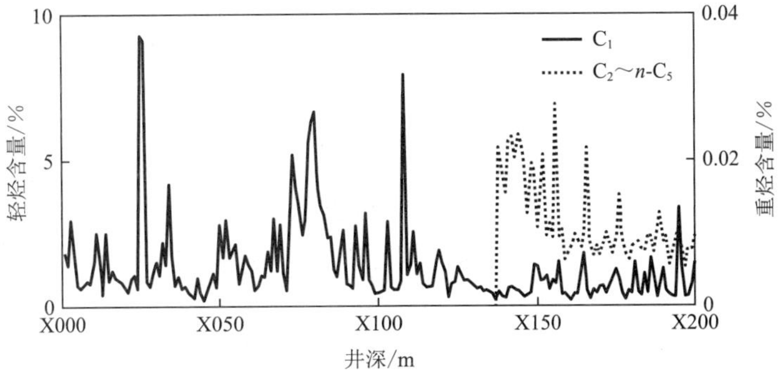

图 6-19　钻井气测烃含量数据

该井在 X000～X200 m 共成功取芯 41.5 m。将岩芯录井分析成果作为基础统计资料,岩芯分析结果见表 6-5。裂缝统计显示,该井段 71.5%(211/295)为水平裂缝,20.4%(60/295)为垂直裂缝,8.1%(24/295)为交错裂缝。陕 373 井的裂缝密度范围为 2.67～10.8 条/m。

图 6-20 所示目标地层所取岩芯的裂缝密度和累积长度的统计图。为提高预测精度并使每种类型的岩芯长度相似,按 5 条/m 和 9 条/m 将地层划分为 3 类:类型 1 为低裂缝密度(少于 5 条/m);类型 2 为中裂缝密度(5～9 条/m);类型 3 为高裂缝密度(大于 9 条/m)。在目标地层,共有 3 个类型 1 的层段、5 个类型 2 的层段、3 个类型 3 的层段,每种类型的岩芯长度分别为 12 m,15 m 和 14 m。

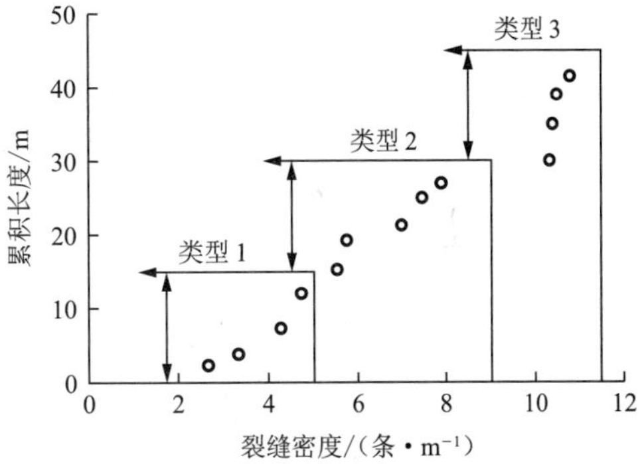

图 6-20　裂缝密度与陕 373 井岩芯累积长度关系图

表 6-5　岩芯分析得到的裂缝密度统计与分类结果

井段/m	厚度/m	水平裂缝/条	垂直裂缝/条	交错裂缝/条	裂缝密度/(条·m^{-1})	类　型
X000～X003.25	3.25	9	3	6	5.54	2
X003.25～X008	4.75	16	5	2	4.84	1
X008～X010	2	9	4	1	7.5	2
X010～X012.25	2.25	2	4	0	2.67	1

续表

井段/m	厚度/m	水平裂缝/条	垂直裂缝/条	交错裂缝/条	裂缝密度/(条·m^{-1})	类　型
X048.5～X050.5	2	12	1	1	7	2
X050.5～X054.5	4	33	6	3	10.5	3
X054.5～X056	1.5	3	2	0	3.33	1
X056～X059.75	3.75	21	7	0	7.47	2
X119～X121.5	2.5	21	3	3	10.8	3
X121.5～X124.5	3	25	4	2	10.33	3
X124.5～X129.5	5	39	9	3	10.4	3
X129.5～X133	3.5	10	5	1	4.28	1
X133～X137	4	14	7	2	5.75	2

理想情况下，在地层岩性较为一致的前提下，由于裂缝密度不同，在波形上主要表现为相同类型的波具有不同的时间延迟，且幅值大小也不同。经验模态分解(EMD)方法可将原始阵列声波测井信号分解为多个 IMF 分量。在 EMD 方法的过程中，含有信息量最多的 IMF 分量首先被分离出来，其频率也最高，后续分离出的 IMF 分量包含的信息量会越来越少，频率也逐渐降低[63]。

图 6-21 所示为 3 种不同地层类型(如 X011.5 m，X123.5 m 和 X136 m)的 EMD 分解结果。裂缝密度在 X011.5 m 深度处为 2.84 条/m(类型 1)，在 X136 m 处为 5.75 条/m(类型 2)，在 X123.5 m 处为 10.33 条/m(类型 3)。通过分析前 4 个 IMF 分量的幅度可知，IMF1 分量代表高频信息，而 IMF2 和 IMF3 分量是主要信息。采用慢度-时间相干法计算纵波、横波和斯通利波的到时(垂线)，可以看出从原始波形(第 1 列)中很难直接区分纵波、横波和斯通利波。在时域中，对比上述 3 种地层的 IMF1 和 IMF2 分量的振幅可以看出，裂缝密度的增加会对高频组分能量的衰减产生极大影响，当裂缝密度从 2.84 条/m 增加到 10.33 条/m 时，IMF2 的最大幅度从 8 477 mV 降到了 5 822 mV，IMF3 的最大幅度从 3 671 mV 降到了 1 500 mV。

对每个深度点的 IMF 分量进行 HHT 处理可得到该信号瞬时频率、瞬时相位和瞬时振幅之间的关系。为说明各 IMF 分量的不同特征，计算每个 IMF 的相应 Hilbert 谱，并将其绘制在同一图中(图 6-22)。不同的椭圆表示 4 个 IMF 分量的分布范围。在不同裂缝密度的地层中，Hilbert 谱之间存在很大的差异。可以看出，IMF1 分量主要包含具有最高频率分量的纵波和横波信息，IMF2 分量主要包含高频斯通利波和少量横波信息，IMF3 分量主要包含低频斯通利波信息，且在 IMF4 分量中低得多，该结果与 Wang 等[64]的研究结果相似。随着裂缝密度的增加，最大振幅从 7 046 mV 减小到 5 436 mV，且能量集中范围缩小到更低的频率和时间。另外，随着高频率能量的衰减，IMF3 和 IMF4 分量的能量占比增加。

Hilbert 谱表示的是信号幅值在整个频率段上随时间和频率的变化规律，对得到的瞬时振幅在时间上进行积分即可得到频域边际谱。边际谱显示信号能量在整个频率段上随频率的变化情况，相比于傅里叶谱具有更高的分辨率。图 6-23(a)所示为上述 3 种地层对应的边际谱，频率范围主要是 1～15 kHz。

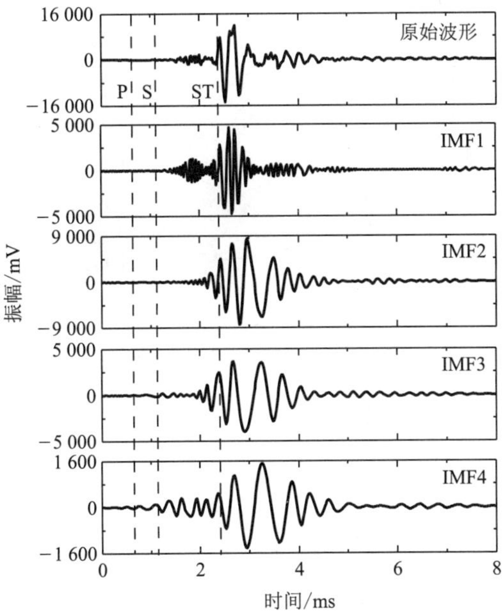

（a）X011.5 m 原始波形和相应 IMF 分量
（裂缝密度为 2.84 条/m）

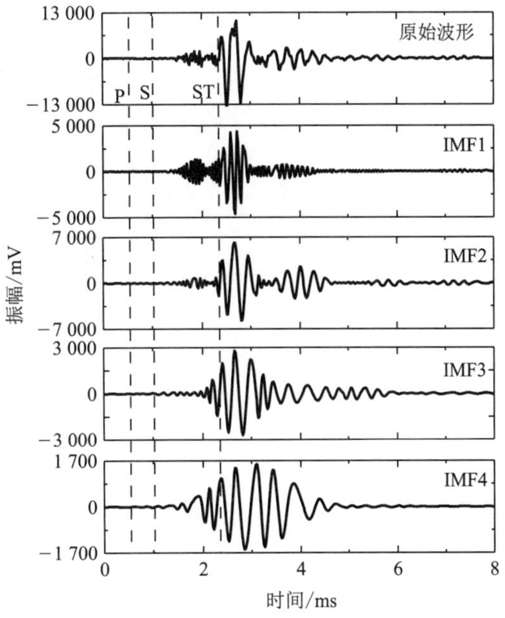

（b）X136 m 原始波形和相应 IMF 分量
（裂缝密度为 5.75 条/m）

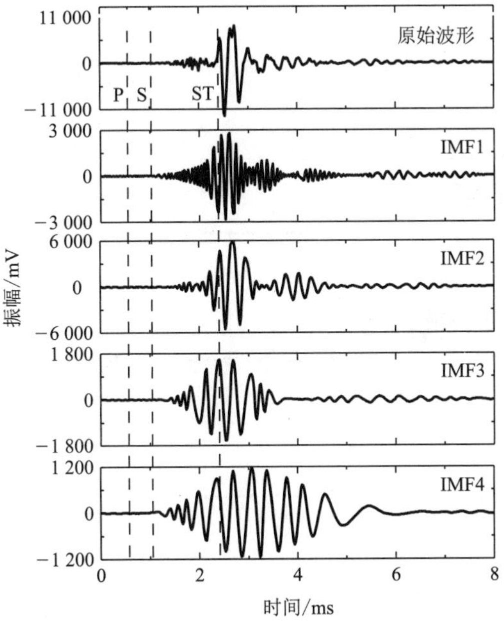

（c）X123.5 m 原始声波和相应 IMF 分量
（裂缝密度为 10.33 条/m）

图 6-21　根据岩芯统计分析的 3 种地层阵列声波测井数据原始波形及相应 IMF 分量

综合图 6-22 和 6-23 可以看出，斯通利波的频率范围为 1～5 kHz，横波的频率范围是 5～8 kHz，纵波的频率范围是 8～15 kHz。因此，选择上述频率范围作为每种波组分（纵波、横波、斯通利波）频率的下限和上限[式（6-49）中参数 l_i 和 u_i]。由于斯通利波是地层的剪切

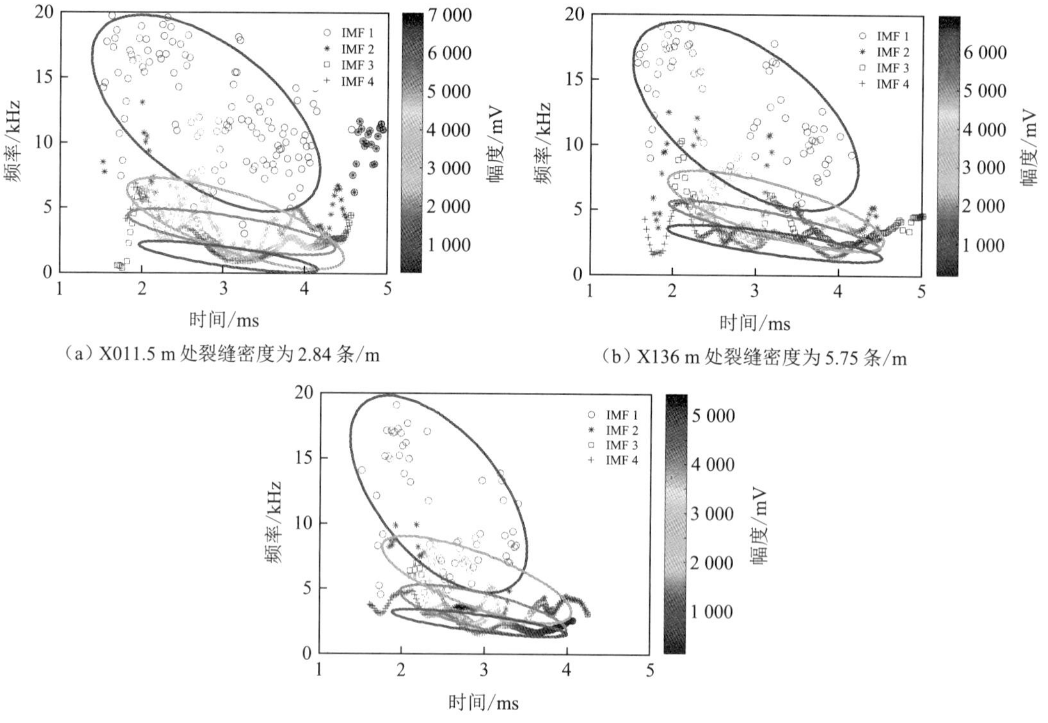

（a）X011.5 m 处裂缝密度为 2.84 条/m

（b）X136 m 处裂缝密度为 5.75 条/m

（c）X123.5 m 处裂缝密度为 10.33 条/m

图 6-22　根据岩芯统计分析的 3 种阵列声波测井信号的 Hilbert 时频谱

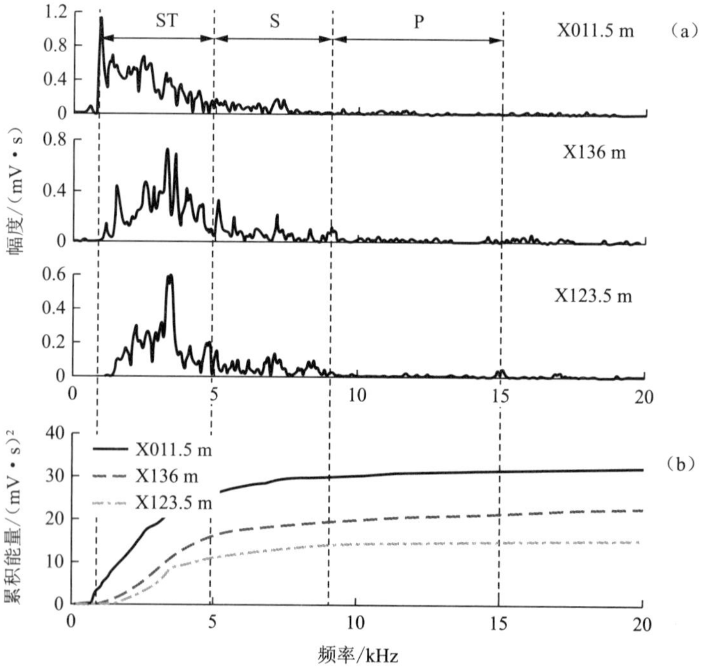

图 6-23　3 种类型地层的单级子声波测井信号边际谱

应变传递和钻井液纵波传播的叠加效应，而裂缝会严重影响井壁处地层流体之间的能量交换，因此斯通利波对裂缝具有明显的反应[65]。裂缝密度较小层段的频域总能量明显大于裂缝密度较大层段的频域总能量，且斯通利波的能量（低频段 1～5 kHz）随裂缝密度的增加而衰减明显，能量幅值从 0.8～1.2 mV · s(X110.5 m)降低到 0.4～0.6 mV · s(X123.5 m)，衰减幅度达 50%以上。不同频率下累积能量（图 6-23b）表明，具有高裂缝密度的 3 型地层（X123.5 m）的累积能量仅为 1 型地层（X011.5 m）的 47%和 2 型地层（X136 m）的 70%。同时，边际频谱中累积能量的上升范围主要是 1～8 kHz，也就是说，与纵波相比，斯通利波和横波的能量对于裂缝发育程度具有较高的敏感性。

HHT 处理阵列声波测井数据得到的 Hilbert 谱和边际谱表明，在时域和频域中的特征都与地层裂缝发育程度有一定的相关性。为了研究裂缝密度与不同特征之间的关系，在具有取芯层段的每个深度点上提取时域的 11 个特征和频域的 9 个特征，然后对每个取芯段特征参数取平均值，并采用 3 种常见的回归方法（线性、对数和指数）描述裂缝密度与特征参数的关系。裂缝密度与时域和频域特征参数之间的相关系数见表 6-6。裂缝密度与频域特征之间的相关系数（R^2=0.5～0.7）明显大于与时域特征之间的相关系数（R^2=0.3～0.5），在一定程度上说明时域特征参数仅能够解释裂缝密度 30%～50%的变化，而频域特征参数能够解释裂缝密度 50%～70%的变化。时域中的 $\overline{r}$，r_d 和 σ_r 以及频域中的 FC，E_{Ston} 和 E_S 具有较高的相关系数。裂缝密度与每个特征参数之间都存在一定的关系，因此研究的基本思路是建立裂缝密度与特征参数之间的关系，避免由于单个参数引起的误差。

表 6-6　3 种常见的回归方法确定的裂缝密度与特征参数之间的相关系数

时域特征	R^2			频域特征	R^2		
	线　性	对　数	指　数		线　性	对　数	指　数
r_r	0.419	0.362	0.324	FC	0.586	0.718	0.739
$\overline{r}$	0.477	0.522	0.527	VF	0.504	0.642	0.644
r_{nms}	0.388	0.541	0.551	MSF	0.529	0.589	0.456
r_p	0.461	0.503	0.508	RVF	0.563	0.699	0.716
r_d	0.492	0.529	0.532	$RMSF$	0.53	0.474	0.463
σ_r	0.477	0.622	0.627	E_{Ston}	0.611	0.574	0.614
W	0.289	0.335	0.331	E_s	0.742	0.666	0.634
C	0.358	0.363	0.36	E_p	0.494	0.527	0.549
I	0.363	0.391	0.384	E_A	0.622	0.607	0.604
L	0.368	0.411	0.42				
P	0.311	0.335	0.33				

为检验基于 HHT 的 GA-SVM 方法在实际数据中运用的可靠性，首先将可用数据分成不同的集合（训练、验证和测试集）。研究中使用的数据集包括 41.5 m 的岩芯分类（表 6-5）和相应的单极子声波测井数据。以 X000～X125 m 地层的 29 m（70%）岩芯数据分类对应的阵列声波测井数据作为模型的训练集，预测 X125 m 以下 12.5 m（30%）的取芯段裂缝发

育情况。由于每个特征参数都与储层的裂缝发育程度有一定相关性，为提高计算速度和精度，采用 PCA 方法分别对时域(11 个)、频域(9 个)和时频域(20 个)特征参数进行降维处理。

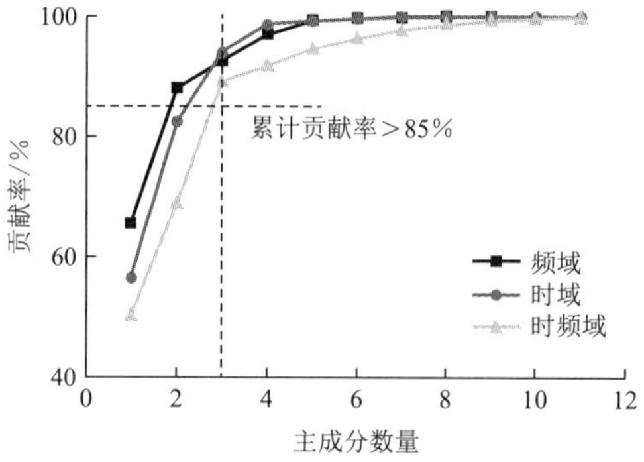

图 6-24　1 类地层时域、频域和时频域中特征参数的贡献率

图 6-24 所示为 1 类地层特征参数的累计贡献率，可以看出前 3 个主成分均超过了 85%，说明前 3 个主成分已包含所有特征参数 85%的信息。因此，研究中选用前 3 个主成分建立 GA-SVM 不同裂缝密度的分类方法。

图 6-25 所示为分别利用时域、频域和时频域特征参数进行预测的准确度。准确度表示预测结果与岩芯分类的一致性(正确分类数/验证集总数)，准确度越大表明属于该类的可能性越大。模型预测结果与岩芯分类结果一致则表示所提出的模型是可靠的。对比实际分类结果可以看出，三段地层内采用频域特征预测的结果均有较高的准确度(90%，82.1%和 87.5%)，而采用时域特征预测结果的准确率仅为 52.5%，57.1%和 59.4%，说明裂缝密度与频域特征参数之间的相关性高于时域特征参数(与表 6-6 中结果类似)。采用时频域中所有特征参数预测的准确度为 70%，64.3%和 75%，也难以预测裂缝发育程度。因此，与时域相比，从频域中提取的特征参数可以有效地识别碳酸盐岩储层的裂缝发育程度。

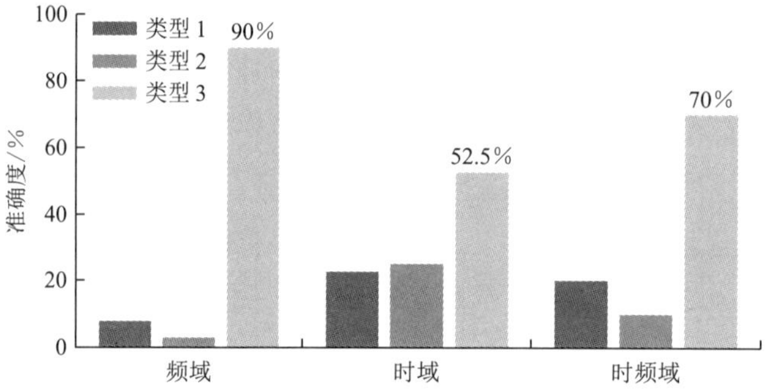

(a) X124.5～X129.5 m 预测结果，岩芯分析显示裂缝密度为 10.4 条/m，属于 3 类地层

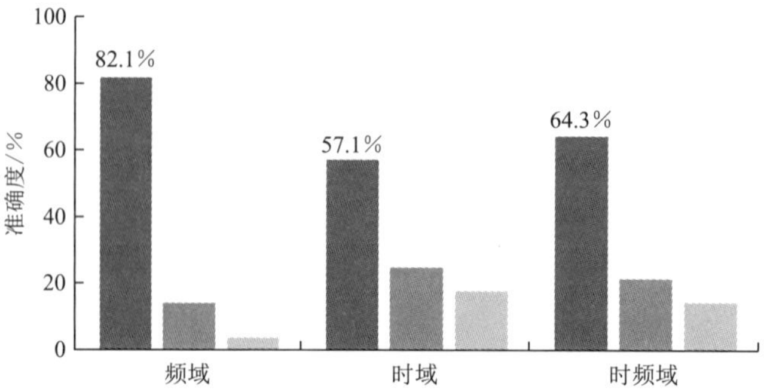

(b) X129.5～X133 m 预测结果，裂缝密度为 4.28 条/m，属于 1 类地层

图 6-25　基于 PCA 统计模型的 GA-SVM 方法可靠性分析

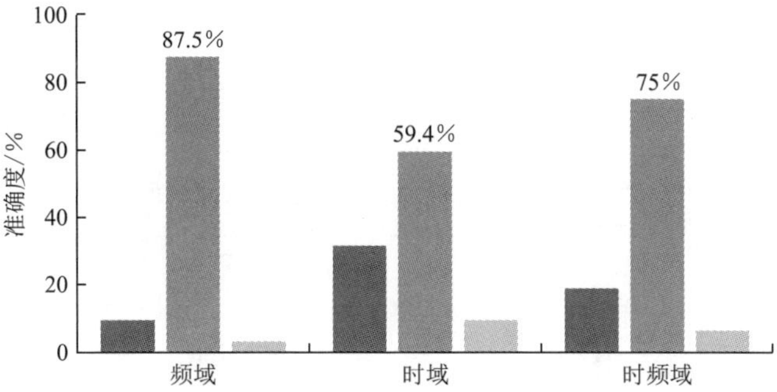

(c) X133～X137 m 预测结果，裂缝密度为 5.75 条/m，属于 2 类地层

图 6-25(续)　基于 PCA 统计模型的 GA-SVM 方法可靠性分析

具有高纵向分辨率的电阻率成像测井是倾角测井技术的延伸，在碳酸盐岩储层中的一个重要应用是详细识别和表征裂缝倾角和方位角[66]。由于每口井的岩芯数据有限且孔隙结构的定量化分析比较复杂、成本高，所以以 41.5 m 岩芯分析计算得到的裂缝密度分类结果作为训练集，利用上文建立的 GA-SVM 模型对下部地层(X150～X200 m)的裂缝密度进行预测，并与电阻率成像测井解释成果进行对比分析。电阻率成像测井解释显示该段地层裂缝较为发育(图 6-26)。为便于分析，以 1 m 为单位，将该段地层分成 50 段，并按照上述裂缝密度分类方法，将该段地层分为 1，2，3 类，作为 GA-SVM 模型的验证数据。

对于单极子阵列声波测井仪，其发射换能器和接收换能器的间距是 12 in。也就是说，当测井仪器移动 1 m 时重叠区域大约为 1.6 m，重叠区域内的地层重复测量可在一定程度上提高分类的精度。因此，在计算过程中深度间隔设置为 1 m。由于测量间隔为 0.125 m，在每个深度点都可得到一个分类结果(类型 1、类型 2 或类型 3)，所以在 1 m 范围内有 8 个结果。最后，选择预测分类最多的类型作为该段的预测结果(图 6-27)。对比该段成像测井解释成果可以看出，利用频域特征参数的主成分进行的 GA-SVM 预测分类结果与成像测井反映的裂缝分布较为一致，正确数/总数＝43/50，准确度达到了 86%(图 6-27a)，而利用时域特征参数进行预测，正确数/总数＝26/50，准确率仅为 52%(图 6-27b)。同时利用时域和频域特征参数进行预测，正确数/总数＝36/50，准确率提高到 72%(图 6-27c)。因此，频域特征更能反映储层的裂缝发育程度，进一步验证了上文结果。

对比井径曲线可知，井径变化对声波测井数据的影响不容忽视——通过改变近井地带的岩石破裂状态影响声波信号的传播。对比井径曲线可知(图 6-26 中的第 2 道)，井径扩大将会导致更多误差(如 X186～X194 m 的井径扩大段)，而在井径规则地层，预测结果与成像结果具有良好的一致性。因此，所提出的基于 HHT 处理的 GA-SVM 预测模型更适用具有相同岩性和低井径变化的地层。同时，使用整道原始声波数据作为输入信息，可以最大程度地利用声波信息，在信号质量差的条件下有效降低人工拾取不同波相到时导致的误差。

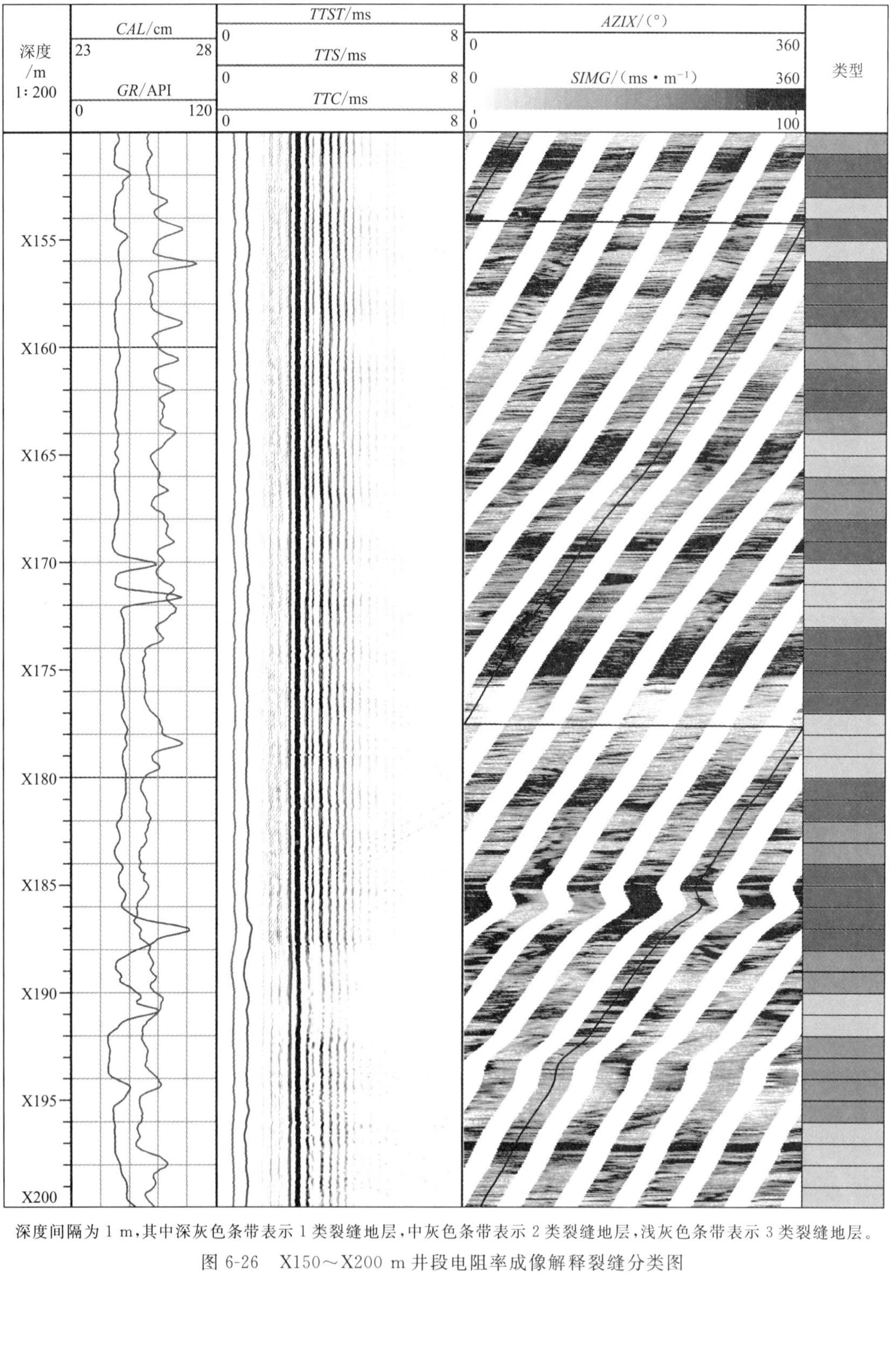

深度间隔为 1 m，其中深灰色条带表示 1 类裂缝地层，中灰色条带表示 2 类裂缝地层，浅灰色条带表示 3 类裂缝地层。

图 6-26 X150～X200 m 井段电阻率成像解释裂缝分类图

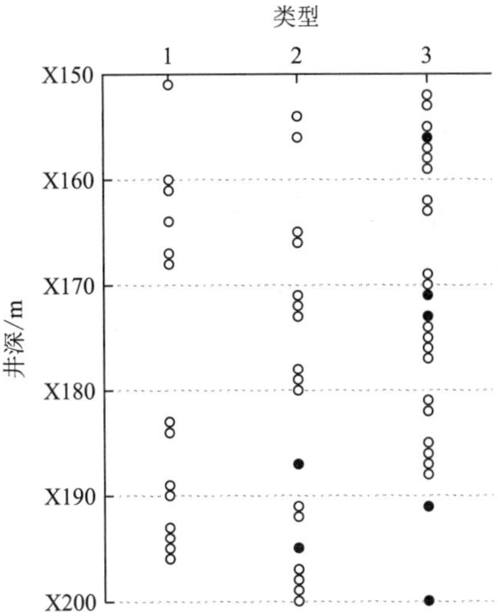

(a) 频域特征参数预测

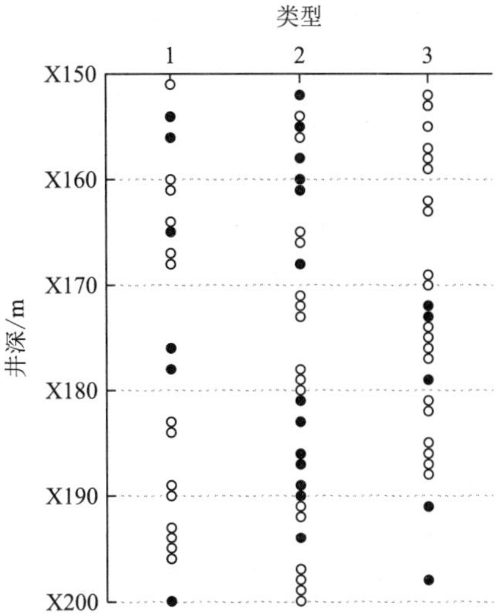

(b) 时域特征参数预测

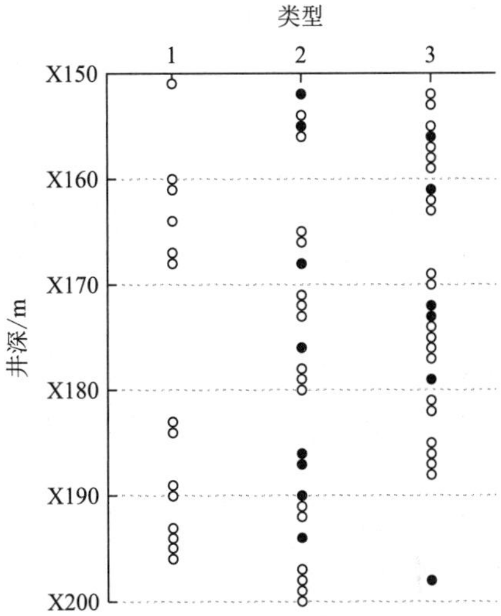

(c) 时域和频域特征参数预测

空心圆点表示该段地层成像测井解释的实际结果，代表正确结果分布；实心圆点为 50 个预测结果中的错误结果。

图 6-27　基于 GA-SVM 方法预测 X150～X200 m 结果

6.6　基于卷积神经网络的孔隙结构识别方法

卷积神经网络(convolutional neural network，CNN)是一种前馈神经网络，其人工神经元可以激发一部分覆盖范围内的周围单元，目前已广泛应用于人工智能、大型图像处理、模式识别等领域。1989 年 LeCun 等[67]首先提出了包含多个卷积层和池化层的现代 CNN。然而，直到 2012 年 Krizhevsky 等[68]将 CNN 成功用于 LSVRC-2010 大型图像识别，CNN 才得到研究者的注意。

CNN 由一个或多个卷积层和顶端的全连接层(相比于传统的神经网络)组成，同时包括关联权重和池化层。与其他深度学习结构相比，CNN 更适用于图像和信号识别。与其他深度前馈神经网络相比,CNN 用卷积取代常规神经元的矩阵乘法运算,可以大大减少需要的未知权重的数量,因此更容易训练,这使得 CNN 成为当今一种颇具吸引力的深度学习结构。目前,已经提出许多适用于图像分类的 CNN 架构,其中较有名的是 LeNet,AlexNet,GoogleNet,VGGNet 和 Denoising CNN 等。

为更简单地建立和训练神经网络模型,数据科学家和机器学习专家已构建许多基于 Python 语言的深度学习库,如 Google 公司的 TensorFlow,Facebook 公司的 PyTorch,Amazon 公司的 MXNet、微软公司的 CNTK 以及百度公司的 Paddle 等。PyTorch 是一种灵活的深度学习框架,它允许通过动态神经网络进行自动微分。它实际上是 NumPy 的替代,支持 GPU 加速、分布式训练以及各类优化任务,还拥有许多简洁的特性。本节将利用 PyTorch 构建基于声波信号时频谱图像的 CNN 孔隙结构分析方法。

6.6.1 孔隙结构智能预测的 CNN 架构

由上文研究可知,声波测井信号时频域上的特征都对孔隙结构有一定的反映。为减少人为误差并简化计算流程,首先需要创建一个具有良好分类的训练集。除岩芯分析外,实际数据中很难直接得到准确的孔隙结构。4.2 节中采用数值模拟方法分析了单一孔隙结构变化对测井声波的影响,排除了其他因素的干扰。同时,为全面利用阵列声波时频域的信息,下面将以不同孔隙结构井筒模型数值计算得到的波形为基础数据,通过连续小波(CWT)时频分析方法,将一维波形数据转化成二维时频谱,作为 CNN 的输入数据,并训练该模型,实现对孔隙纵横比的预测。

采用 CWT 得到的不同孔隙纵横比井筒模型接收波形及相应小波时频谱如图 6-28 所示。复杂图形往往由基本的结构组成,局部的特征可以在某些程度上表征全局特征,人脑对图像的识别正是将多个局部特征进行整合,进而可以把底层神经元获取的局部特征整合,得到全局的特征信息。不过,随着孔隙纵横比的变化,信号的时频谱具有不同的特征。然而,单纯依靠人工识别的分辨难度很大,计算机通过不断学习和训练可以很好地解决此类问题。

所构建的 CNN 架构共有 12 层,包含 3 个二维 5×5 卷积层,3 个 ReLU 激励层,3 个池化层,1 个输入层和 2 个全连接层,后接 1 个 Softmax 分类器,并给出标签预测的概率(图 6-29)。其中的卷积是指对由多个像素点构成的图像和一个恒定的滤波器做内积(逐个元素相乘再求和)。利用滤波器做卷积实际上是提取图像中不同区域内的特征值(如颜色深浅和轮廓等)。传统神经网络只适用于线性问题,而激励函数给传统神经元引入了非线性因素,使得神经网络可以逼近任何非线性函数,并使整个神经网络更加完整,训练结果更加准确。

所构建的 CNN 中,每个卷积层后使用 ReLU 函数进行激励,它可以将整个系统转变为非线性系统,提高输入及输出的通用性[69]。ReLU 是一个正函数,可以保证系统中没有负值,即当输入信号 x 小于 0 时输出都是 0,而当输入信号大于 0 时输出等于输入。其表达式如下:

$$R(x)=\max(0,x) \tag{6-54}$$

设输入层为 $m\times m$ 像素的图像 $\boldsymbol{M}$,滤波器为 $n\times n$ 的矩阵 $\boldsymbol{C}$,偏置为 b,得到的卷积特征图为矩阵 $\boldsymbol{F}$,卷积核的移动步长为 1。以 ReLU 函数为激励函数 $R(x)$,得到卷积特征图 $\boldsymbol{F}$ 的大小为 $(m-n+1)\times(m-n+1)$。卷积计算为:

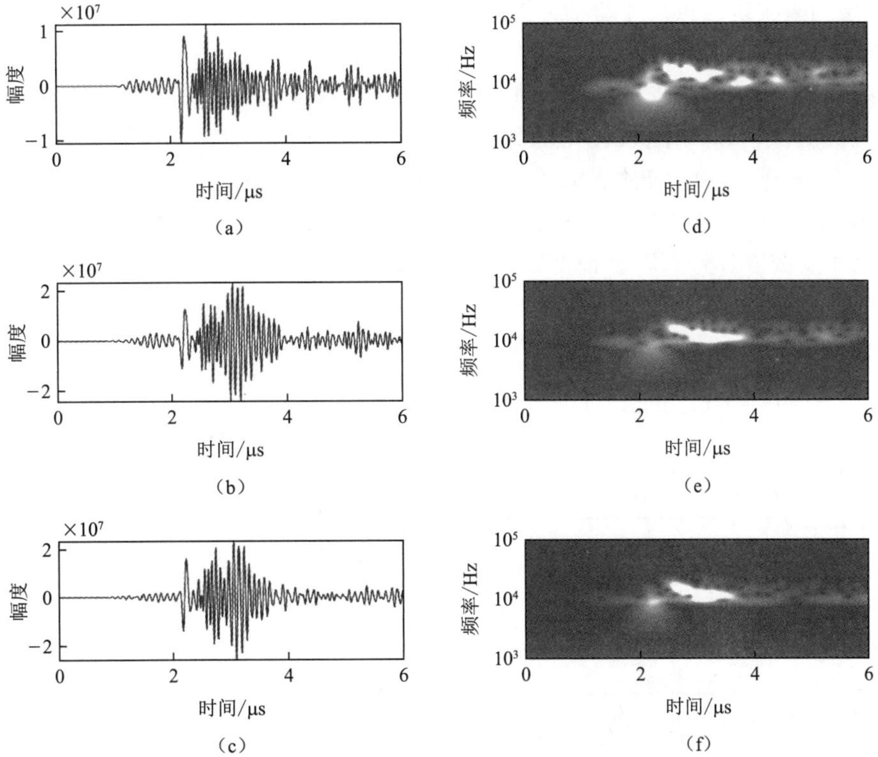

图 6-28　不同孔隙纵横比井筒模型接收波形及相应小波时频谱

(a)～(c)为纵横比分别是 0.05，0.1 和 0.8 的接收波形；(d)～(f)为经小波变换后得到的对应波形时频谱

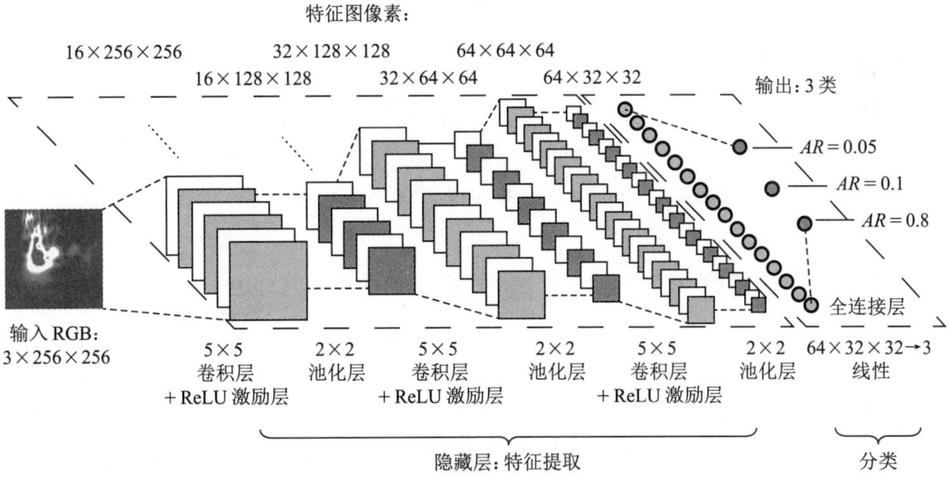

图 6-29　孔隙纵横比预测 CNN 架构示意图

$$f_{ij}=R\left(\sum_{i=1}^{n}\sum_{j=1}^{n}M_{ij}C_{ij}+b\right) \tag{6-55}$$

式中，f_{ij} 为矩阵 $\boldsymbol{F}$ 中的元素；M_{ij} 表示卷积时输入层中与滤波器相对应的元素。

输入层为初始图像或子采样层生成的特征图。滤波器分别与输入层同等大小的矩阵进行点乘并求和，经过激励可得到对应卷积特征图的值。

池化层用来实现图像尺寸缩小1倍。卷积层和池化层都属于特征工程层，用于从数据中抽取特征。而之后的多个全连接层的功能类似机器学习中的模型，用于学习特征数据中的规律并输出预测结果。以均方差为训练过程中的损失函数，评价CNN输出与实际输出之间的偏差。利用Adam随机优化函数完成反向传播过程中权重的优化。模型更新的学习率为0.001并进行40个迭代周期训练，1个周期内使用训练集中的全部样本训练一次。通过大量尝试，依据训练速度和误差范围确定其他参数，如层数、每层神经元数、卷积核函数大小、滤波器步数等(图6-29)。整个方法的流程如图6-30所示。

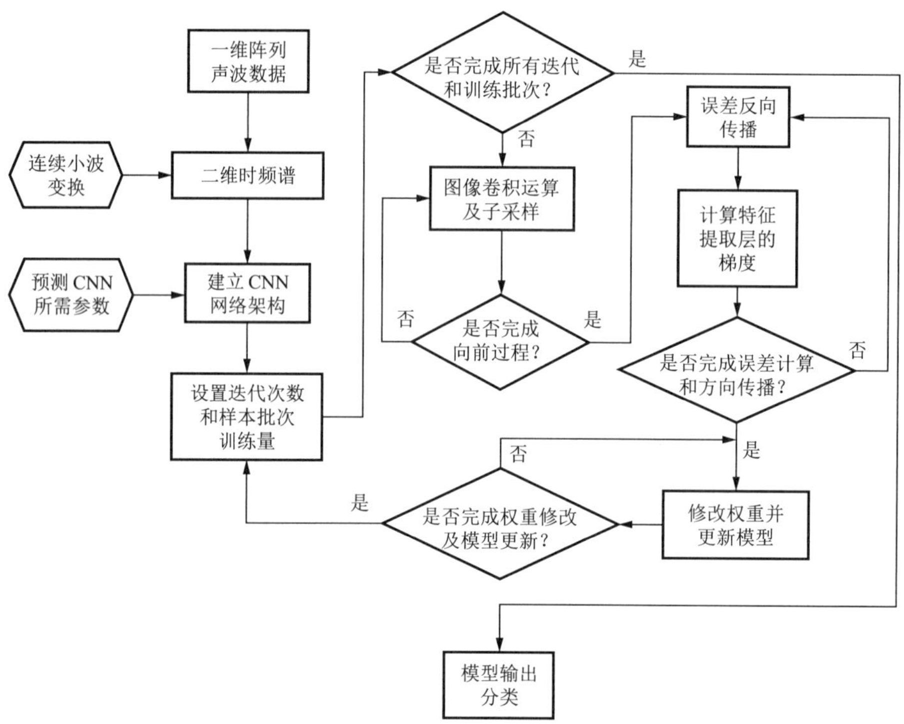

图6-30 基于时频分析的CNN预测孔隙结构流程

6.6.2 数值模型CNN的孔隙纵横比预测

由于深度学习(deep learning，DL)是在大数据的基础上形成的技术，所以需要大量输入数据(几万到几百万)对模型进行训练。样本数量太少会出现模型过拟合现象，导致结果较差。然而，目前的DL技术并没有充分利用函数本身的信息。DL之所以受到如此重视，是由于DL本身对所学习的函数几乎无限制，只要数据量足够，在理论上仅需两个隐藏层就可以估计所有问题。因此，目前对于DL应用的难点主要是算法的改进以及如何获取大量有代表性的数据。

在井筒数值模型中，孔隙是随机分布在地层中的，前文已证明随机的孔隙对波速等信息影响不大，因此可通过计算多个孔隙结构一致的数值模型实现增大输入数据量的目的。首先将孔隙类型按孔隙纵横比分成孔洞($AR=0.8$)、粒间孔($AR=0.1$)及裂缝($AR=0.05$)

三类，分别建立 30 个孔隙度为 10%、孔隙尺寸为 0.06 m 的孔洞、粒间孔和裂缝的井筒模型，每个模型可得到 8 道波形数据，因此每类孔隙模型将有 240 道波形数据（三类共 720 道）。选取其中 75%（540 道）的数据作为 CNN 的训练集，25%（180 道）的数据作为测试集。在一个时期内，训练集每次选择 20 道数据，测试集每次选择 10 道数据。预测准确度为同一时期内所有迭代计算的准确度的平均值。训练过程在 PyTorch 中使用 2D-CNN 实现。

为研究数据量对结果稳定性的影响，进行三次测试，具体数据量见表 6-7。其中，A 组测试中每类模型重复计算 10 次，B 组测试中每类模型重复计算 20 次，C 组测试中每类模型重复计算 30 次。对该模型来说，虽然数据量不大，但是得益于数值模拟的高稳定性以及模型变量的可控性，输入数据结构相对简单。

表 6-7　预测结果稳定性测试所用数据量

	A 组数据			B 组数据			C 组数据		
AR	0.05	0.1	0.8	0.05	0.1	0.8	0.05	0.10.	0.8
训练数据量	60	60	60	120	120	120	180	180	180
测试数据量	20	20	20	40	40	40	60	60	60
总　计	240			480			720		

CNN 训练模型结果如图 6-31 所示。模型准确度是指在一个迭代周期内，每次分类结果正确数与总数比值的平均值。可以看到训练过程可以很好地收敛，第 25 个时期后训练准确率均可达到 0.9 以上，第 30 个时期达到最大值并持续稳定，这表明训练可以有效收敛。训练过程的损失值表征输出值与实际值的偏差。可以看到损失值快速降低，第 30 个时期后损失值小于 0.001，这表明后面时期的运算并不能进一步改善 CNN 结果。随着所用数据量

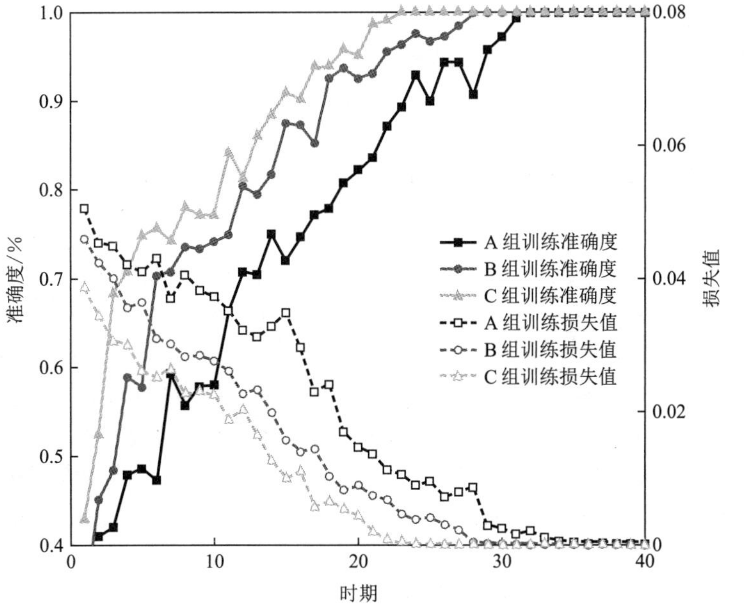

图 6-31　孔隙纵横比三分类（*AR* 为 0.05，0.1 和 0.8）CNN 训练模型准确率和对应损失值

的增加，准确度达到最大值的速度变快，说明增加数据量是提高 CNN 效果的有效途径。

图 6-32 所示为 A，B 和 C 三组相应测试集的结果。可以看到，与训练集相比，准确度曲线抖动很明显，尤其是输入数据量较少时会造成函数值在局部极值点附近反复震荡。当数据量增大后，测试准确度的抖动明显好转，同时最终值也有所提高。虽然测试集的准确度总是低于对应时期训练集的准确度，但是对采用 30 组数据的测试集预测结果，第 30 个时期后准确度依然可达 0.95 以上。同时可以推断，当数据量进一步增加后，该模型会变更为准确，且达到最大值所需的时期也相应降低。

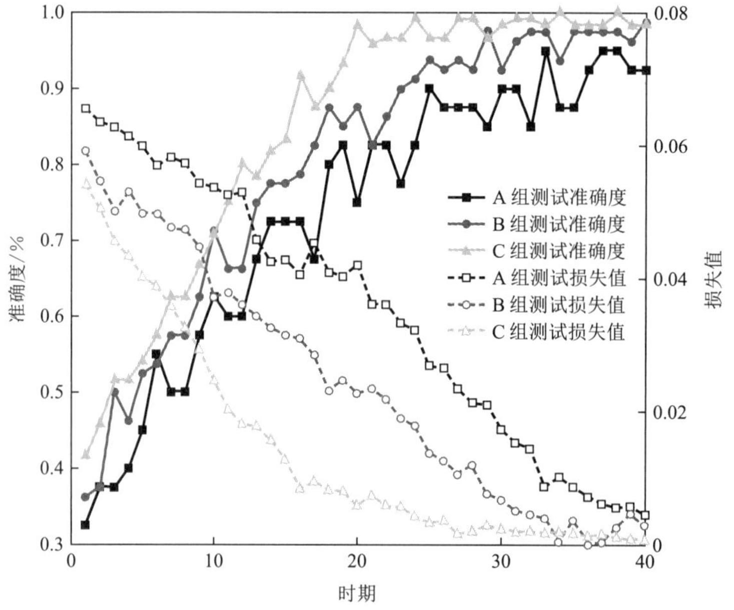

图 6-32　孔隙纵横比三分类（AR 为 0.05，0.1 和 0.8）CNN 测试模型准确率和对应损失值

由上述利用模拟数据进行预测的结果可以看出，利用所建立的 CNN 训练模型可以较好地识别孔隙纵横比，为应用于实际数据奠定了基础。

6.6.3　基于岩芯分析 CNN 的孔隙纵横比预测

由上文可知，陕 373 井在 X000～X200 m 成功在碳酸盐岩储层取芯 41.5 m，并对岩芯裂缝发育情况进行了详细分析（表 6-8）。钻井取芯会造成岩石原本承受的高有效应力得到释放，从而使岩石的孔隙结构发生一定程度的改变，通常会造成原有微裂缝增宽等[70]。岩芯分析是在实验室常温常压下进行的，因此当岩芯从地下取出后，对岩芯的描述会存在一定的误差。另外，实际测井曲线受井筒环境影响较大，孔隙结构的影响容易被其他因素所覆盖。综上，将取芯段的地层按孔隙纵横比分为粒间孔（$AR>0.1$）和裂缝（$AR<0.1$），采用上述 CNN 构架，利用取芯段对应的阵列声波测井数据预测地层孔隙纵横比，分析流程与图 6-30 一致。

对于单极子阵列声波测井数据，每米有 8 个测点，因此共有 322 道声波数据。选择下层 X124.5～X129.5 m 的粒间孔发育段和 X132～X137 m 的裂缝发育段（约占总数据量的

25%)作为测试集,其余 75%的数据作为训练集。粒间孔和裂缝地层都为 15.75 m(各 126 道数据),保证数据量一致。每次训练期内随机选择 18 道数据,一个迭代时期至少需要训练 7 次。先对采样率为 50 kHz,共 8 ms 长度的声波信号做小波变换,形成分辨率大小为 256×256 像素的图像,作为 CNN 的输入数据。其他参数与上节设置一致。

表 6-8　岩芯分析得到的孔隙纵横比统计与分类结果

井段/m	厚度/m	孔隙纵横比	孔隙类型分类
X000～X003.25	3.25	0.125～0.5	粒间孔
X003.25～X003.5	0.25	0.25	
X003.5～X004	0.5	<0.125～0.15	裂　缝
X004～X004.625	0.625	<0.125	
X004.625～X004.875	0.25	<0.125～0.15	
X004.875～X006.875	2	0.125～0.4	粒间孔
X006.875～X008.125	1.25	0.125～0.3	
X008.125～X010	1.875	0.05～0.1	裂　缝
X010～X012.125	2.125	<0.125～0.1	
X048.5～X050.5	2.0	0.125～0.4	粒间孔
X050.5～X052.25	1.75	0.1～0.15	
X052.25～X054.5	2.25	0.15～0.4	
X054.5～X056	1.5	0.05～0.1	裂　缝
X056～X059.75	3.75	<0.1	
X119～X121.5	2.5	0.1～0.4	粒间孔
X121.5～X122.25	0.75	<0.1	裂　缝
X122.25～X124.125	1.875	0.1	
X124.125～X124.5	0.375	0.15	粒间孔
X124.5～X129.5	5.0	0.15～0.2	
X129.5～X132	2.5	<0.1	
X132～X137	5.0	<0.1	

图 6-33 所示为具有二分类(粒间孔和裂缝)的 CNN 训练模型准确率及对应损失值。可以看到初始准确率约为 0.5,与二分量初始结果一致。同时训练过程可以很好地收敛,第 15 个时期后训练准确率可达到 0.9 以上,第 25 个时期后训练损失值达到最小(小于 0.001)且具有一定程度的振荡。这表明后面时期的运算并不能进一步改善 CNN 结果。对测试集来说,虽然第 7 个时期后测试集的准确度小于训练集的准确度,但是第 20 个时期后准确度也能达到 85%以上。这说明所提出的基于岩芯分析的 CNN 的模型对孔隙纵横比的预测效果较好。

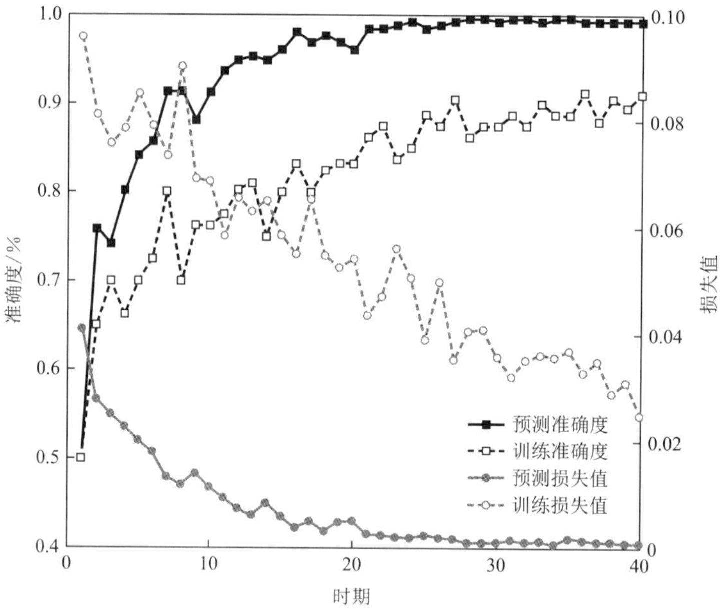

图 6-33　不同迭代周期的二分类 CNN 训练和测试模型准确率及对应损失值

增加迭代计算周期在一定程度上可以提高 CNN 预测的准确性，在该模型中训练集的准确度可接近 1，而预测集的准确度也能达到 0.9 以上。DL 的准确性受数据体量的影响很大，当可训练的数据量不断增大时，预测结果的可靠性会大大提高。因此，综合利用整个区块内测井资料，建立地层孔隙结构数据库，将人工智能技术与大数据技术融合，是建立数字油田或实现智慧油田的重要方向。

参考文献

[1] Knackstedt M A, Latham S, Madadi M, et al. Digital rock physics: 3D imaging of core material and correlations to acoustic and flow properties[J]. The Leading Edge, 2009, 28(1): 28-33.

[2] Vincent B, Fleury M, Santerre Y, et al. NMR relaxation of neritic carbonates: an integrated petrophysical and petrographical approach[J]. Journal of Applied Geophysics, 2011, 74(1): 38-58.

[3] Li T, Gu Y J, Wang Z, et al. Spatiotemporal variations in crustal seismic anisotropy surrounding induced earthquakes near Fox Creek, Alberta[J]. Geophysical Research Letters, 2019, 46(10): 5180-5189.

[4] Li T, Wang Z, Wang R, et al. Pore type identification in carbonate rocks using convolutional neural network based on acoustic logging data[J]. Neural Computing and Applications, 2021, 33(9): 4151-4163.

[5] Li T, Li R, Yu N, et al. A novel approach based on feature fusion for fracture identification using well log data[J]. Fractals, 2021, 29(8): 2150256.

[6] Li T, Wang Z, Yu N, et al. Numerical study of pore structure effects on acoustic logging data in the borehole environment[J]. Fractals, 2020, 28(3): 2050049.

[7] 雍世和，张超谟. 测井数据处理与综合解释[M]. 东营：石油大学出版社，1996.

[8] Xu Y S, Weaver J B, Healy D M, et al. Wavelet transform domain filters: a spatially selective noise filtration technique[J]. IEEE Transactions on Image Processing, 1994, 3(6): 747-758.

[9] Lang M, Guo H, Odegard J E, et al. Noise reduction using an undecimated discrete wavelet transform [J]. IEEE Signal Processing Letters, 1996, 3(1): 10-12.

[10] 李淑荣,朱留方,李国雄,等. 川东北海相碳酸盐岩储层测井评价技术[J]. 测井技术,2008,32(4): 337-341.

[11] Li T, Wang R, Wang Z, et al. Experimental study on the effects of fractures on elastic wave propagation in synthetic layered rocks[J]. Geophysics, 2016, 81(4): 441-451.

[12] 孙建孟,梅基席. 青海柴西地区常规测井裂缝识别方法[J]. 测井技术,1999,23(4):268-272.

[13] 刘欣欣,印兴耀,张峰. 一种碳酸盐岩储层横波速度估算方法[J]. 中国石油大学学报(自然科学版), 2013(1):42-49.

[14] 胡起,陈小宏,李景叶. 基于单孔隙纵横比模型的有机页岩横波速度预测方法[J]. 地球物理学进展, 2014,29(5):2388-2394.

[15] Mavko G, Mukerji T, Dvorkin J. The rock physics handbook tools for seismic analysis of porous media[M]. Cambridge: Cambridge University Press, 2009.

[16] Berryman J G. Single-scattering approximations for coefficients in Biots equations of poroelasticity [J]. The Journal of the Acoustical Society of America, 1992, 91(2): 551-571.

[17] Kuster G T, Toksöz M N. Velocity and attenuation of seismic waves in two-phase media: Part Ⅱ. Experimental results[J]. Geophysics, 1974, 39(5): 607-618.

[18] Verwer K, Braaksma H, Kenter J A. Acoustic properties of carbonates: effects of rock texture and implications for fluid substitution[J]. Geophysics, 2008, 73(2): B51-B65.

[19] Baechle G T, Eberli G P, Weger R J, et al. Changes in dynamic shear moduli of carbonate rocks with fluid substitution[J]. Geophysics, 2009, 74(3): 135-147.

[20] Wyllie M R J, Gregory A R, Gardner G H F. An experimental investigation of factors affecting elastic wave velocities in porous media[J]. Geophysics, 1958, 23(3): 459-493.

[21] Wang Z, Wang R, Wang F, et al. Experiment study of pore structure effects on velocities in synthetic carbonate rocks[J]. Geophysics, 2015, 80(3): 207-219.

[22] 吴群,彭金宁. 川东北地区埋藏史及热史分析——以普光 2 井为例[J]. 石油实验地质,2013(2):133-138.

[23] 李春峰. 分形分析在测井数据应用中的几个问题[J]. 测井技术,2005,29(1):15-20.

[24] Li C F. Rescaled-range and power spectrum analyses on well-logging data[J]. Geophysical Journal International, 2003, 153(1): 201-212.

[25] Selesnick I W, Baraniuk R G, Kingsbury N C. The dual-tree complex wavelet transform[J]. IEEE Signal Processing Magazine, 2005, 22(6): 123-151.

[26] 石宏理,胡波. 双树复小波变换及其应用综述[J]. 信息与电子工程,2007,5(3):229-234.

[27] 孙建孟,王永刚. 地球物理资料综合应用[M]. 北京:石油工业出版社,2001.

[28] Licciardi A, Eken T, Taymaz T, et al. Seismic anisotropy in central North Anatolian Fault Zone and its implicatlens on crustal deformation[J]. Physics of the Earth and Planetary Interiors, 2018, 227: 99-112.

[29] Crampin S. Geological and industrial implications of extensive-dilatancy anisotropy[J]. Nature, 1987, 328(6130): 491-496.

[30] Li T, Gu Y J, Lawton D, et al. Noise sources at the FRS monitoring CO_2 injection at the CaMI Field Research Station using noise source migration[J]. Journal of Geophysical Research: Solid Earth,

2022,127(12):e2022JB024719.

[31] Ellsworth W L. Injection-induced earthquakes[J]. Science,2013,341(6142):1225942.

[32] Grigoli F,Cesca S,Rinaldi A P,et al. The November 2017 M_w 5.5 Pohang earthquake:a possible case of induced seismicity in South Korea. [J]. Science,2018,360(6392):1003-1006.

[33] Schultz R,Stern V,Novakovic M,et al. Hydraulic fracturing and the Crooked Lake Sequences:insights gleaned from regional seismic networks[J]. Geophysical Research Letters,2015,42(8):2750-2758.

[34] Wang J,Li T,Gu Y J,et al. Sequential fault reactivation and secondary triggering in the March 2019 Red Deer induced earthquake swarm[J]. Geophysical Research Letters,2020,47(22):090219.

[35] Li T,Gu Y J,Wang J,et al. Earthquakes induced by wastewater disposal near Musreau Lake,Alberta,2018-2020[J]. Seismological Research Letters,2022,93(2A):727-738.

[36] Chopra S,Sharma R K,Ray A K,et al. Seismic reservoir characterization of Duvernay shale with quantitative interpretation and induced seismicity considerations:a case study[J]. Interpretation,2017,5(2):185-197.

[37] Long M D,Silver P G. Shear wave splitting and mantle anisotropy:measurements,interpretations,and new directions[J]. Surveys in Geophysics,2009,30(4-5):407-461.

[38] Silver P G,Chan W W. Observations of body wave multipathing from broadband seismograms:evidence for lower mantle slab penetration beneath the Sea of Okhotsk[J]. Journal of Geophysical Research,1986,91(B14):13787.

[39] Shearer P M. Introduction to seismology[M]. Cambridge:Cambridge University Press,1999.

[40] Teanby N A,Kendall J M,Baan M Van Der. Automation of shear-wave splitting measurements using cluster analysis[J]. Bulletin of the Seismological Society of America,2004,94(2):453-463.

[41] Savage M K. Seismic anisotropy and mantle deformation:what have we learned from shear wave splitting? [J]. Reviews of Geophysics,1999,37(1):65-106.

[42] Park J,Levin V. Seismic anisotropy:tracing plate dynamics in the mantle[J]. Science,2002,296(5567):485-489.

[43] Saltzer R L,Gaherty J B,Jordan T H. How are vertical shear wave splitting measurements affected by variations in the orientation of azimuthal anisotropy with depth? [J]. Geophysical Journal International,2000,141(2):374-390.

[44] Anderson D L,Minster B,Cole D. The effect of oriented cracks on seismic velocities[J]. Journal of Geophysical Research,1974,79(26):4011-4015.

[45] Nolte K A,Tsoflias G P,Bidgoli T S,et al. Shear-wave anisotropy reveals pore fluid pressure-induced seismicity in the U. S. midcontinent[J]. Science Advances,2017,3(12):e1700443.

[46] Coppersmith K J,Wells D L. New empirical relationships among magnitude,rupture length,rupture width,ruptllre area,and surface disph[J]. Bulletin of the Seismological Society of America,1994,84(4):974-1002.

[47] Billi A,Salvini F,Storti F. The damage zone-fault core transition in carbonate rocks:implications for fault growth,structure and permeability[J]. Journal of Structural Geology,2003,25(11):1779-1794.

[48] Huang Y. Earthquake rupture in fault zones with along-strike material heterogeneity[J]. Journal of Geophysical Research:Solid Earth,2018,123(11):9884-9898.

[49] Zuo Q,Tang Y,Niu F,et al. Temporal variations of near-surface anisotropy induced by hydraulic fracturing at a shale play site in Southwest China[J]. Journal of Geophysical Research:Solid Earth,2018,123(9):8232-8044.

[50] Ong O N, Schmitt D R, Kofman R S, et al. Static and dynamic pressure sensitivity anisotropy of a calcareous shale[J]. Geophysical Prospecting, 2016, 64(4): 875-897.

[51] Sayers C M. The elastic properties of carbonates[J]. The Leading Edge, 2008, 27(8): 1020-1024.

[52] Tang X M, Zheng Y, Patterson D. Processing array acoustic-logging data to image near-borehole geologic structures[J]. Geophysics, 2007, 72(2): 87-97.

[53] Chen X, Tang X, Qian Y. Simulation of multipole acoustic logging in cracked porous formations[J]. Geophysics, 2013, 79(1): 1-10.

[54] Tang X, Li Z, Hei C, et al. Elastic wave scattering to characterize heterogeneities in the borehole environment[J]. Geophysical Journal International, 2016, 205(1): 594-603.

[55] Hornby B E, Johnson D L, Winkler K W, et al. Fracture evaluation using reflected Stoneley-wave arrivals[J]. Geophysics, 1989, 54(10): 1274-1288.

[56] Guyon I, Weston J, Barnhill S, et al. Gene selection for cancer classification using support vector machines[J]. Machine Learning, 2002, 46(1): 389-422.

[57] Al-Anazi A F, Gates I D. Support vector regression for porosity prediction in a heterogeneous reservoir: a comparative study[J]. Computers & Geosciences, 2010, 36(12): 1494-1503.

[58] Cortes C, Vapnik V. Support-vector networks[J]. Machine Learning, 1995, 20(3): 273-297.

[59] Kecman V. Learning and soft computing: support vector machines, neural networks, and fuzzy logic models[M]. Cambridge: MIT Press, 2001.

[60] Cherkassky V, Ma Y. Selection of meta-parameters for support vector regression[J]. Artificial Neural Networks—ICANN 2002, 2002: 82.

[61] Feng Z, Zhang Y, Jin Z. Type, origin, and reservoir characteristics of dolostones of the Ordovician Majiagou Group, Ordos, North China Platform[J]. Sedimentary Geology, 1998, 118(1-4): 127-140.

[62] Liu X, Wang Q, Feng Y, et al. Genesis of the Guangou karstic bauxite deposit in western Henan, China[J]. Ore Geology Reviews, 2013, 55(10): 162-175.

[63] Bowman D C, Lees J M. The Hilbert-Huang transform: a high resolution spectral method for nonlinear and nonstationary time series[J]. Seismological Research Letters, 2013, 84(6): 1074-1080.

[64] Wang Z, Liu J, Yue C, et al. The filtering characteristics of HHT and its application in acoustic log waveform signal processing[J]. Applied Geophysics, 2009, 6(1): 8-16.

[65] Tang X M, Cheng C H. Borehole Stoneley wave propagation across permeable structures[J]. Geophysical Prospecting, 1993, 41(1991): 165-187.

[66] Spies B R. Electrical and electromagnetic borehole measurements: a review[J]. Surveys in Geophysics, 1996, 17(4): 517-556.

[67] LeCun Y, Boser B, Denker J S, et al. Backpropagation applied to handwritten zip code recognition[J]. Neural Computation, 1989, 1(4): 541-551.

[68] Karpathy A, Toderici G, Shetty S, et al. Large-scale video classification with convolutional neural networks[C]. 2014 IEEE Conference on Computer Vision and Pattern Recognition, IEEE, 2014: 1725-1732.

[69] Nair V, Hinton G E. Rectified linear units improve restricted boltzmann machines[C]. Proceedings of the 27th international conference on machine learning(ICML-10), 2010: 807-814.

[70] 孙军昌,杨正明,魏国齐,等. 不同孔隙类型火山岩储层渗透率应力敏感特征[J]. 岩土力学,2012,33(12):3577-3584.

第 7 章 基于弹性波数据的碳酸盐岩地层压力预测方法研究

碳酸盐岩地层异常压力成因多样，孔隙结构异常复杂，碳酸盐岩储层的地层压力预测问题仍没有取得突破，实际工程应用中仍主要借用常规方法预测碳酸盐岩地层压力，导致预测误差较大，难以满足工程需求。本章将围绕基于弹性波资料的碳酸盐岩地层压力预测问题进行分析，讨论碳酸盐岩地层压力预测的难点和发展趋势，以期推动碳酸盐岩地层压力预测方法的发展。

7.1 地层压力预测原理与研究现状

地层压力是指岩石孔隙中流体所具有的压力[1]。准确可靠的地层压力预测是优化井身结构、确定合理钻井液密度窗口的基础，有助于减少钻井事故与复杂情况、保护油气储层，可为安全、高效、科学钻井提供重要保障[2,3]。

预测地层压力比较简洁的方法是直接预测法，将所测物理量与地层压力直接关联，如图版法[4]、Fillippone 法[5]等。另一类方法是有效应力法，也是现在地层压力预测的主流方法。根据 Terzaghi 有效应力原理[6]：

$$p_e = p_o - \lambda p_p \tag{7-1}$$

式中，p_e 为有效应力；p_o 为上覆岩层压力；p_p 为孔隙压力；λ 为有效应力系数，一般小于 1。上覆岩层压力可根据区域经验公式[7]计算，也可根据密度测井资料计算：

$$p_o = g\int_0^h \rho(z)\mathrm{d}z \tag{7-2}$$

式中，g 为重力加速度，h 为深度，$\rho(z)$为地层密度，z 为深度变量。

因此，如何求解有效应力成为预测地层压力的关键。需要指出的是，岩石物理实验中的差应力（围压减去孔隙压力）与有效应力并不相同，Hofmann 等[8]对此做了详细的论述和讨论，这里不再赘述。目前，有效应力的计算模型可大致分为孔隙度-有效应力模型、速度-有效应力模型和弹性参数-有效应力模型三类。

7.1.1 孔隙度-有效应力关系

沉积压实过程中，岩石骨架承受的有效应力增加，导致孔隙度减小[9]。众多学者研究了正常压实条件下泥岩的孔隙度-有效应力关系，比较著名的有：

Terzaghi[6]

$$\phi = 1 - \phi_0 p_e^{C/4.606} \tag{7-3}$$

Athy[10]，Dutta[11]

$$\phi = \phi_0 e^{-K p_e} \tag{7-4}$$

Dutta[12]

$$p_e = p_{e0} e^{-\frac{\phi}{1-\phi}\beta(T)} \tag{7-5}$$

Palciauskas 和 Domenico[13]

$$\phi = 1 - \phi_0 e^{-\beta p_e} \tag{7-6}$$

式中，C，K，p_{e0}，β 均为常系数，ϕ_0 为泥线处的孔隙度。根据式(7-3)～式(7-6)中的任意一个，只要已知孔隙度，就可以求得对应的有效应力，进而可根据式(7-1)计算地层孔隙压力。因此，所有可以反映岩石孔隙度变化的物理量，如声波速度(或时差)、电阻率、密度等，都可以用来预测地层压力，其基本思路如图 7-1 所示。

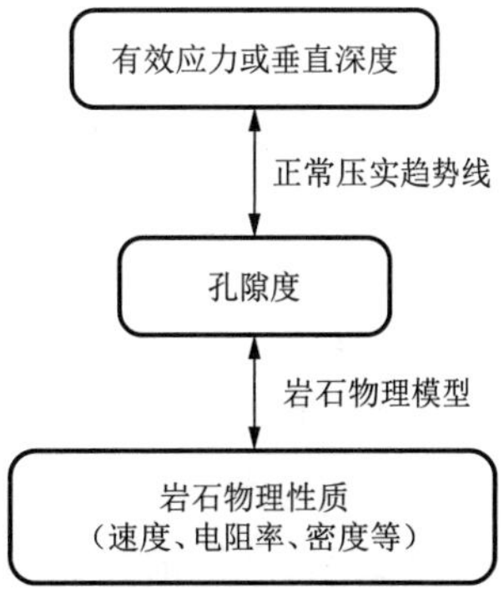

图 7-1　基于压实机制利用岩石物理性质计算有效应力的基本思路

实际应用中，为了减小计算中间参数(如孔隙度)带来的误差，常通过数学等价变形直接建立岩石物理性质随有效应力或垂直深度变化的正常压实趋势线，以实际物理参数偏离正常趋势线的程度来计算地层压力的变化(图 7-2)，如等效深度法[14,15]、伊顿法[16]等。

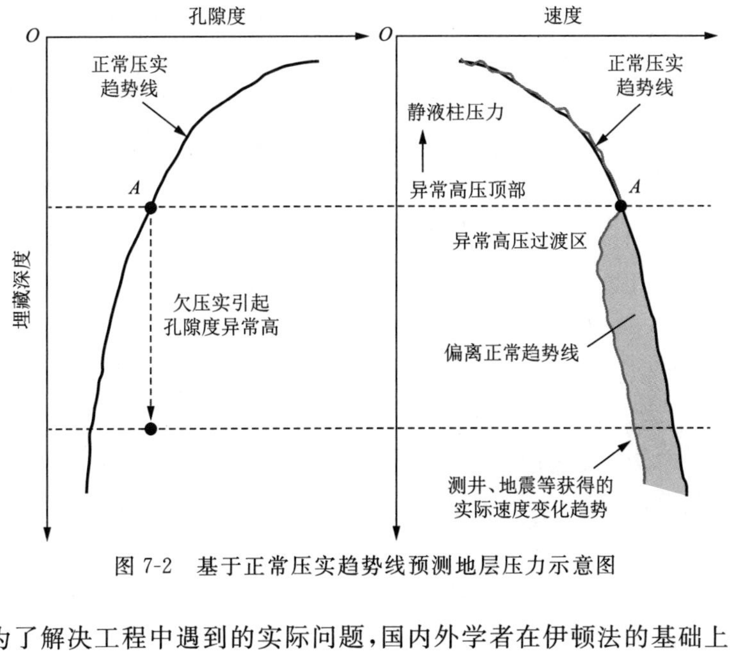

图 7-2　基于正常压实趋势线预测地层压力示意图

近年来，为了解决工程中遇到的实际问题，国内外学者在伊顿法的基础上进行了创新拓展。为了提高含气层地层压力预测的精度，Ebrom 等[17]，Kumar 等[18]将纵波与横波速度乘积的算术平方根定义为 PS 波速度，并应用于伊顿模型，同时研究了伊顿指数随地层深度的变化。为了评估地层压力预测结果的可靠性，柯珂等[19]将伊顿指数处理为随机变量，研究了伊顿指数的分布，在伊顿法的基础上建立了含可信度的地层压力计算模型。实际上，孔隙度与埋藏深度、孔隙度与有效应力之间存在类似的指数关系，Zhang[20]把这两个关系综合起来，建立了一个与埋藏深度有关的地层压力预测模型：

$$p_p = p_o - (p_o - p_{pn}) \frac{\ln \phi_0 - \ln \phi}{cz} \tag{7-7}$$

式中，p_{pn}为对应的静液柱压力，c 为压实常数。对于式(7-7)而言，孔隙度的正常压实趋势是随深度变化的。

对于地质构造简单的碎屑沉积岩地层，基于沉积压实机制的计算模型能够给出满意的地层压力预测结果[21]。但这类方法也存在明显的局限，主要体现为[22,23]：① 从原理上只适用于不平衡压实机制的异常压力预测；② 需在纯泥岩层段建立正常压实趋势线，正常趋势线的确定具有一定的主观性。

7.1.2 速度-有效应力关系

为了突破沉积压实机制(孔隙度-垂直有效应力关系)的限制，学者们尝试直接建立速度-有效应力关系，其中影响最大的是 Bowers 模型[24]。Bowers 根据墨西哥湾地区的钻井资料，提出对于不同的异常高压成因应采用不同的速度-有效应力关系，并建立了考虑欠平衡压实和流体膨胀两种机制引起的异常高压的预测方法[24]：

$$\begin{cases} v_{\text{loading}} = 5\ 000 + A p_e^B \\ v_{\text{unloading}} = 5\ 000 + A \left[p_{\text{emax}} \left(\dfrac{p_e}{p_{\text{emax}}} \right)^{1/U} \right]^B \end{cases} \tag{7-8}$$

式中，速度单位为 ft/s，有效应力单位为 psi；A，B，U，p_{emax}为经验常数。

Soleymani 和 Riahi[25]采用修正的 Bowers 方程处理 3D 地震数据，获取地层速度，在伊朗西南部一个碳酸盐岩油藏中进行了地层压力预测，获得了较好的预测结果。与 Bowers 方法类似，Miller 方法引入了一个参数“最大速度深度”来判断是否存在卸载的情况。

另一个著名的速度-有效应力模型是由 Shell 公司提出的。他们在速度-有效应力关系中引入了一个变量 t[26-28]：

$$p_e = A\tau^B = A\left(\frac{C - \Delta t}{\Delta t - D}\right)^B \tag{7-9}$$

式中，A 和 B 为拟合系数，Δt 为从声波测井或地震勘探资料获取的纵波时差，C 为泥线处的声波时差，D 为岩石基质的声波时差。

也有学者在岩石物理实验的基础上建立了速度综合参数模型，即考虑除孔隙度之外的其他影响波速的因素：

$$v = f(\phi, \sigma, V_{\text{sh}}, T, \cdots) \tag{7-10}$$

其中，比较有影响的是：

Phillips 等[29]模型

$$v = a_0 - a_1\phi - a_2\sqrt{V_{\text{sh}}} + a_3(p_e - e^{-16.7p_e}) \tag{7-11}$$

葛洪魁等[30]，Singh 等[31]模型

$$v = a_0 - a_1\phi - a_2 V_{sh} + a_3 e^{a_4 p_e} \tag{7-12}$$

式中，V_{sh}为泥质含量；p_e 为有效应力；T 为温度；a_0，a_1，a_2，a_3，a_4为拟合参数，与岩性有关。

目前速度综合参数模型研究比较多，集中于实验室内研究各因素对速度的影响。由于考虑了影响波速的多种因素，可以用于欠压实机制以外的异常压力的预测，但同时也引入了较多的拟合参数，在不能获得可靠孔隙度、泥质含量等数据的条件下，很难应用于钻前地层压力预测。此外，目前发表的研究成果多限于砂泥岩，在碳酸盐岩中的实验研究还比较少。

7.1.3　弹性参数-有效应力关系

通过岩石的密度和弹性波速度可计算其动态弹性参数，如果能够建立岩石弹性参数和有效应力的关系，那么可将其用于地层压力预测。这种方法的好处是它不受异常压力成因约束。许多实验数据表明[2,32]，气饱和岩石的泊松比随差应力的增大而增大；流体（水或油）饱和岩石的泊松比随差应力的增大而减小（图 2-3）。Dutta 等[33]推荐采用泊松比或纵横波速比作为碳酸盐岩孔隙压力的指示参数。

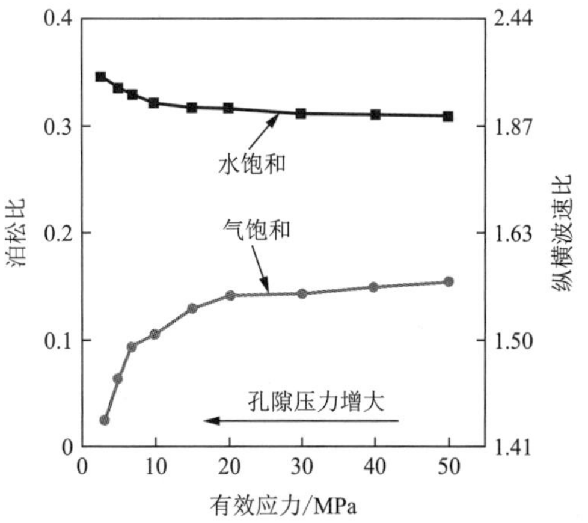

图 7-3　泊松比随有效应力的变化规律[2]

Li 等[34]、刘之的等[35]基于川东北地区测井资料给出了该地区碳酸盐岩泊松比-有效应力的经验关系：

$$p_e = a e^{-b\nu} \tag{7-13}$$

式中，a 和 b 为拟合参数，ν 为泊松比。

Li 等[34]还采用相同方法建立了类似的纵横波速比-有效应力指数关系。

Zhu 等[36]为了放大碳酸盐岩气藏和围岩的物理性质差异，定义广义泊松比为：

$$\gamma = \frac{\dfrac{C}{2}v_p^2 - v_s^2}{v_p^2 - v_s^2} \tag{7-14}$$

式中，C 为与岩性有关的放大系数，在气藏部分，$C>1$，对于围岩来说，$C=1$。在此基础上，他们仿照碎屑岩地层压力预测原理，建立了碳酸盐岩地层压力预测的经验公式，并在川东北碳酸盐岩气藏的一个案例应用中得到了满意的预测结果。Atashbari 和 Tingay[37]基于储层岩石的可压缩性（体积模量的倒数）与有效应力的关系建立了预测碳酸盐岩地层压力的半经验公式：

$$p_p = \left[\frac{(1-\phi)C_b(p_o - p_{pn})}{(1-\phi)C_b - \phi C_p}\right]^{\beta} \tag{7-15}$$

式中，C_b和 C_p分别为岩石基质和孔隙的可压缩系数，可以通过岩石力学实验测试得到；β 为经验常数，在 0.9～1.0 之间取值。该方法在伊朗两个碳酸盐岩油藏中应用取得了较好的地层压力预测结果。

关于岩石弹性参数-有效应力关系的研究还不多，目前只有一些定性实验结果发表。从这些实验结果来看，该思路的一个难题是参数的灵敏性问题。当压力异常时，这些岩石物理参数变化不明显，或者在低围压下变化明显而在高围压下变化不明显等，需要从数学上引入一个计算“放大器”。

总体来说，目前针对碳酸盐岩的地层压力预测方法和成果鲜有报道，研究进展缓慢。在实际工程应用中，仍然借用一些基于沉积压实机制的方法进行碳酸盐岩地层压力的预测，这些方法从机理上不适用于碳酸盐岩地层，无法保证预测结果的质量，具有很大的工程安全隐患。

7.2 常规方法预测碳酸盐岩地层压力的偏差分析

7.2.1 常规地层压力预测模型

由于目前还没有普遍认可的适于碳酸盐岩地层压力预测的方法，基于机械压实机制的常规地层压力预测方法在碳酸盐岩中仍广泛使用。应用较广泛的常规地层压力预测模型见表 7-1，表中参数取值为 Gutierrez 等[27]根据墨西哥湾数据的拟合优选结果。

表 7-1 常规地层压力预测模型

模型名称	计算公式	参数取值
Eaton 模型	$p_p = p_o - (p_o - p_w)\left(\frac{v}{v_n}\right)^n$	$n = 2.303$
Bowers 模型	$v = 5\,000 + ap_e^b$	$a = 9.184, b = 0.765$
Gamma-EB 模型	$\frac{p_p - p_{pn}}{p_o - p_{pn}} = c + \left(\frac{v}{v_n}\right)^d + fh$	$c = -0.645, d = -0.922,$ $f = -1.184 \times 10^{-5}$
Fillippone 模型	$p_p = \frac{v_m - v}{v_m - v_w} p_o$	$v_m = 6\,640$ m/s, $v_w = 1\,500$ m/s

注：p_p为地层孔隙压力，Pa；p_o为上覆岩层压力，Pa；p_w为静水压力，Pa；p_e为垂直有效应力，Pa；v 为实测速度，m/s；v_n为基于正常压实线计算的速度，m/s；v_m为岩石基质速度，m/s；v_w为地层水速度，m/s。

在正常地层压力下，对于同一深度 h、同一孔隙度 ϕ，由于孔隙结构不同，碳酸盐岩可能具有速度 v_1 和 v_2，应用 Eaton 模型得：

$$\begin{cases} p_{p1} = p_o - (p_o - p_{pn})\left(\dfrac{v_1}{v_n}\right)^n \\ p_{p2} = p_o - (p_o - p_{pn})\left(\dfrac{v_2}{v_n}\right)^n \end{cases} \tag{7-16}$$

为方便描述，记压力偏差当量密度为 $\Delta\rho = (p_p - p_{pn})/gh$，表示地层压力预测值偏离正常压力的大小。取正常地层压力作为参考（即 $v_2 = v_n$），将以上两式作差，两边同除以 gh，转化成压力偏差当量密度形式：

$$\Delta\rho = (\bar{\rho} - \rho_w)\left[1 - \left(\frac{v_1}{v_n}\right)^n\right] \tag{7-17}$$

式中，$\bar{\rho}$ 为地层平均密度，ρ_w 为地层水密度。

同理可将表 7-1 中的其他 3 个模型转化为压力偏差当量密度形式：

Bowers 模型

$$\ln\frac{v_1 - v_0}{v_n - v_0} = b\ln\left(1 - \frac{\Delta\rho}{\bar{\rho} - \rho_w}\right) \tag{7-18}$$

Gamma-EB 模型

$$\Delta\rho = (\bar{\rho} - \rho_w)\left[\left(\frac{v_1}{v_n}\right)^d - 1\right] \tag{7-19}$$

Fillippone 模型

$$\Delta\rho = \frac{v_n - v_1}{v_m - v_w}\bar{\rho} \tag{7-20}$$

式中，v_m为岩石基质速度，v_n 为水的速度。

在式(7-17)～式(7-20)中，正常压实速度 v_n按照 Wyllie 时间平均方程进行计算[38,39]，即

$$\frac{1}{v_n} = \frac{1-\phi}{v_m} + \frac{\phi}{v_w} \tag{7-21}$$

正常压实速度对应的等效深度采用形式简单、应用广泛的线性模型计算[40,41]：

$$v_n(h) = v_0 + kh \tag{7-22}$$

对于式(7-22)中参数的取值，在墨西哥湾地区，Xu 等[42] 推荐 k 取 0.6 s^{-1}，Sayers 等[1] 推荐 k 取 0.5～0.7 s^{-1}，v_0取 4 800～5 600 ft/s。此处计算中取 $k = 0.6\ s^{-1}$，$v_0 = 5\ 200$ ft/s[43]。

地层平均密度 $\bar{\rho}$ 为深度的函数，其经验公式为[7]：

$$\bar{\rho} = 16.3 + \left(\frac{h}{3\ 125}\right)^{0.6} \tag{7-23}$$

为了与经验系数取值单位统一，式(7-22)、式(7-23)中深度、速度、密度应按英制单位取值。对于某一孔隙度，根据式(7-21)计算正常压实速度后，采用式(7-22)、式(7-23)可计算出正常压实条件下对应的地层平均密度。

7.2.2　地层压力预测偏差的影响因素分析

采用不同孔隙结构碳酸盐岩的纵波速度数据，根据式(7-17)～式(7-20)计算其对应的地层压力偏差当量密度。计算中裂隙纵横比为 0.02，粒间孔纵横比为 0.1，溶孔纵横比为 0.8。

图 7-4 为单一孔隙类型时的压力偏差当量密度随孔隙纵横比的变化情况。从图中可以看出，在孔隙度相同的条件下，随着孔隙纵横比的增大，压力偏差当量密度由正偏差逐渐变为负偏差。低纵横比的裂隙使地层压力预测值偏高，压力偏差当量密度为正值；高纵横比的溶孔、铸模孔使地层压力预测值偏低，压力偏差当量密度为负值。当孔隙纵横比为 0.1 左右时，对应的碳酸盐岩孔隙类型为粒间孔，该情况下 Wyllie 时间平均方程能很好地描述其速度-孔隙度关系，压力偏差接近零[44]。

图 7-5 为以粒间孔为主，引入不同比例裂隙或溶孔时的压力偏差情况。考虑孔隙结构对碳酸盐岩弹性波速度的影响，4 个模型的地层压力预测结果都会产生偏差，且不同模型压力预测偏差的变化规律一致，即在应力状态和孔隙度相同的条件下，裂隙类孔隙使预测压力

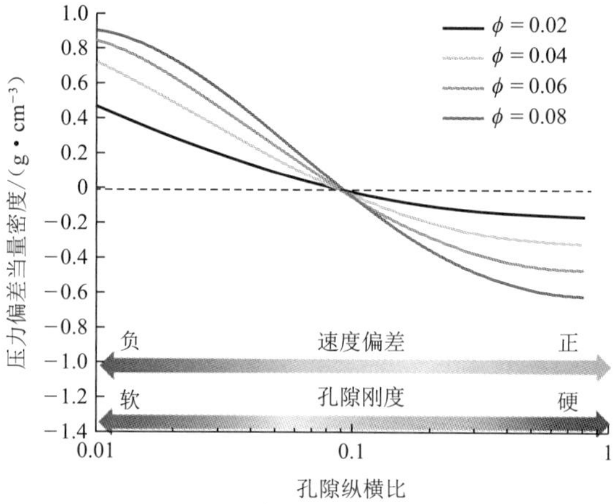

图 7-4　孔隙纵横比对压力偏差当量密度的影响

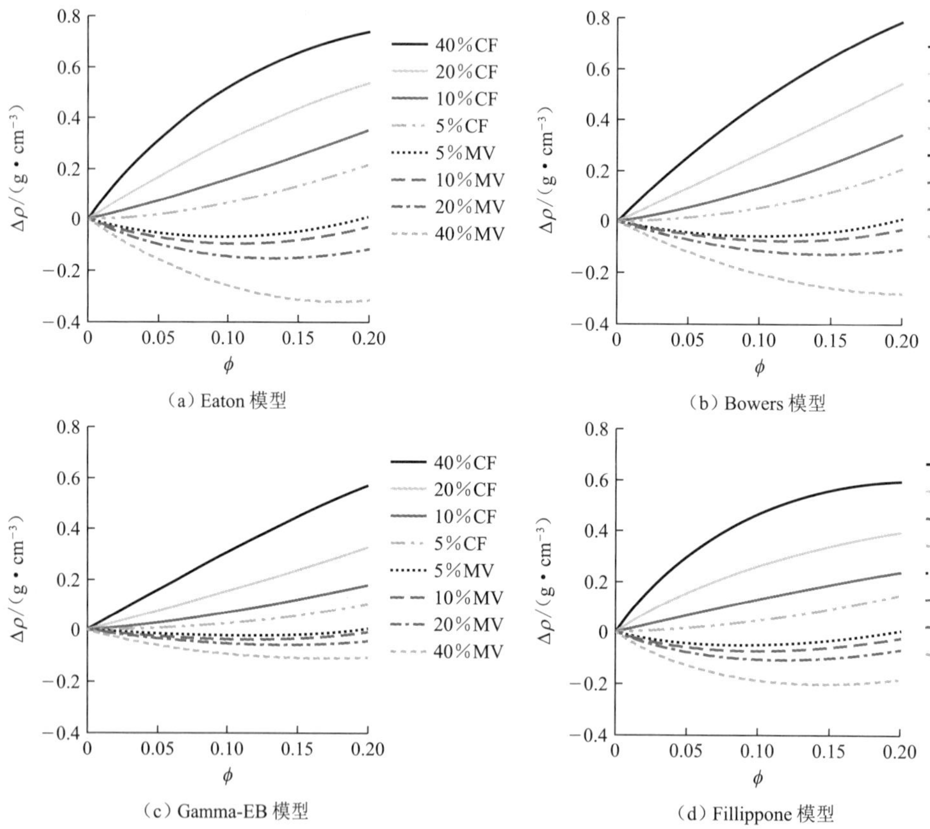

CF 表示裂隙类孔隙，MV 表示溶孔类孔。

图 7-5　不同孔隙结构引起的压力偏差当量密度

偏高，压力偏差当量密度为正值；溶孔类孔隙使预测压力偏低，压力偏差当量密度为负值。在总孔隙度为 10%时，20%裂隙引起的偏差约为+(0.15～0.31) g/cm³；20%溶孔引起的偏差约为−(0.05～0.14) g/cm³。而在井身结构设计中，地层破裂压力当量密度安全允值一般取 0.03 g/cm³，溢流允值一般取(0.05～0.10) g/cm³[45]。因此，在裂缝性地层，采用常规方法预测地层压力的结果偏高，容易出现井漏、储层污染等问题，而在溶孔发育的地层，采用常规方法预测地层压力的结果偏低，易发生溢流、井涌等复杂情况，甚至会造成井喷事故。可见，对于复杂孔隙结构碳酸盐岩，由于孔隙结构对地层压力预测结果的影响，油气钻井工程中采用常规的地层压力预测方法和井身结构设计系数存在较大安全隐患[43,44]。

当碳酸盐岩中同时含有裂隙与溶孔时，地层压力预测偏差的正负不仅受裂隙与溶孔相对体积比的影响，也受其绝对体积含量的控制。如图 7-6 所示，当孔隙结构以粒间孔和溶孔为主、含少量裂隙时，随着裂隙在孔隙结构中所占比例增加，预测压力由全部负偏差向全部正偏差逐渐过渡；裂隙在孔隙结构中所占比例越小，预测压力由负偏差变为正偏差的临界孔隙度越大。对于碳酸盐岩裂缝-孔洞型储层，即使是地层压力偏差的定性描述也存在不确定性，其定量描述更为困难[44]。

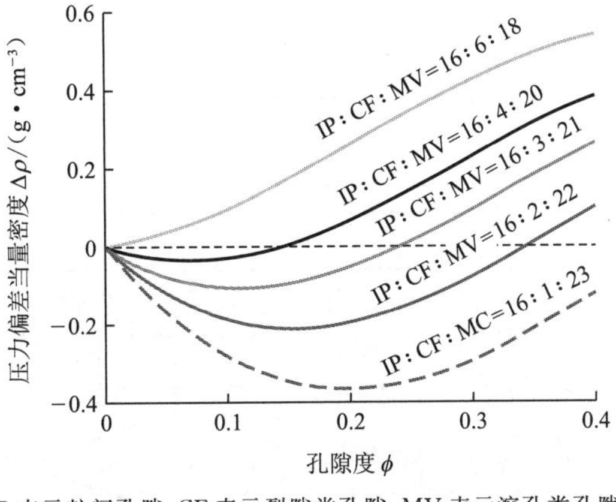

IP 表示粒间孔隙，CF 表示裂隙类孔隙，MV 表示溶孔类孔隙。

图 7-6　裂隙与溶孔共存时 Eaton 模型预测的压力偏差

7.3　考虑孔隙结构影响的碳酸盐岩地层压力预测模型

7.3.1　基于纵波波速的裂缝参数反演算法

基于纵波波速反演岩石内部裂缝结构参数(包括裂缝密度 ε 和裂缝纵横比 AR)是以含裂缝介质理论模型为基础、采用无约束非线性规划方法，目标是计算出使纵波波速理论计算结果与实验结果或声波测井间偏差最小的裂缝结构参数。目标函数如下：

$$E(\varepsilon_i, AR_i) = \min\{v_{\mathrm{p}}^{\text{理论}}(\varepsilon_i, AR_i) - v_{\mathrm{p1}}^{\text{测量}}\} \tag{7-24}$$

对式(7-24)目标函数进行优化时，采用枚举试算法找到每一个纵波波速对应的最优裂缝结构参数。实际优化处理时只有纵波波速无法同时反演出裂缝密度和裂缝纵横比，故考虑裂缝密度灵敏度比裂缝纵横比高的特点，首先假定裂缝纵横比为一定值，反演出一组裂缝密度，然后以反演的裂缝密度为基准，反演出对应的裂缝纵横比。

针对某一单轴压力 p_i 条件下纵波波速 v_{pi} 的裂缝结构参数的反演流程如图 7-7 所示，主要分为裂缝密度迭代和裂缝纵横比迭代两部分。实际反演是从零轴压 p_0 测得的含裂缝人

造岩芯纵波波速 v_{p0} 开始迭代，由于含裂缝人造岩芯的初始裂缝结构参数(包括 ε_0' 和 AR_0')是人为设定的迭代初始值。这样就能反演出 v_{p0} 对应的裂缝结构参数 ε_0 和 AR_0；然后将 ε_0 和 AR_0 作为 v_{p1} 迭代的初始值，如此类推直至将整个单轴压力变化过程中测得的纵波波速组[v_{pi}]对应的裂缝结构参数组[ε_i,AR_i]都反演出来。

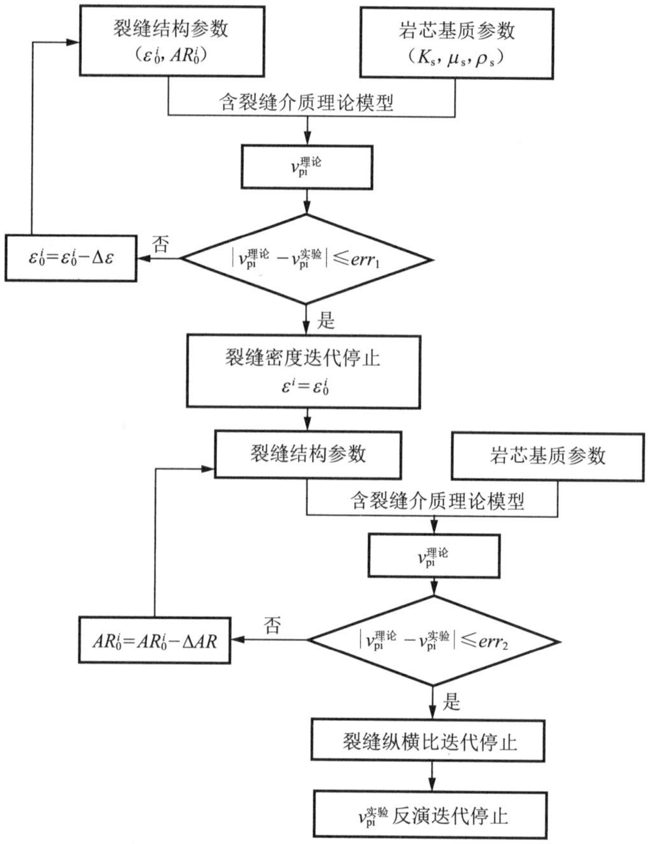

图 7-7 v_{pi} 对应裂缝结构参数的反演流程图

以第 5 章中含裂隙实验岩芯的测量数据为例，按照图 7-7 所述反演方法，采用 Matlab 软件编写反演程序，其中含裂缝介质理论模型选择的是 Eshelby-Cheng 模型。然后利用反演程序对实验测得的纵波波速数据进行反演，反演结果(包括裂缝结构参数 ε_i，AR_i 和纵波波速理论值 v_{pi})如图 7-8 所示。随着单轴压力增大，裂缝密度和裂缝纵横比首先快速降低，然后逐渐趋于零，这与第 5 章的数值模拟规律吻合良好。另外，裂缝密度达到零值的起始点对应轴压可认为是裂缝闭合压力的反演结果。从反演结果来看，岩芯对应的裂缝闭合压力为 $p_{\text{Close}}^{反演}=8.324$ MPa。从岩芯在不同压力下的速度测量结果来看，当轴向压力达到 8.01 MPa 时，岩芯的速度基本不再变化，该压力可以看作实验测得的裂缝闭合压力，它与裂缝闭合压力反演结果的相对误差为：

$$err=\frac{|p_{\text{Close}}^{实验}-p_{\text{Close}}^{反演}|}{p_{\text{Close}}^{实验}}\times 100\%=3.92\% \tag{7-25}$$

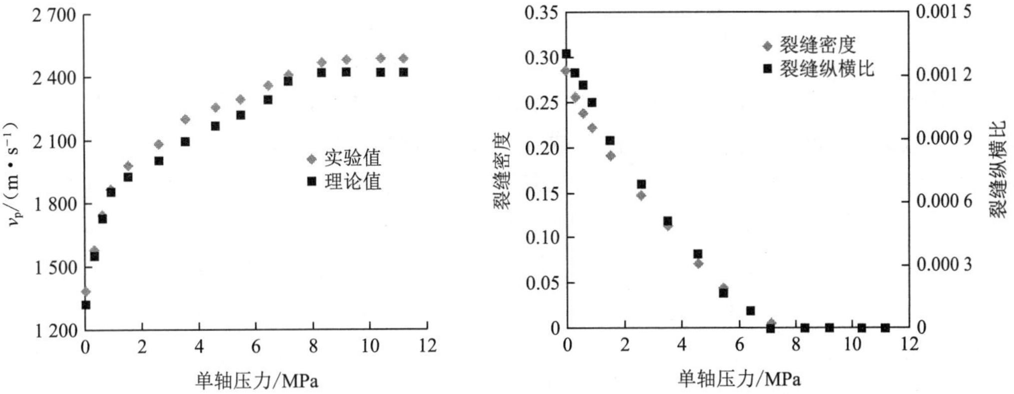

(a) 纵波波速曲线　　(b) 裂缝结构参数(AR，ε)曲线

图 7-8　不同轴压下含裂缝物理模型纵波波速数据的反演成果图

相对误差满足 $err<5\%$，即裂缝闭合压力反演值与实验值基本相同，这验证了基于纵波波速的裂缝参数反演算法的可靠性。

7.3.2　考虑孔隙结构影响的地层压力预测方法设计

由 2.4 节可知，对于同一个区块，如果不同孔隙结构的碳酸盐岩采用相同的速度-孔隙度规律，很可能预测不出速度上没有异常反应的异常高压，导致错误的预测结果。在目前尚未建立有效碳酸盐岩地层压力预测模型的情况下，基于地球物理资料反演碳酸盐岩孔隙结构，再在此基础上校正正常的速度-孔隙度关系，修正常规地层压力预测方法的预测偏差，这是一种实用的碳酸盐岩地层压力预测思路，如图 7-9 所示。

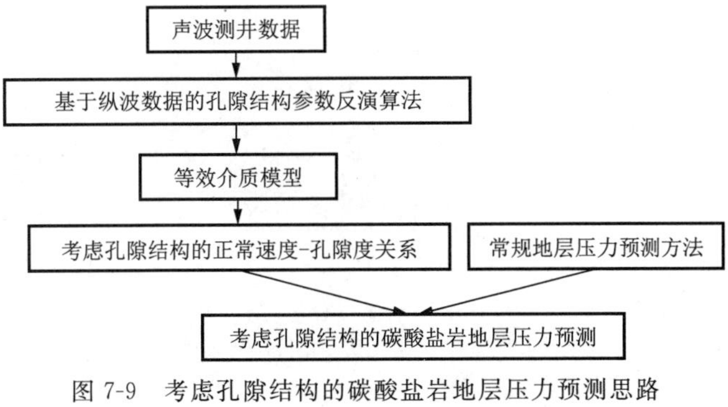

图 7-9　考虑孔隙结构的碳酸盐岩地层压力预测思路

7.3.3　应用实例分析

以川东北普光气田 A 井为例进行应用分析。该井在 5.424～5.675 km 段为飞仙关组三段白云岩，含少量泥质；钻井资料与测试结果表明该段为正常压实。钻探过程中，该井在 5.459 24 km 和 5.650 7 km 处发生井漏，井漏时钻井液密度为 1.35 g/cm^3，黏度为 56 s，漏速分别为 56 m^3/h 和 6 m^3/h。

图 7-10(a)为根据测井数据解释的孔隙度和泥质含量，在此基础上，根据等效介质理论可以计算孔隙全为粒间孔时的声波时差。如图 7-10(b)所示，在 5.442 3～5.459 8 km 和 5.628 7～5.662 3 km 井段，测井声波时差值明显大于计算的粒间孔参考值，这表明孔隙结构中存在微裂隙，如果不考虑微裂隙的影响，Eaton 法预测的地层压力当量密度偏高(图 7-10c)，进而使钻井设计中的钻井液密度偏高，在裂隙发育位置诱发井漏，这与钻井施工过程中对应深度发生的井漏复杂情况吻合。在 5.442 3～5.459 8 km 和 5.628 7～5.662 3 km 井段，采用 7.3.1 小节的反演算法，以纵波速度为基础反演裂缝结构参数，反演得到该层段总孔隙度中约 5%为裂隙孔隙。按照裂隙结构校正后的声波时差值，可与实测声波时差基本吻合。采用校正后的速度-孔隙度关系进行地层压力预测，其预测值明显降低，消除了裂缝引起的偏差。依照校正后的地层压力预测结果设计钻井液密度为 1.15～1.20 g/cm^3，堵漏成功后，调整钻井液密度至 1.20 g/cm^3，未发生井漏。

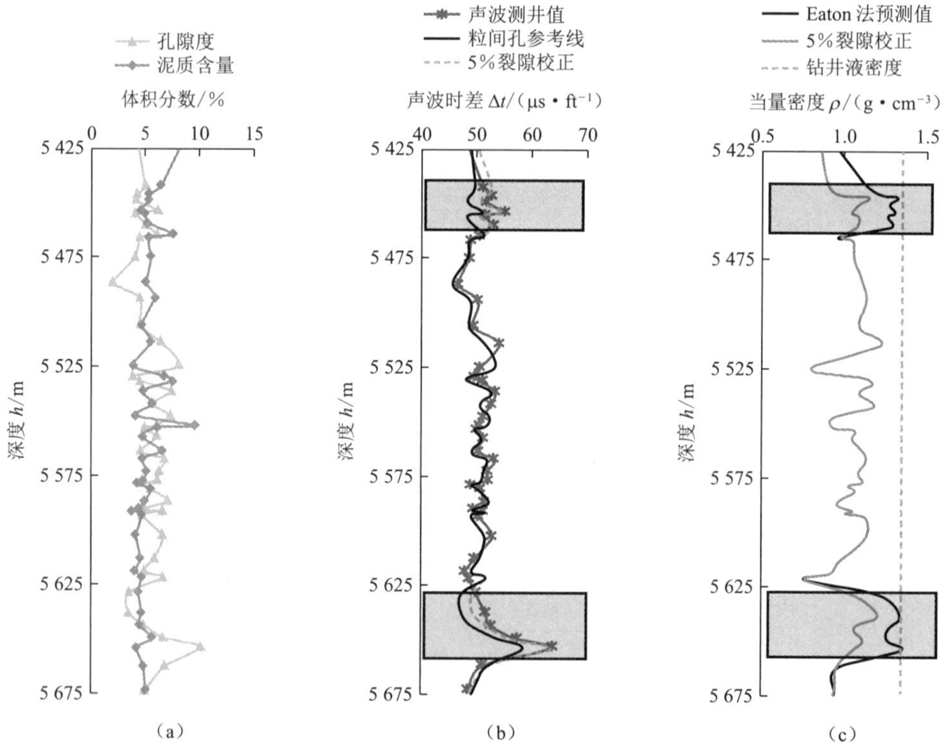

图 7-10 普光气田 A 井实例分析

7.4 碳酸盐岩地层压力预测的难点与发展趋势

7.4.1 碳酸盐岩地层压力预测的难点

1) 碳酸盐岩地层异常压力机制复杂

异常地层压力的形成机制很多，比如欠压实、水热增压、构造运动、生烃作用等。由于沉积环境、地质条件等的差异，不同地区的异常压力成因各不相同，碳酸盐岩层的异常压力形成机理还不明确。虽然当前多数研究都认为欠压实是导致异常地层压力的主要控制机制，但是这种机制在碳酸盐岩中还需要更深入的研究。欠压实机制引起异常地层压力的大小与岩石基质、孔隙流体的可压缩性有关，而碳酸盐岩骨架一般都很坚硬，其异常压力与孔隙度相关性不大[37]。Weller[46]指出碳酸盐岩中孔隙度与埋藏深度没有必然关系。成岩后化学作用会使碳酸盐岩的孔隙度减小或增大，这不能直接反映压实状况[34]，因此传统的基于正常压实趋势线的地层压力预测方法在碳酸盐岩中是不适用的。除欠压实机制外，由生烃作用[47]、构造运动[48]引起的碳酸盐岩异常高压也有文献报道。

2）孔隙结构复杂，速度分散

碳酸盐岩多属于化学沉积岩，次生孔隙发育，具有更为复杂的孔隙系统[49]。与砂岩相比，碳酸盐岩的声波速度通常与地质年代或埋深的关系不大，单纯压实作用对速度的影响比成岩作用小[50]。整体来说，碳酸盐岩中的声波速度随孔隙度增大而减小，但呈现很强的分散性(图 2-11)。一是碳酸盐岩的速度-孔隙度关系偏离常规的经验关系，比如 Wyllie 时间平均方程、Gardner 方程、Raymer 方程等。Verwer 等[51]测量的实验数据表明，Wyllie 时间平均方程和 Raymer 方程低估了岩芯的速度，分别为 50%和 25%。二是在相同孔隙度下，实验测得不同岩芯的速度差异很大[51-58]。其中，速度变化最大的是 Anselmetti 和 Eberli[52]对不同沉积环境碳酸盐岩的测量结果，他们报道的纵波速度变化范围为 1 700～6 500 m/s，横波速度变化范围为 700～3 400 m/s。这种速度分散使基于速度-孔隙度-有效应力关系的地层压力预测结果具有很大的不确定性。

3）速度-有效应力关系复杂

岩石的速度-有效应力关系与岩石的孔隙结构和孔隙流体有关，决定了基于速度资料计算有效应力结果的可靠性。对于碎屑沉积岩来说，其速度对有效应力的依赖性较强，满足良好的指数关系[31]：

$$v = A - C\mathrm{e}^{-Dp_\mathrm{e}} \tag{7-26}$$

式中，C，D 为拟合系数。

但是对于非碎屑沉积岩，其速度-有效应力曲线平缓，梯度小，敏感性差，并且由于迟滞效应，卸载曲线与正常压实曲线非常接近，这就可能出现在速度上没有异常反应的高次生压力[59]。对于碳酸盐岩来说，由于复杂的成岩作用和孔隙结构，其速度-有效应力关系比碎屑沉积岩更为复杂(图 7-11)。Gomez 等[60]通过对 50 块碳酸盐岩样品的测量结果分析发现碳酸盐岩的速度-有效应力关系受孔隙结构的影响：以粒间孔或晶间孔为主要孔隙类型的碳酸盐岩，其速度的应力敏感性最强；以粒内孔、溶孔、铸模孔等为主要孔隙类型的碳酸盐岩，其速度的应力敏感性最低；而多种孔隙类型组合时，速度的应力敏感性居中。Khaksar 和 Griffiths[61]认为岩芯中低纵横比的孔隙越多，速度随有效应力的变化越显著。对于速度应力敏感性强的碳酸盐岩(图 7-11 中岩芯 a 和 b)，可以采用 Bowers 方法计算有效应力，但是对于速度应力敏感性弱的碳酸盐岩(图 7-11 中岩芯 c)，目前还没有可靠的方法计算有效应力。不同孔隙结构碳酸盐岩速度-有效应力关系的显著差异使基于速度资料的有效应力计算更为复杂，增大了地层压力预测结果的不确定性。

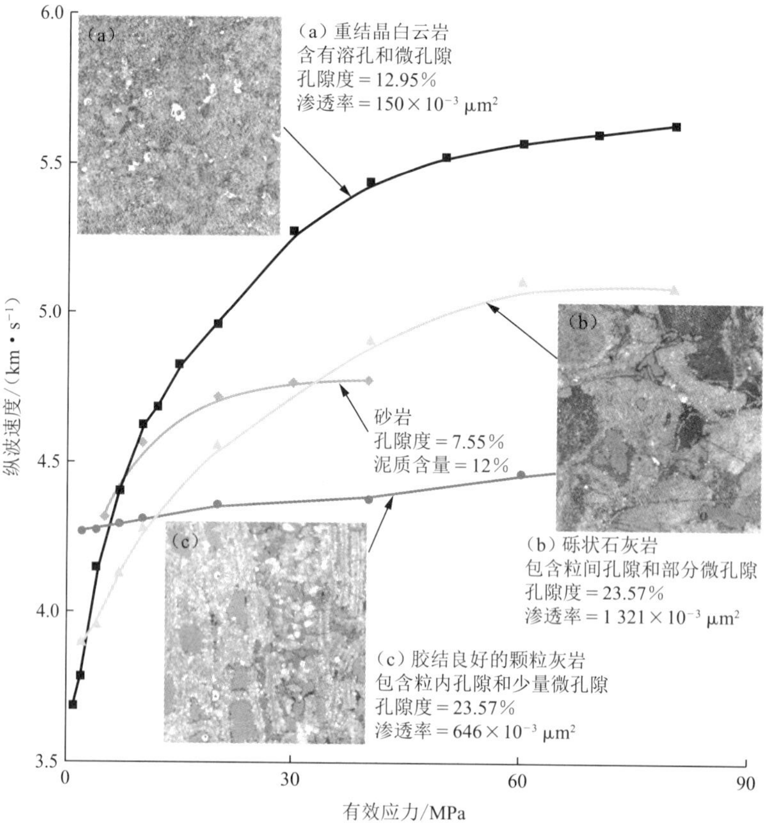

图 7-11　砂岩与碳酸盐岩的速度-有效应力关系对比

7.4.2　碳酸盐岩地层压力预测的发展趋势

近年来,随着岩石物理实验、工程测量技术和数据分析技术的不断发展与完善,碳酸盐岩地层压力预测技术有望在以下 4 个方面取得突破进展[62]:

1) 考虑碳酸盐岩孔隙结构特征的岩石物理性质预测模型

岩石物理模型的发展是突破碳酸盐岩地层压力预测的关键。从目前已公开的实验数据来看,矿物组成[58,63]、孔隙结构[52-54]、岩石结构[51]在某些情况下似乎都是引起速度变化的重要因素,对此学者们还没有达成一致的认识,仍需要更多的实验数据加深对碳酸盐岩速度特性的认识。碳酸盐岩的复杂孔隙结构是造成其地层压力预测困难的关键因素之一,通过室内实验、数值模拟等多种研究方法,建立考虑孔隙度、孔隙结构等多个因素的碳酸盐岩岩石物理性质预测模型,可为解决碳酸盐岩地层压力预测问题奠定基础。

2) 基于多源信息融合的预测方法

信息量和预测可靠性之间存在"信息对称",即描述储层属性的数据和信息越多,地层压力预测结果的可靠性就越高,仅仅依靠地震数据进行钻前地层压力预测具有很大的不确定性。因此,融合不同阶段、不同属性的储层测量数据对地层压力预测结果不断修正(图 7-12),是提高预测结果可靠性的重要手段。

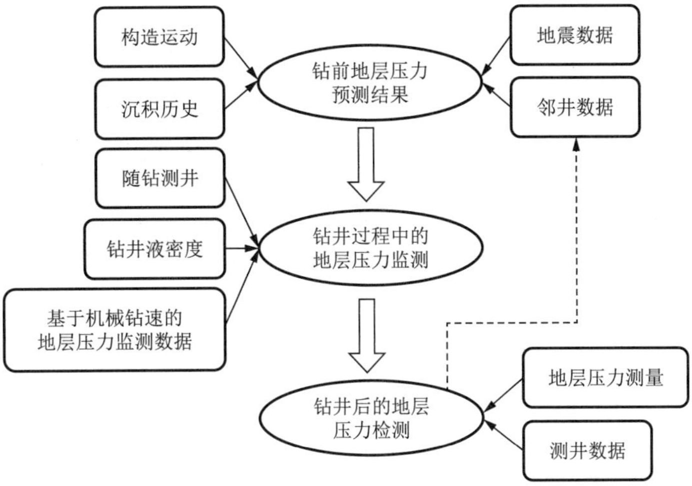

图 7-12　基于多源数据融合进行地层压力预测示意图

对于多源信息，要特别注意不同物理性质数据的关联性。碳酸盐岩的孔隙结构对其弹性波速度、电阻率等多种物理性质都有影响[64]。因此，可以采用速度-电阻率联合反演获取碳酸盐岩的孔隙结构信息，再考虑孔隙结构的影响，采用弹性波速度或电阻率进行地层压力预测。这需要首先建立孔隙结构对碳酸盐岩不同物理性质的影响规律。由于碳酸盐岩物理性质的复杂性，目前碳酸盐岩岩石物理实验研究多集中于孔隙结构对单一物理性质的影响，对多个物理性质关联性的研究较少。

3）基于随钻测量/测井/地震数据的实时预测方法

目前已经有多种随钻地震工具可以实时更新弹性波速度数据，比如 DbSeis（Schlumberger），Tomex（Western Altas）等。随着随钻测量/测井技术与工具的发展，可以应用随钻测量/测井方法获得高质量（高分辨率、高准确度）的数据，应用合适的岩石物理模型进行数据的实时更新和地层压力预测。该问题的关键在于如何做到“实时解释”[2]。如果可以根据随钻测量/测井数据提前预测钻头前方几米深度的地层压力，就可以有效解决碳酸盐岩的地层压力预测问题，保障钻井施工的安全。

4）基于大数据与人工智能技术的碳酸盐岩地层压力预测

随着大数据和人工智能技术的快速发展，特别是更高级的深度学习模型展现出更强的预测能力[65,66]，其在油气行业的应用已不断拓展深化。近年来，关于地层压力智能预测的文献多数集中于分析对比不同数据资料与不同机器学习算法组合的预测效果，在数据参数优选和机器学习模型筛选方面为碳酸盐岩地层压力智能预测提供了有效参考。尤其是以长短期记忆（LSTM）递归神经网络为代表的适用于序列预测的智能算法，考虑了地层沉积与钻井工程的序列性和非线性过程[67]，在地层压力预测方面表现出较好的适用性和发展前景。考虑碳酸盐岩的非均质性[68]、异常压力成因的复杂性以及系统化成套数据量的有限性，碳酸盐岩地层压力智能预测技术在高质量数据体构建、多源数据机理融合、模型迁移泛化能力提升等方面仍面临挑战，是突破碳酸盐岩地层压力预测的重要方向[69,70]。

参考文献

[1] Sayers C M, den Boer L D, Nage Z R, et al. Well-constrained seismic estimation of pore pressure with uncertainty[J]. The Leading Edge, 2006, 25(12): 1524-1526.

[2] Dutta N C. Geopressure prediction using seismic data: current status and the road ahead[J]. Geophysics, 2002, 67(6): 2012-2041.

[3] Zoback M D. Reservoir geomechanics[M]. New York: Cambridge University Press, 2007.

[4] Pennebaker E S. An engineering interpretation of seismic data[C]. SPE 2165-MS, 1968.

[5] Fillippone W R. Estimation of formation parameters and the prediction of overpressure from seismic data[C]. Expanded Abstract of 52nd Annual International SEG Meeting, 1982, Dallas, Texas, 1982, 502-503.

[6] Terzaghi K. Theoretical soil mechanics[M]. New York: Wiley, 1943.

[7] Traugott M. Pore/ fracture pressure determination in deep water[J]. World Oil, Deepwater Technology Special Supplement, 1997: 68-70.

[8] Hofmann R, Xu X, Batzle M, et al. Effective pressure or what is the effect of pressure? [J]. The Leading Edge, 2006, 24: 1256-1260.

[9] Warbrick R E, Osborne M J. Mechanisms that generate abnormal pressure: an overview[J]. Abnormal Pressure in Hydrocarbon Environments: AAPG Memoir, 1998, 43.

[10] Athy L F. Compaction and oil migration[J]. AAPG Bulletin, 1930, 14: 25-36.

[11] Dutta N C. Shale compaction and abnormal pore pressures: a model of geopressures in the Gulf Coast Basin[C]. 53rd Annual International Meeting of SEG, Expanded abstracts, 1983.

[12] Dutta N C. Fluid flow in low permeable porous media[J]. Oil & Gas Science and Technology, 1988, 43(2): 165-180.

[13] Palciauskas V V, Domenico P A. Fluid pressures in deforming porous rocks[J]. Water Resources Research, 1989, 25: 203-213.

[14] Foster J B, Whalen J E. Estimation of formation pressure from electrical surveys-offshore Lousidiana [J]. Journal of Petroleum Technology, 1966, 18(2): 165-171.

[15] Ham H H. A method of estimating formation pressures from Gulf Coast well logs[J]. AAPG Bulletin, 1966, 50: 2322.

[16] Eaton B A. The equation for geopressure prediction from well logs[C]. SPE 5544-MS, 1975.

[17] Ebrom D, Heppard P, Mueller M, et al. Pore pressure prediction from S-wave, C-wave, and P-wave velocities[C]. SEG Annual Meeting, 2003, SEG-2003-1370.

[18] Kumar K M, Ferguson R J, Ebrom D, et al. Pore pressure prediction using an Eaton's approach for PS-waves[C]. SEG Technical Program Expanded Abstracts, 2006: 1550-1554.

[19] 柯珂，管志川，周行. 深水探井钻前含可信度的地层孔隙压力确定方法[J]. 中国石油大学学报(自然科学版)，2009，33(5)：61-67.

[20] Zhang J. Pore pressure prediction from well logs: methods, modifications, and new approaches[J]. Earth-Science Reviews, 2011, 108: 50-63.

[21] Tang H, Luo J, Qiu K, et al. Worldwide pore pressure prediction: case studies and methods[C]. SPE 140954-MS, 2011.

[22] 樊洪海. 测井资料检测地层孔隙压力传统方法讨论[J]. 石油勘探与开发,2003,30(4):72-74.

[23] 艾池,冯福平,李洪伟. 地层压力预测技术现状及发展趋势[J]. 石油地质与工程,2007,21(6):71-74.

[24] Bowers G L. Pore pressure estimation from velocity data: accounting for overpressure mechanisms besides undercompaction[J]. SPE Drilling & Completion,1995:89-95.

[25] Soleymani H,Riahi M A. Velocity based pore pressure prediction: a case study at one of the Iranian southwest fields[J]. Journal of Petroleum Science and Engineering,2012,94:40-46.

[26] Lopez J L,Rappold P M,Ugueto G A,et al. Integrated shared earth model: 3D pore-pressure prediction and uncertainty analysis[J]. The Leading Edge,2004,23(1):52-59.

[27] Gutierrez M A,Braunsdor N R,Couzens B A. Calibration and ranking of pore pressure prediction model[J]. The Leading Edge,2006,25(12):1516-1523.

[28] Zhang J. Effective stress, porosity, velocity and abnormal pore pressure prediction accounting for compaction disequilibrium and unloading[J]. Marine and Petroleum Geology,2013,45:2-11.

[29] Phillips D E,Han D H,Zoback M D. Empirical relationships among seismic velocity,effective pressure,porosity and clay content in sandstone[J]. Geophysics,1989,54(1):82-89.

[30] 葛洪魁,陈颙,韩德华. 有效应力对岩石弹性波速的影响[J]. 地球物理学报,2001,44(增刊):152-160.

[31] Singh R,Rai C,Sondergeld C. Pressure dependence of elastic wave velocities in sandstones[C]. SEG Annual Meeting,New Orleans 2006.

[32] Dvorkin J,Mavko G,Nur A. Overpressure detection from compressional-and shear-wave data[J]. Geophysical Research Letters,1999,26(22):3417-3420.

[33] Dutta N C,Mukerji T,Prasad M,et al. Seismic detection and estimation of overpressures,part Ⅰ: the rock physics basis[J]. CSEG Recorder,2002,27(7):35-57.

[34] Li Q,Heliot D,Zhao L,et al. Abnormal pressure detection and wellbore stability evaluation in carbonate formations of east Sichuan,China[C]. SPE 59125-MS,2000.

[35] 刘之的,夏宏泉,陈平. 利用测井资料计算碳酸盐岩三个地层压力[J]. 钻采工艺,2005,28(1):18-21.

[36] Zhu W,Yu W,Li K. Formation pressure prediction in carbonate[C]. 2009 CPS & SEG International Geophysical Conference & Exposition,Beijing,2009.

[37] Atashbari V,Tingay M. Pore pressure prediction in carbonate reservoirs[C]. SPE 150835,2012.

[38] Wyllie M R J,Gregory A R,Gardner L W. Elastic wave velocities in heterogeneous and porous media [J]. Geophysics,1956,21:41-70.

[39] Hamouz M A,Mueller S L. Some new ideas for well log pore-pressure prediction[J]. SPE 13204, 1984.

[40] Slotnik M M. On seismic computaions with applications,part 1[J]. Geophysics,1936,1(1):9-22.

[41] Sayers C M,Johnson G M,Denyer G. Predrill pore-pressure prediction using seismic data[J]. Geophysics,2002,67(4):1286-1292.

[42] Xu Y,Gardner G,Mcdonald J. Some effects of velocity variation on AVO and its interpretation[J]. Geophysics,1993,58(9):1297-1300.

[43] Wang R,Wang Z,Shan X,et al. Factors influencing pore-pressure prediction in complex carbonates based on effective medium theory[J]. Petroleum Science,2013,10:494-499.

[44] 王子振,王瑞和,单珣,等. 常规方法预测碳酸盐岩地层压力的偏差分析[J]. 中国石油大学学报(自然科学版),2014,38(5):96-101.

[45] SY/T 5431—2008　井身结构设计方法[S]. 北京:国家发展和改革委员会,2008.

[46] Weller J M. Compaction of sediments[J]. AAPG Bulletin,1959,43(2):273-310.

[47] Chen Y, Zhao L, Fan Z, et al. Genesis and prediction for overpressure carbonate reservoir-case study of Kenkiyak sub-salt carbonate reservoir in Kazakhstan[C]. SPE 131842-MS, 2010.

[48] Khashayar T. Application of Rock-Eval6 in detection seepage of Yortshah gas storage[J]. World Applied Science Journal, 2010, 8(10): 1193-1199.

[49] 马永生，梅冥相，陈小兵，等. 碳酸盐岩储层沉积学[M]. 北京：地质出版社，1999：161-166.

[50] Eberli G P, Baechle G T, Anselmetti F S, et al. Factors controlling elastic properties in carbonate sediments and rocks[J]. The Leading Edge, 2003, 22(7): 654-660.

[51] Verwer K, Braaksma H, Kenter J A. Acoustic properties of carbonates: effects of rock texture and implications for fluid substitution[J]. Geophysics, 2008, 73(2): 51-65.

[52] Anselmetti F S, Eberli G P. The velocity-deviation log: a tool to predict pore type and permeability trends in carbonate drill holes from sonic and porosity or density logs[J]. AAPG Bulletin, 1999, 83(3): 450-466.

[53] Assefa S, McCann C, Sothcott J. Velocities of compressional and shear waves in limestones[J]. Geophysical Prospecting, 2003, 51: 1-13.

[54] Weger R J, Eberli G P, Baechle G T, et al. Quantification of pore structure and its effect on sonic velocity and permeability in carbonates[J]. AAPG bulletin, 2009, 93: 1297-1317.

[55] Rafavich F, Kendall C, Todd T P. The relationship between acoustic properties and the petrographic character of carbonate rocks[J]. Geophysics, 1984, 49(10): 1622-1636.

[56] Baechle G T, Weger R J, Eberli G P. Changes of shear moduli in carbonate rocks: implication for Gassmann applicability[J]. The Leading Edge, 2005, 24: 507-510.

[57] Rogen B, Fabricious I L, Japsen P, et al. Ultrasonic velocities of North Sea chalk samples: influence of porosity, fluid content and texture[J]. Geophysical Prospecting, 2005, 53: 481-496.

[58] Scotellaro C, Vanorio T, Mavko G. The effect of mineral composition and pressure on carbonate rocks[C]. 77th SEG Annual International Meeting, 2007.

[59] Huffman A R. The future of pressure prediction using geophysical methods[M]//Huffman A R, Bowers G L. Pressure regimes in sedimentary basins and their prediction. Tulsa: AAPG Memoir 76, 2002: 217-233.

[60] Gomez J P, Rai C, Sondergeld C. Effect of microstructure and pore fluid on the elastic properties of carbonates[C]. SEG 2007 Annual Meeting, 2007.

[61] Khaksar A, Griffiths C M. Influence of effective stress on the acoustic velocity and log-derived porosity[J]. SPE Reservoir Evaluation & Engineering, 1999, 2(1): 69-75.

[62] Wang Z, Wang R. Pore pressure prediction using geophysical methods in carbonate reservoirs: current status, challenges and way ahead[J]. Journal of Natural Gas Science and Engineering, 2015, 27: 986-993.

[63] Kenter J A M, Braaksma H, Vewer K, et al. Acoustic behavior of sedimentary rocks: geological properties versus Poisson's ratio[J]. The Leading Edge, 2007, 26: 436-444.

[64] Weger R J, Verwer K, Eberli G, et al. Capturing pore structures with digital image analysis for a quantitative correlation to physical properties[C]. AAPG Annual Conference and Exhibition, 2011, Houston, Texas, USA.

[65] Naeini E Z, Green S, Russell H I, et al. An integrated deep learning solution for petrophysics, pore pressure, and geomechanics property prediction[J]. The Leading Edge, 2019, 38(1): 53-59.

[66] 宋先知，姚学喆，李根生，等. 基于 LSTM-BP 神经网络的地层孔隙压力计算方法[J]. 石油科学通报，2022，7(1)：12-23.

[67] Chen X, Cao W, Gan C, et al. A hybrid partial least squares regression-based real time pore pressure estimation method for complex geological drilling process[J]. Journal of Petroleum Science and Engineering, 2022, 210: 109771.

[68] Delavar M R, Ramezanzadeh A. Pore pressure prediction by empirical and machine learning methods using conventional and drilling logs in carbonate rocks[J]. Rock Mechanics and Rock Engineering, 2023, 56(1): 535-564.

[69] Li Q F, Fu J H, Peng C, et al. A deep learning approach for abnormal pore pressure prediction based on multivariate time series of kick[J]. Geoenergy Science and Engineering, 2023, 226: 211715.

[70] Zhong R, Salehi C, Johnson R. Machine learning for drilling applications: a review[J]. Journal of Natural Gas Science and Engineering, 2022, 108: 104807.